21世纪高等职业教育信息技术类规划教材

21 Shiji Gaodeng Zhiye Jiaoyu Xinxi Jishulei Guihua Jiaocai

Flash

动画制作与应用

Flash DONGHUA ZHIZUO YU YINGYONG

周德云 主编　杨卫社 李巨友 吕莎 副主编

U0131717

人民邮电出版社

北 京

图书在版编目（ＣＩＰ）数据

Flash动画制作与应用 / 周德云主编. -- 北京 ：人民邮电出版社，2009.11

21世纪高等职业教育信息技术类规划教材
ISBN 978-7-115-21418-8

Ⅰ．①F… Ⅱ．①周… Ⅲ．①动画－设计－图形软件，Flash－高等学校：技术学校－教材 Ⅳ．①TP391.41

中国版本图书馆CIP数据核字(2009)第177591号

内 容 提 要

Flash是目前功能强大的交互式动画制作软件之一。本书对Flash的基本操作方法、各个绘图和编辑工具的使用、各种类型动画的设计方法以及动作脚本在复杂动画和交互动画设计中的应用进行了详细的介绍。

全书分为上下两篇，上篇主要包括Flash CS4基础知识、绘制与编辑图形、对象的编辑和操作、编辑文本、外部素材的使用、元件和库、制作基本动画、层与高级动画、声音素材的导入和编辑、动作脚本应用基础、制作交互式动画、组件与行为等内容；下篇精心安排了标志设计、贺卡设计、电子相册设计、广告设计、网页设计、节目包装及游戏设计等几个应用领域的36个精彩实例，并对这些案例进行了全面的分析和讲解。

本书适合作为高等职业院校数字媒体艺术类专业"Flash"课程的教材，也可供相关人员自学参考。

21 世纪高等职业教育信息技术类规划教材
Flash 动画制作与应用

◆ 主　编　周德云

　　副 主 编　杨卫社　李巨友　吕　莎

　　责任编辑　潘春燕

　　执行编辑　刘　琦

◆ 人民邮电出版社出版发行　　北京市崇文区夕照寺街 14 号

　　邮编　100061　　电子函件　315@ptpress.com.cn

　　网址　http://www.ptpress.com.cn

　北京鑫正大印刷有限公司印刷

◆ 开本：787×1092　1/16

　　印张：22.5　　　　　　彩插：4

　　字数：580 千字　　　2009 年 11 月第 1 版

　　印数：1 - 3 000 册　　2009 年 11 月北京第 1 次印刷

ISBN 978-7-115-21418-8

定价：43.50 元（附光盘）

读者服务热线：**(010)67170985**　印装质量热线：**(010)67129223**
反盗版热线：**(010)67171154**

■ 网络公司网页标志

■ 化妆品公司网页标志

■ 传统装饰图案网页标志

■ 设计公司标志

■ 商业项目标志

■ 商业中心信息系统图标

■ 圣诞节贺卡

■ 端午节贺卡

■ 生日贺卡

■ 春节贺卡

■ 友情贺卡

■ 母亲节贺卡

■ 温馨生活相册

■ 珍贵亲友相册

■ 收藏礼物相册

■ 浪漫婚纱相册

■ 情侣照片电子相册

■ 儿童照片电子相册

■ 海洋公园海报

■ 牛奶广告

■ 健身舞蹈广告　　　■ 电子商务广告

■ 时尚戒指广告

■ 旅游网站广告

■ 瑜伽中心广告

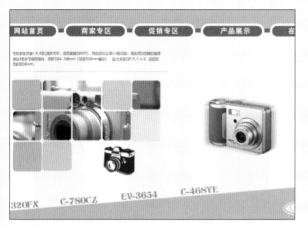

■ 数码产品网页

■ 化妆品网页

■ 房地产网页

■ 精品购物网页

■ 美食生活网页

■ 家居产品网页

■ 时装节目包装动画

■ 城市宣传动画

■ 家居组合游戏

■ 射击游戏

■ 打地鼠游戏

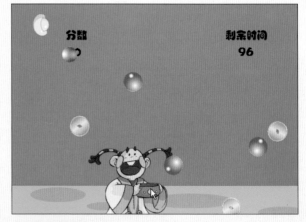

■ 接元宝游戏

　　Flash 是由 Adobe 公司开发的网页动画制作软件。它功能强大，易学易用，深受网页制作爱好者和设计人员的喜爱，已经成为这一领域最流行的软件之一。目前，我国很多高职院校的数字媒体艺术类专业，都将"Flash"作为一门重要的专业课程。为了帮助高职院校的教师全面、系统地讲授这门课程，使学生能够熟练地使用 Flash 来进行创意设计，我们几位长期在高职院校从事 Flash 教学的教师和专业网页动画设计公司经验丰富的设计师，共同编写了本书。

　　本书具有完善的知识结构体系。在基础技能篇中，按照"软件功能解析—课堂案例—课堂练习—课后习题"这一思路进行编排。通过软件功能解析，使学生快速熟悉软件功能和制作特色；通过课堂案例演练，使学生深入学习软件功能和动画设计思路；通过课堂练习和课后习题，拓展学生的实际应用能力。在案例实训篇中，根据 Flash 的应用领域，精心安排了 36 个专业设计实例，通过对这些案例的全面分析和详细讲解，使学生在学习过程中更加贴近实际工作，艺术创意思维更加开阔，实际设计制作水平不断提升。在内容编写方面，我们力求细致全面、重点突出；在文字叙述方面，我们注意言简意赅、通俗易懂；在案例选取方面，我们强调案例的针对性和实用性。

　　本书配套光盘中包含了书中所有案例的素材及效果文件。另外，为方便教师教学，本书配备了详尽的课堂练习和课后习题的操作步骤视频以及 PPT 课件、教学大纲等丰富的教学资源，任课教师可到人民邮电出版社教学服务与资源网（www.ptpedu.com.cn）免费下载使用。本书的参考学时为 74 学时，其中实践环节为 25 学时，各章的参考学时参见下面的学时分配表。

章　节	课 程 内 容	学 时 分 配	
		讲　授	实　训
第 1 章	Flash CS4 基础知识	1	1
第 2 章	绘制与编辑图形	3	1
第 3 章	对象的编辑和操作	3	1
第 4 章	编辑文本	2	1
第 5 章	外部素材的使用	2	1
第 6 章	元件和库	3	1
第 7 章	制作基本动画	3	1
第 8 章	层与高级动画	4	2
第 9 章	声音素材的导入和编辑	2	1
第 10 章	动作脚本应用基础	3	1
第 11 章	制作交互式动画	2	1
第 12 章	组件与行为	3	1
第 13 章	标志设计	3	2
第 14 章	贺卡设计	3	2
第 15 章	电子相册设计	3	2
第 16 章	广告设计	3	2
第 17 章	网页设计	3	2
第 18 章	节目包装及游戏设计	3	2
课 时 总 计		49	25

本书由周德云任主编，杨卫社、李巨友、吕莎任副主编。参加本书编写工作的还有周建国、晓青、吕娜、葛润平、陈东生、周世宾、刘尧、周亚宁、张敏娜、王世宏、孟庆岩、谢立群、黄小龙、高宏、尹国琴、崔桂青等。

由于时间仓促，加之水平有限，书中难免存在错误和不妥之处，敬请广大读者批评指正。

编　者

2009 年 9 月

目　录

上 篇

基础技能篇

第1章

Flash CS4 基础知识

本章主要讲解了 Flash CS4 的基础知识和基本操作。通过这些内容的学习，可以认识和了解工作界面的构成，并掌握文件的基本操作方法和技巧，为以后的动画设计和制作打下一个坚实的基础。

课堂学习目标

- 了解 Flash CS4 的工作界面
- 掌握文件操作的方法和技巧

1.1　工作界面

Adobe Flash CS4 操作界面由以下几部分组成：菜单栏、主工具栏、工具箱、时间轴、场景和舞台、属性面板以及浮动面板，如图 1-1 所示。

图 1-1

1.2　文件操作

在一个空白的文件中绘图，首先需要在 Flash 中新建一个空白文件。如果要对图形或动画进行修改和处理，就需要在 Flash 中打开需要的动画文件。修改或处理动画后，可以将动画文件进行保存。下面将讲解新建、保存和打开动画文件。

1.2.1　新建文件

新建文件是使用 Flash CS4 进行设计的第一步。

选择"文件 > 新建"命令，弹出"新建文档"对话框，如图 1-2 所示。在对话框中，可以创建 Flash 文档，并设置 Flash 影片的媒体和结构；或创建 Flash 幻灯片演示文稿，演示幻灯片或多媒体等连续性内容；或创建基于窗体的 Flash 应用程序，应用于 Internet；也可以创建用于控制影片的外部动作脚本文件等。选择完成后，单击"确定"按钮，即可完成新建文件的任务，如图 1-3 所示。

图 1-2   图 1-3

1.2.2　保存文件

编辑和制作完动画后，就需要将动画文件进行保存。

通过"文件 > 保存"、"文件 > 保存并压缩"、"文件 > 另存为"等命令可以将文件保存在磁盘上，如图 1-4 所示。设计好的作品进行第一次存储时，选择"文件 > 保存"命令，弹出"另存为"对话框，如图 1-5 所示。在对话框中，输入文件名，选择保存类型，单击"保存"按钮，即可将动画保存。

图 1-4   图 1-5

提示　当对已经保存过的动画文件进行了各种编辑操作后，选择"文件 > 保存"命令，将不弹出"另存为"对话框，计算机直接保留最终确认的结果，并覆盖原始文件。因此，在未确定要放弃原始文件之前，应慎用此命令。

若既要保留修改过的文件，又不想放弃原文件，可以选择"文件 > 另存为"命令，弹出"另存为"对话框。在对话框中，可以为更改过的文件重新命名、选择路径并设定保存类型，然后进行保存。这样，原文件保留不变。

1.2.3　打开文件

如果要修改已完成的动画文件，必须先将其打开。

选择"文件 > 打开"命令，弹出"打开"对话框。在对话框中搜索路径和文件，确认文件类型和名称，如图 1-6 所示。然后单击"打开"按钮，或直接双击文件，即可打开所指定的动画文件，如图 1-7 所示。

图 1-6

图 1-7

技巧　在"打开"对话框中，也可以一次同时打开多个文件。只要在文件列表中将所需的几个文件选中，并单击"打开"按钮，系统就将逐个打开这些文件，以免多次反复调用"打开"对话框。在"打开"对话框中，按住 Ctrl 键，用鼠标单击可以选择不连续的文件。按住 Shift 键，用鼠标单击可以选择连续的文件。

第2章

绘制与编辑图形

本章主要讲解了 Flash CS4 的绘图功能、图形的选择和编辑方法、图形色彩应用。通过这些内容的学习，可以熟练运用绘制和编辑工具，以及图形色彩面板，为 Flash 动画设计制作出精美的图形和图案元素。

课堂学习目标

- 掌握绘制基本线条与图形的方法
- 掌握选择图形的方法和技巧
- 掌握编辑图形的方法和技巧
- 掌握图形色彩的应用方法

2.1 绘制基本线条与图形

在 Flash 软件中创造的充满活力的任何作品都是由基本图形组成的。Flash 提供了各种工具来绘制线条、图形或动画运动的路径。

2.1.1 线条工具和铅笔工具

1. 线条工具

应用线条工具可以绘制不同颜色、宽度、线型的直线。启用"线条"工具，有以下几种方法：

⊙ 单击工具箱中的"线条"工具

⊙ 按 N 键

> **提示**　　使用"线条"工具时，如果按住 Shift 键的同时拖动鼠标绘制，则限制线条只能在 45° 或 45° 的倍数方向绘制直线。无法为线条工具设置填充属性。

2. 铅笔工具

应用铅笔工具可以像使用真实中的铅笔一样绘制出任意的线条和形状。启用"铅笔"工具，有以下几种方法：

⊙ 单击工具箱中的"铅笔"工具

⊙ 按 Y 键

2.1.2 椭圆工具和矩形工具

1. 椭圆工具

应用"椭圆"工具，在舞台上单击鼠标，按住鼠标左键不放，向需要的位置拖曳鼠标，可以绘制出椭圆图形；如果按住 Shift 键的同时绘制图形，则可以绘制出圆形。启用"椭圆"工具，有以下几种方法：

⊙ 单击工具箱中的"椭圆"工具

⊙ 按 O 键

2. 矩形工具

应用矩形工具可以绘制出不同样式的矩形。启用"矩形"工具，有以下几种方法：

⊙ 单击工具箱中的"矩形"工具

⊙ 按 R 键

2.1.3 多角星形工具

应用多角星形工具可以绘制出不同样式的多边形和星形。启用"多角星形"工具，有以下几种方法：

⊙ 单击工具箱中的"矩形"工具 ▭ ，在工具下拉菜单中选择"多角星形"工具 ⬡

⊙ 按 R 键，选中"矩形"工具 ▭ ，在工具下拉菜单中选择"多角星形"工具 ⬡

2.1.4 刷子工具

应用刷子工具可以像现实生活中的刷子涂色一样创建出刷子般的绘画效果，如书法效果就可以使用刷子工具实现。启用"刷子"工具 🖌 ，有以下几种方法：

⊙ 单击工具箱中的"刷子"工具 🖌

⊙ 按 B 键

在工具箱的下方系统设置了 5 种刷子的模式可供选择，如图 2-1 所示。

"标准绘画"模式：会在同一层的线条和填充上以覆盖的方式涂色。

"颜料填充"模式：对填充区域和空白区域涂色，其他部分（如边框线）不受影响。

"后面绘画"模式：在舞台上同一层的空白区域涂色，但不影响原有的线条和填充。

"颜料选择"模式：在选定的区域内进行涂色，未被选中的区域不能够涂色。

"内部绘画"模式：在内部填充上绘图，但不影响线条。如果在空白区域中开始涂色，该填充不会影响任何现有填充区域。

应用不同模式绘制出的效果如图 2-2 所示。

图 2-1   图 2-2

2.1.5 钢笔工具

应用钢笔工具可以绘制精确的路径。如在创建直线或曲线的过程中，可以先绘制直线或曲线，再调整直线段的角度和长度以及曲线段的斜率。启用"钢笔"工具 ✒ ，有以下几种方法：

⊙ 单击工具箱中的"钢笔"工具 ✒

⊙ 按 P 键

2.1.6 喷涂刷工具

启用"喷涂刷"工具 🖺 ，有以下几种方法：

⊙ 单击工具箱中的"喷涂刷"工具 🖺

⊙ 按 B 键

2.2　选择图形

若要在舞台上修改图形对象，则需要先选择对象，再对其进行修改。Flash 提供了几种选择对象的方法。

2.2.1　选择工具

选择工具可以完成选择、移动、复制、调整向量线条和色块的功能，是使用频率较高的一种工具。启用"选择"工具，有以下几种方法：

⊙　单击工具箱中的"选择"工具

⊙　按 V 键

启用"选择"工具，工具箱下方出现如图 2-3 所示的按钮，利用这些按钮可以完成以下工作。

图 2-3

"贴紧至对象"按钮：自动将舞台上两个对象定位到一起，一般制作引导层动画时可利用此按钮将关键帧的对象锁定到引导路径上。此按钮还可以将对象定位到网格上。

"平滑"按钮：可以柔化选择的曲线条。当选中对象时，此按钮变为可用。

"伸直"按钮：可以锐化选择的曲线条。当选中对象时，此按钮变为可用。

1．选择对象

启用"选择"工具，在舞台中的对象上单击鼠标进行点选，如图 2-4 所示。按住 Shift 键，再点选对象，可以同时选中多个对象，如图 2-5 所示。

启用"选择"工具，在舞台中拖曳出一个矩形可以框选对象，如图 2-6 所示。

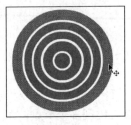　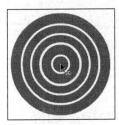　

图 2-4　　　　　　　　图 2-5　　　　　　　　图 2-6

2．移动和复制对象

启用"选择"工具，点选中对象，如图 2-7 所示。按住鼠标左键不放，直接拖动对象到任意位置，如图 2-8 所示。

　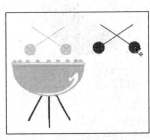

图 2-7　　　　　　　　图 2-8

启用"选择"工具 ，点选中对象，按住 Alt 键，拖动选中的对象到任意位置，选中的对象被复制，如图 2-9、图 2-10 所示。

图 2-9

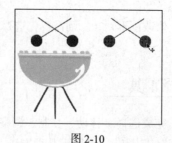
图 2-10

3．调整向量线条和色块

启用"选择"工具 ，将鼠标移至对象，鼠标下方出现圆弧 ，如图 2-11 所示。拖动鼠标，对选中的线条和色块进行调整，如图 2-12 所示。

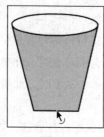
图 2-11

图 2-12

2.2.2　部分选取工具

启用"部分选取"工具 ，有以下几种方法：

⊙　单击工具箱中的"部分选取"工具

⊙　按 A 键

启用"部分选取"工具 ，在对象的外边线上单击，对象上出现多个节点，如图 2-13 所示。拖动节点来调整控制线的长度和斜率，从而改变对象的曲线形状，如图 2-14 所示。

图 2-13

图 2-14

提示　若想增加图形上的节点，可选择"钢笔"工具 在图形上单击来增加节点。

在改变对象的形状时，"部分选取"工具 ⬚ 的光标会产生不同的变化，其表示的含义也不同。

带黑色方块的光标 ⬚：当鼠标放置在节点以外的线段上时，光标变为 ⬚，如图 2-15 所示。这时，可以移动对象到其他位置，如图 2-16、图 2-17 所示。

图 2-15　　　　　　　　　　图 2-16　　　　　　　　　　图 2-17

带白色方块的光标 ⬚：当鼠标放置在节点上时，光标变为 ⬚，如图 2-18 所示。这时，可以移动单个的节点到其他位置，如图 2-19、图 2-20 所示。

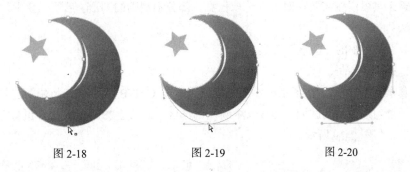

图 2-18　　　　　　　　　　图 2-19　　　　　　　　　　图 2-20

变为小箭头的光标 ➤：当鼠标放置在节点调节手柄的尽头时，光标变为 ➤，如图 2-21 所示。这时，可以调节与该节点相连的线段的弯曲度，如图 2-22、图 2-23 所示。

图 2-21　　　　　　　　　　图 2-22　　　　　　　　　　图 2-23

提示　在调整节点的手柄时，调整一个手柄，另一个相对的手柄也会随之发生变化。如果只想调整其中的一个手柄，按住 Alt 键，再进行调整即可。

可以将直线节点转换为曲线节点，并进行弯曲度调节。选择"部分选取"工具 ⬚，在对象的外边线上单击，对象上显示出节点，如图 2-24 所示。用鼠标单击要转换的节点，节点从空心变为实心，表示可编辑，如图 2-25 所示。

按住 Alt 键，用鼠标将节点向外拖曳，节点增加出两个可调节手柄，如图 2-26 所示。应用调节手柄可调节线段的弯曲度，如图 2-27 所示。

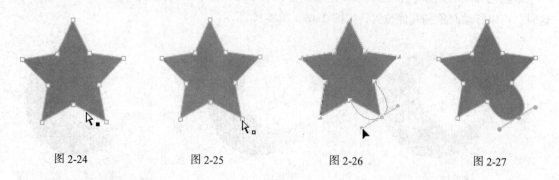

图 2-24   图 2-25   图 2-26   图 2-27

2.2.3 套索工具

应用套索工具可以按需要在对象上选取任意一部分不规则的图形。启用"套索"工具 ，有以下几种方法：

⊙ 单击工具箱中的"套索"工具

⊙ 按 L 键

启用"套索"工具 ，在场景中导入一张位图，按 Ctrl+B 组合键，将位图进行分离。用鼠标在位图上任意勾选想要的区域，形成一个封闭的选区，如图 2-28 所示。松开鼠标左键，选区中的图像被选中，如图 2-29 所示。

图 2-28   图 2-29

在选择"套索"工具 后，工具箱的下方出现如图 2-30 所示的按钮，利用这些按钮可以完成以下工作。

图 2-30

"魔术棒"按钮 ：以点选的方式选择颜色相似的位图图形。

选中"魔术棒"按钮 ，将鼠标放在位图上，光标变为 ，在要选择的位图上单击鼠标，如图 2-31 所示。与点取点颜色相近的图像区域被选中，如图 2-32 所示。

图 2-31　　　　　　　　　　图 2-32

"魔术棒设置"按钮：可以用来设置魔术棒的属性，应用不同的属性，魔术棒选取的图像区域大小各不相同。

单击"魔术棒设置"按钮，弹出"魔术棒设置"对话框，如图 2-33 所示。

图 2-33

"阈值"选项：可以设置魔术棒的容差范围，输入数值越大，魔术棒的容差范围也越大。可输入数值的范围为 0~200。

"平滑"选项：此选项中有 4 种模式可供选择。选择模式不同时，在魔术棒阈值数相同的情况下，魔术棒所选的图像区域也会产生轻微的不同。

在"魔术棒设置"对话框中设置不同数值后，所产生的不同效果如图 2-34、图 2-35、图 2-36和图 2-37 所示。

图 2-34　　　　　　　　　　图 2-35

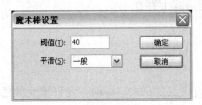

图 2-36　　　　　　　　　　图 2-37

"多边形模式"按钮 ：可以用鼠标精确地勾画想要选中的图像。

选中"多边形模式"按钮 ，在图像上单击鼠标，确定第一个定位点，松开鼠标并将鼠标移至下一个定位点，再单击鼠标，用相同的方法直到勾画出想要的图像，并使选取区域形成一个封闭的状态，如图 2-38 所示。双击鼠标，选区中的图像被选中，如图 2-39 所示。

图 2-38　　　　　　　　图 2-39

2.3　编辑图形

使用绘图工具创建的向量图比较单调，如果结合编辑工具，改变原图形的色彩、线条、形态等属性，就可以创建出充满变化的图形效果。

2.3.1　墨水瓶工具和颜料桶工具

1．墨水瓶工具

使用墨水瓶工具可以修改向量图形的边线。启用"墨水瓶"工具 ，有以下几种方法：

- ⊙　单击工具箱中的"墨水瓶"工具
- ⊙　按 S 键

2．颜料桶工具

使用颜料桶工具可以修改向量图形的填充色。启用"颜料桶"工具 ，有以下几种方法：

- ⊙　单击工具箱中的"颜料桶"工具
- ⊙　按 K 键

在工具箱的下方，系统设置了 4 种填充模式可供选择，如图 2-40 所示。

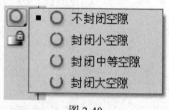

图 2-40

"不封闭空隙"模式：选择此模式时，只有在完全封闭的区域才能填充颜色。

"封闭小空隙"模式：选择此模式时，当边线上存在小空隙时，允许填充颜色。

"封闭中等空隙"模式：选择此模式时，当边线上存在中等空隙时，允许填充颜色。

"封闭大空隙"模式：选择此模式时，当边线上存在大空隙时，允许填充颜色。当选择"封闭大空隙"模式时，无论空隙是小空隙还是中等空隙，也都可以填充颜色。

2.3.2　滴管工具

使用滴管工具可以吸取向量图形的线型和色彩，然后可以利用颜料桶工具，快速修改其他向量图形内部的填充色；或利用墨水瓶工具，快速修改其他向量图形的边框颜色及线型。

启用"滴管"工具 ✐，有以下几种方法：

⊙　单击工具箱中的"滴管"工具 ✐

⊙　按 I 键

2.3.3　橡皮擦工具

橡皮擦工具用于擦除舞台上无用的向量图形边框和填充色。启用"橡皮擦"工具 ⬛，有以下几种方法：

⊙　单击工具箱中的"橡皮擦"工具 ⬛

⊙　按 E 键

如果想得到特殊的擦除效果，在工具箱的下方，系统设置了 5 种擦除模式可供选择，如图 2-41 所示。

"标准擦除"模式：擦除同一层的线条和填充。

"擦除填色"模式：仅擦除填充区域，其他部分（如边框线）不受影响。

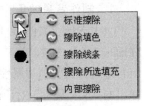

图 2-41

"擦除线条"模式：仅擦除图形的线条部分，但不影响其填充部分。

"擦除所选填充"模式：仅擦除已经选择的填充部分，但不影响其他未被选择的部分。（如果场景中没有任何填充被选择，则擦除命令无效。）

"内部擦除"模式：仅擦除起点所在的填充区域部分，但不影响线条填充区域外的部分。

> **提示**　导入的位图和文字不是向量图形，不能擦除它们的部分或全部，所以必须先选择"修改 > 分离"命令，将它们分离成向量图形，才能使用橡皮擦工具擦除它们的部分或全部。

2.3.4　任意变形工具和填充变形工具

在制作图形的过程中，可以应用任意变形工具来改变图形的大小及倾斜度，也可以应用填充变形工具改变图形中渐变填充颜色的渐变效果。

1．任意变形工具

使用任意变形工具可以改变选中图形的大小，还可以旋转图形。启用"任意变形"工具 ▦，有以下几种方法：

⊙　单击工具箱中的"任意变形"工具 ▦

⊙　按 Q 键

在工具箱的下方系统设置了 4 种变形模式可供选择，如图 2-42 所示。

图 2-42

2．填充变形工具

使用填充变形工具可以改变选中图形的填充渐变效果。启用"填充变形"工具，有以下几种方法：

⊙ 单击工具箱中的"填充变形"工具

⊙ 按 F 键

提示 通过移动中心控制点，可以改变渐变区域的位置。

2.3.5　课堂案例——绘制口红招贴

【案例学习目标】使用渐变变形工具调整渐变色。

【案例知识要点】使用矩形工具、颜料桶工具、渐变变形编辑渐变图形。使用文本工具添加文字。使用多角星形工具绘制装饰星星，如图 2-43 所示。

【效果所在位置】光盘/Ch02/效果/绘制口红招贴.fla。

1．制作背景效果

（1）选择"文件 > 新建"命令，在弹出的"新建文档"对话框中选择"Flash 文件"选项，单击"确定"按钮，进入新建文档舞台窗口。按 Ctrl+F3 组合键，弹出文档"属性"面板，单击面板中的"编辑"按钮 编辑... ，在

图 2-43

弹出的"文档属性"对话框中将舞台窗口的宽度设为 300，高度设为 450，单击"确定"按钮，改变舞台窗口的大小。

（2）将"图层 1"重新命名为"背景"。选择"矩形"工具 ，在工具箱中将笔触颜色设为无，填充色设为灰色，在舞台窗口中绘制一个与窗口大小相等的矩形，效果如图 2-44 所示。

（3）选择"窗口 > 颜色"命令，弹出"颜色"面板，在"类型"选项的下拉列表中选择"放射状"，选中色带上左侧的控制点，将其设为深红色（#501B0E），选中色带上右侧的控制点，将其设为黑色，如图 2-45 所示。选择"颜料桶"工具 ，在图形的中间部分单击鼠标填充渐变，效果如图 2-46 所示。

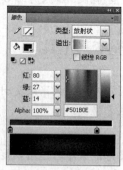

图 2-44　　　　　　　　　　图 2-45　　　　　　　　　　图 2-46

（4）选择"渐变变形"工具 ，单击渐变色图形，出现 4 个控制点和 1 个圆形外框。向图形外侧水平拖动方形控制点，水平拉伸渐变区域。将鼠标放置在圆形边框外侧的圆形控制点上，鼠标光标变为 ，向上旋转拖曳控制点，改变渐变区域的角度，效果如图 2-47 所示。

（5）将鼠标放置在圆形边框中间的圆形控制点上，鼠标光标变为⊙，向图形内部拖曳鼠标，缩小渐变区域，效果如图 2-48 所示。在场景中的任意地方单击，控制点消失，效果如图 2-49 所示。

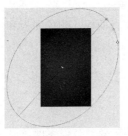　　

图 2-47　　　　　　　　　　图 2-48　　　　　　　　　　图 2-49

2．添加素材和文字

（1）在"时间轴"面板中，将"图层 1"重命名为"口红和泡泡"。选择"文件 > 导入 > 导入到舞台"命令，在弹出的"导入"对话框中选择"Ch02 > 素材 > 绘制口红招贴 > 01、02"文件，单击"打开"按钮，文件分别被导入到舞台窗口中，分别拖曳口红和泡泡到适当的位置，如图 2-50 所示。

（2）单击"时间轴"面板下方的"新建图层"按钮 ，创建新图层并将其命名为"文字"。选择"文本"工具 ，在文本"属性"面板中进行设置，在舞台窗口中输入需要的白色文字，效果如图 2-51 所示。

（3）选择"文本"工具 ，在文本"属性"面板中单击"方向"选项右侧的下拉按钮，在其下拉列表中选择"垂直，从右向左"命令。在舞台窗口中输入红色（#FF0000）和白色英文字母，效果如图 2-52 所示。

图 2-50　　　　　　　　　图 2-51　　　　　　　　图 2-52

（4）选择"多角星形"工具 ，在工具箱中将笔触颜色设为无，填充色设为白色，在多角星形工具的"属性"面板中单击"选项"按钮，在弹出的对话框中进行设置，如图 2-53 所示，单击"确定"按钮。在舞台窗口中绘制出 6 个大小不同的星星图形，效果如图 2-54 所示。口红招贴效果绘制完成，如图 2-55 所示。

图 2-53　　　　　　　　图 2-54　　　　　　　图 2-55

2.4 图形色彩

在 Flash 中，根据设计和绘图的需要，可以应用纯色编辑面板、颜色面板和颜色样本面板来设置所需要的纯色、渐变色和颜色样本等。

2.4.1 纯色编辑面板

在纯色编辑面板中可以选择系统设置的颜色，也可根据需要自行设定颜色。

在工具箱的下方单击"填充色"按钮 ，弹出"颜色样本"面板，如图 2-56 所示。在面板中可以选择系统设置好的颜色，如想自行设定颜色，可以单击面板右上方的颜色选择按钮 ，弹出"颜色"面板，如图 2-57 所示。

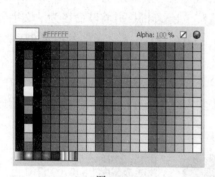

图 2-56

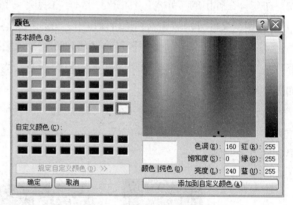

图 2-57

在面板右侧的颜色选择区中选择要自定义的颜色，如图 2-58 所示。滑动面板右侧的滑动条来设定颜色的亮度，如图 2-59 所示。

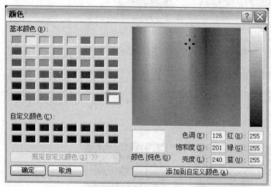

图 2-58

图 2-59

设定后的颜色可在"颜色|纯色"选项框中预览设定结果，如图 2-60 所示。单击面板右下方的"添加到自定义颜色"按钮，将定义好的颜色添加到面板左下方的"自定义颜色"区域中，如图 2-61 所示，单击"确定"按钮，自定义颜色完成。

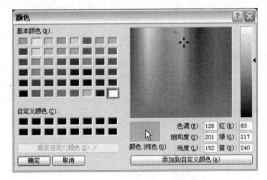

图 2-60

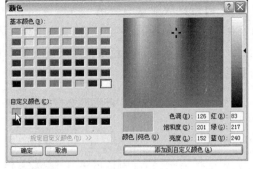

图 2-61

2.4.2　颜色面板

在颜色面板中可以设定纯色、渐变色以及颜色的不透明度。选择"窗口 > 颜色"命令或按 Shift+F9 组合键，弹出"颜色"面板。

1．自定义纯色

在"颜色"面板的"类型"选项中选择"纯色"选项，面板效果如图 2-62 所示。

"笔触颜色"按钮　：可以设定矢量线条的颜色。

"填充色"按钮　：可以设定填充色的颜色。

"黑白"按钮　：单击此按钮，线条与填充色恢复为系统默认的状态。

"没有颜色"按钮　：用于取消矢量线条或填充色块。当选择"椭圆"工具　或"矩形"工具　时，此按钮为可用状态。

"交换颜色"按钮　：单击此按钮，可以将线条颜色和填充色相互切换。

图 2-62

"红"、"绿"、"蓝"选项：可以用精确数值来设定颜色。

"Alpha"选项：用于设定颜色的不透明度，数值选取范围为 0 ~ 100%。

在面板右侧的颜色选择区域内，可以根据需要选择相应的颜色。

2．自定义线性渐变色

在"颜色"面板的"类型"选项中选择"线性"选项，面板效果如图 2-63 所示。将鼠标放置在滑动色带上，鼠标光标变为　，在色带上单击鼠标增加颜色控制点，并在面板上方为新增加的控制点设定颜色及不透明度，如图 2-64 所示。要删除控制点，只需将控制点向色带下方拖曳即可。

图 2-63

图 2-64

3. 自定义放射状渐变色

在"颜色"面板的"类型"选项中选择"放射状"选项，面板效果如图 2-65 所示。用与定义线性渐变色相同的方法在色带上定义放射状渐变色，定义完成后，在面板的左下方显示出定义的渐变色，如图 2-66 所示。

图 2-65   图 2-66

4. 自定义位图填充

在"颜色"面板的"类型"选项中选择"位图"选项，如图 2-67 所示。弹出"打开"对话框，在对话框中选择要导入的图片，如图 2-68 所示。

图 2-67   图 2-68

单击"打开"按钮，图片被导入到"颜色"面板中，如图 2-69 所示。选择"矩形"工具，在场景中绘制出一个矩形，矩形被刚才导入的位图所填充，如图 2-70 所示。

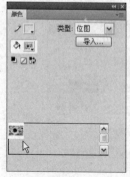 

图 2-69   图 2-70

选择"填充变形"工具，在填充位图上单击，出现控制点。向内拖曳左下方的方形控制点，如图 2-71 所示。松开鼠标后效果如图 2-72 所示。

图 2-71

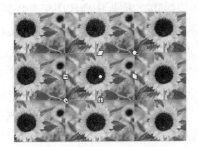

图 2-72

向上拖曳右上方的圆形控制点，改变填充位图的角度，如图 2-73 所示。松开鼠标后效果如图 2-74 所示。

图 2-73

图 2-74

2.4.3　课堂案例——绘制透明按钮

【案例学习目标】使用颜色面板设置图形颜色和透明度。

【案例知识要点】使用颜色面板和椭圆工具绘制按钮效果。使用选择工具和线条工具制作按钮高光效果，如图 2-75 所示。

【效果所在位置】光盘/Ch02/效果/绘制透明按钮.fla。

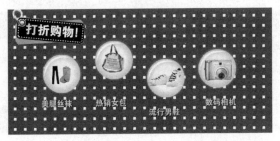

图 2-75

1．导入素材

（1）选择"文件 > 新建"命令，在弹出的"新建文档"对话框中选择"Flash 文件"选项，单击"确定"按钮，进入新建文档舞台窗口。按 Ctrl+F3 组合键，弹出文档"属性"面板，单击面板中的"编辑"按钮 编辑...，在弹出的"文档属性"对话框中将舞台窗口的宽度设为650，高度设为300，将背景颜色设为红色（#CC0000），单击"确定"按钮，改变舞台窗口的大小。

（2）在"时间轴"面板中新建图层并将其命名为"背景"。选择"文件 > 导入 > 导入到舞台"命令，在弹出的"导入"对话框中选择"Ch02 > 素材 > 绘制透明按钮 > 01"文件，单击"打开"按钮，文件被导入到库面板中并调整其位置，效果如图2-76所示。

（3）调出"库"面板，在"库"面板下方单击"新建元件"按钮，弹出"创建新元件"对话框，在"名称"选项的文本框中输入"按钮图形"，在"类型"选项的下拉列表中选择"图形"选项，单击"确定"按钮，新建图形元件"按钮图形"，如图2-77所示，舞台窗口也随之转换为图形元件的舞台窗口。

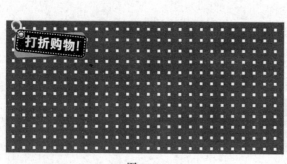 

图 2-76　　　　　　　　　　　　　　图 2-77

2. 创建图形元件

（1）选择"椭圆"工具，调出"颜色"面板，将笔触颜色设为无，填充色设为黄色（#FFCC00），"Alpha"选项设为90%，按住Shift键的同时，在舞台窗口中绘制出一个圆形，选中圆形，在形状"属性"面板中将图形的"宽度"、"高度"选项分别设为92，效果如图2-78所示。

（2）选择"椭圆"工具，在"颜色"面板中将笔触颜色设为无，填充色设为白色，"Alpha"选项设为90%，按住Shift键的同时，在黄色圆旁边的位置绘制出一个圆形，选中圆形，在形状"属性"面板中将图形的"宽度"、"高度"选项分别设为57，效果如图2-79所示。

 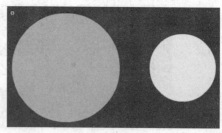

图 2-78　　　　　　　　　　　　　图 2-79

（3）选中白色圆形，选择"修改 > 形状 > 柔化填充边缘"命令，弹出"柔化填充边缘"对话框，将"距离"选项设为45，"步骤数"选项设为40，在"方向"选项组中点选"扩展"单选项，单击"确定"按钮，效果如图2-80所示。按Ctrl+G组合键，将制作好的羽化边缘图形组合，拖曳到黄色图形的上方，效果如图 2-81 所示。选择"椭圆"工具 ，在工具箱中将笔触颜色设为无，填充色设为白色，在"颜色"面板中，将"Alpha"选项设为 100%。按住 Shift 键的同时，在舞台窗口中绘制出一个圆形，如图 2-82 所示。

图 2-80　　　　　　　图 2-81　　　　　　　图 2-82

（4）选择"线条"工具，在圆形中绘制一条斜线，如图 2-83 所示。选择"选择"工具，将光标放置在斜线的下方，鼠标光标出现圆弧，将斜线转换为弧线，效果如图 2-84 所示。

（5）选中弧线上方的白色图形并移动到圆形的外面，按 Ctrl+G 组合键将图形组合，效果如图 2-85 所示。将白色月牙图形移动到黄色图形的上方，效果如图 2-86 所示。删除剩余的白色圆形。

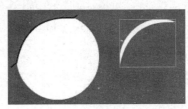

图 2-83　　　　　　图 2-84　　　　　　　图 2-85　　　　　　　图 2-86

3．排列按钮

（1）单击"时间轴"面板下方的"场景 1"图标 ，进入"场景 1"的舞台窗口，单击"时间轴"面板下方的"新建图层"按钮，创建新图层并将其命名为"按钮"，将"库"面板中的图形元件"按钮图形"拖曳到舞台窗口中，如图 2-87 所示。使用相同的方法，再分别拖曳 3 个按钮图形放置在合适的位置，效果如图 2-88 所示。

（2）单击"时间轴"面板下方的"新建图层"按钮，创建新图层并将其命名为"图片"。选择"文件 > 导入 > 导入到舞台"命令，在弹出的"导入"对话框中选择"Ch02 > 素材 > 绘制透明按钮 > 02"文件，单击"打开"按钮，文件被导入到库面板中并调整其位置，效果如图 2-89 所示。

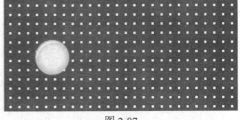

图 2-87

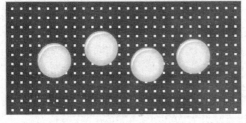

图 2-88

图 2-89

课堂练习——绘制卡通小熊

【练习知识要点】使用钢笔工具和刷子工具绘制叶子图形。使用椭圆工具、渐变工具和羽化命令绘制小熊图形。使用文本工具添加文字，如图 2-90 所示。

【效果所在位置】光盘/Ch02/效果/绘制卡通小熊.fla。

图 2-90

课后习题——转动的风车

【习题知识要点】使用矩形工具绘制风叶图形。使用变形面板和属性面板制作支架图形。使用任意变形工具改变风车的大小，如图 2-91 所示。

【效果所在位置】光盘/Ch02/效果/转动的风车.fla。

图 2-91

第3章

对象的编辑和操作

　　本章主要讲解了对象的变形、操作、修饰方法，以及对齐面板和变形面板的应用。通过这些内容的学习，可以灵活运用 Flash 中的编辑功能对对象进行编辑和管理，使对象在画面中表现更加完美，组织更加合理。

课堂学习目标

- 掌握对象的变形方法和技巧
- 掌握对象的操作方法和技巧
- 掌握对象的修饰方法
- 运用对齐和变形面板编辑对象

3.1　对象的变形

　　选择"修改 > 变形"中的命令，可以对选择的对象进行变形修改，比如扭曲、缩放、倾斜、旋转和封套等。下面将分别进行介绍。

3.1.1　扭曲对象

　　选择"修改 > 变形 > 扭曲"命令，在当前选择的图形上出现控制点。拖动四角的控制点可以改变图形顶点的形状，效果如图 3-1、图 3-2、图 3-3 所示。

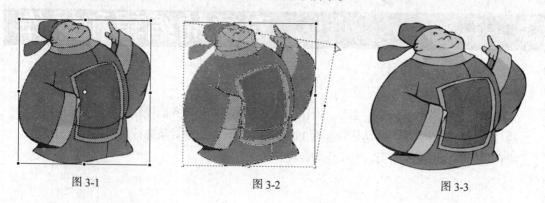

图 3-1　　　　　　　　　　图 3-2　　　　　　　　　　图 3-3

3.1.2　封套对象

　　选择"修改 > 变形 > 封套"命令，在当前选择的图形上出现控制点。用鼠标拖动控制点使图形产生相应的弯曲变化，效果如图 3-4、图 3-5、图 3-6 所示。

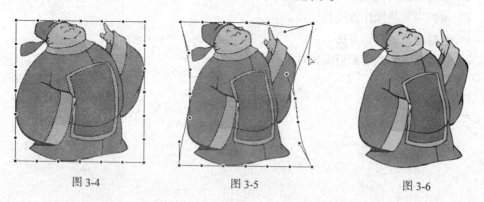

图 3-4　　　　　　　　　　图 3-5　　　　　　　　　　图 3-6

3.1.3　缩放对象

　　选择"修改 > 变形 > 缩放"命令，在当前选择的图形上出现控制点。用鼠标拖动控制点可以成比例地改变图形的大小，效果如图 3-7、图 3-8、图 3-9 所示。

图 3-7　　　　　　　　　图 3-8　　　　　　　　　　图 3-9

3.1.4　旋转与倾斜对象

选择"修改 > 变形 > 旋转与倾斜"命令，在当前选择的图形上出现控制点。用鼠标拖动中间的控制点倾斜图形，拖动四角的控制点旋转图形，效果如图 3-10、图 3-11、图 3-12、图 3-13、图 3-14、图 3-15 所示。

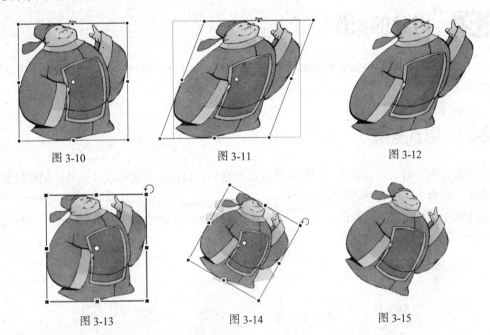

图 3-10　　　　　　　　　　图 3-11　　　　　　　　　　图 3-12

图 3-13　　　　　　　　　　图 3-14　　　　　　　　　　图 3-15

选择"修改 > 变形"中的"顺时针旋转 90 度"、"逆时针旋转 90 度"命令，可以将图形按照规定的度数进行旋转，效果如图 3-16、图 3-17、图 3-18 所示。

图 3-16　　　　　　　　　图 3-17　　　　　　　　　图 3-18

3.1.5 翻转对象

选择"修改 > 变形"中的"垂直翻转"、"水平翻转"命令，可以将图形进行翻转，效果如图 3-19、图 3-20、图 3-21 所示。

图 3-19　　　　　　　　图 3-20　　　　　　　　图 3-21

3.2　对象的操作

在 Flash 中，可以根据需要对对象进行组合、分离、叠放、对齐等一系列的操作，从而达到制作的要求。

3.2.1 组合对象

制作复杂图形时，可以将多个图形组合成一个整体，以便选择和修改。另外，制作位移动画时，需用"组合"命令将图形转变成组件。

选中多个图形，选择"修改 > 组合"命令，或按 Ctrl+G 组合键，将选中的图形进行组合，如图 3-22、图 3-23 所示。

图 3-22　　　　　　　　　　　图 3-23

3.2.2 分离对象

要修改多个图形的组合、图像、文字或组件的一部分时，可以选择"修改 > 分离"命令。另外，制作变形动画时，需用"分离"命令将图形的组合、图像、文字或组件转变成图形。

选中图形组合，选择"修改 > 分离"命令，或按 Ctrl+B 组合键，将组合的图形打散，多次使用 "分离"命令的效果如图 3-24、图 3-25、图 3-26、图 3-27 所示。

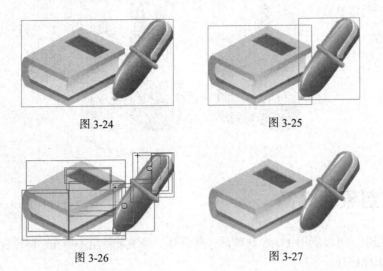

图 3-24　　　　　　　　　　　　图 3-25

图 3-26　　　　　　　　　　　　图 3-27

3.2.3　叠放对象

制作复杂图形时，多个图形的叠放次序不同，会产生不同的效果，可以通过选择"修改 > 排列"中的命令实现不同的叠放效果。

例如：要将图形移动到所有图形的顶层。选中要移动的图形，选择"修改 > 排列 > 移至顶层"命令，将选中的图形移动到所有图形的顶层，效果如图 3-28、图 3-29、图 3-30 所示。

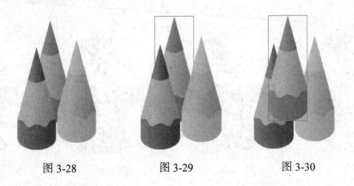

图 3-28　　　　　　　图 3-29　　　　　　　图 3-30

提示　叠放对象只能是图形的组合或组件。

3.2.4　对齐对象

当选择多个图形、图像、图形的组合、组件时，可以通过选择"修改 > 对齐"中的命令调整它们的相对位置。

例如：要将多个图形的底部对齐。选中多个图形，选择"修改 > 对齐 > 底对齐"命令，将所有图形的底部对齐，效果如图 3-31、图 3-32 所示。

图 3-31　　　　　　图 3-32

3.3　对象的修饰

在制作过程中，可以应用 Flash 自带的一些命令，将线条转换为填充、将填充进行修改或将填充边缘进行柔化处理。

3.3.1　将线条转换为填充

应用将线条转换为填充命令可以将矢量线条转换为填充色块。导入图片，如图 3-33 所示。选择"墨水瓶"工具，为图形绘制外边线，如图 3-34 所示。

双击图形的外边线将其选中，选择"修改 > 形状 > 将线条转换为填充"命令，将外边线转换为填充色块，如图 3-35 所示。这时，可以选择"颜料桶"工具，为填充色块设置其他颜色，如图 3-36 所示。

图 3-33　　　　　　图 3-34　　　　　　图 3-35　　　　　　图 3-36

3.3.2　扩展填充

应用扩展填充命令可以将填充颜色向外扩展或向内收缩，扩展或收缩的数值可以自定义。

1．扩展填充色

选中图形的填充颜色，如图 3-37 所示。选择"修改 > 形状 > 扩展填充"命令，弹出"扩展填充"对话框，在"距离"选项的数值框中输入 5（取值范围为 0.05～144），选择"扩展"选项，如图 3-38 所示，单击"确定"按钮，填充色向外扩展，效果如图 3-39 所示。

图 3-37

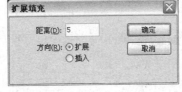
图 3-38

图 3-39

2. 收缩填充色

选中图形的填充颜色，"修改 > 形状 > 扩展填充"命令，弹出"扩展填充"对话框，在"距离"选项的数值框中输入 8（取值范围为 0.05 ~ 144），选择"插入"选项，如图 3-40 所示，单击"确定"按钮，填充色向内收缩，效果如图 3-41 所示。

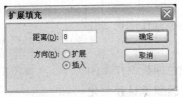
图 3-40

图 3-41

3.3.3　柔化填充边缘

应用柔化填充边缘命令可以将图形的边缘制作成柔化效果。

1. 向外柔化填充边缘

选中图形，如图 3-42 所示，选择"修改 > 形状 > 柔化填充边缘"命令，弹出"柔化填充边缘"对话框，在"距离"选项的数值框中输入 50，在"步骤数"选项的数值框中输入 10，选择"扩展"选项，如图 3-43 所示，单击"确定"按钮，效果如图 3-44 所示。

图 3-42

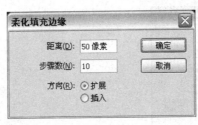
图 3-43

图 3-44

> **提示**　在"柔化填充边缘"对话框中设置不同的数值，所产生的效果也各不相同，可以反复尝试设置不同的数值，以达到最理想的绘制效果。

2. 向内柔化填充边缘

选中图形，如图 3-45 所示，选择"修改 > 形状 > 柔化填充边缘"命令，弹出"柔化填充边缘"对话框，在"距离"选项的数值框中输入 5，在"步骤数"选项的数值框中输入 2，选择"插入"选项，如图 3-46 所示，单击"确定"按钮，效果如图 3-47 所示。

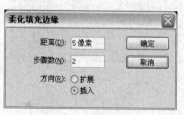

图 3-45   图 3-46   图 3-47

3.3.4　课堂案例——雪景插画

【案例学习目标】使用柔化填充边缘命令制作图形柔化效果。

【案例知识要点】使用颜料桶工具和颜色面板制作太阳效果。使用刷子工具绘制树枝效果。使用椭圆工具和柔化填充边缘命令绘制雪花，效果如图 3-48 所示。

【效果所在位置】光盘/Ch03/效果/雪景插画.fla。

图 3-48

1.　绘制太阳图形

（1）选择"文件 > 新建"命令，在弹出的"新建文档"对话框中选择"Flash 文件"选项，单击"确定"按钮，进入新建文档舞台窗口。按 Ctrl+L 组合键，弹出"库"面板，选择"文件 > 导入 > 导入到库"命令，在弹出的"导入到库"对话框中选择"Ch03 > 素材 > 雪景插画 >01、02、03"文件，单击"打开"按钮，文件被导入到"库"面板中，如图 3-49 所示。在"时间轴"面板中将"图层 1"命名为"背景"。在"库"面板中将图形元件"01"拖曳到舞台窗口中，效果如图 3-50 所示。

图 3-49   图 3-50

（2）在"时间轴"面板中创建新图层并将其命名为"太阳"。选择"椭圆"工具，在工具箱中将笔触颜色设为无，填充色设为浅黄色（#FFFFCC），按住 Shift 键的同时，在舞台窗口的左侧绘制一个圆形作为太阳，效果如图 3-51 所示。

（3）选择"选择"工具，选取太阳图形，选择"修改 > 形状 > 柔化填充边缘"命令，弹出"柔化填充边缘"对话框，将"距离"选项设为 100，"步骤数"选项设为 50，在"方向"选项组中点选"扩展"单选项，单击"确定"按钮，效果如图 3-52 所示。

图 3-51　　　　　　　　　　　　　图 3-52

（4）选择"颜色"面板，在"类型"选项的下拉列表中选择"放射状"，在色带上单击鼠标，创建一个新的控制点。将第 1 个控制点设为浅黄色（#F5FAC4），将第 2 个控制点设为黄色（#F8F88F），将第 3 个控制点设为浅黄色（#F5FAC4），如图 3-53 所示。选择"颜料桶"工具，在黄色圆形上单击鼠标，填充渐变，图形效果如图 3-54 所示。

图 3-53　　　　　　　　　　　　　图 3-54

2.　绘制雪地和积雪效果

（1）在"时间轴"面板中创建新图层并将其命名为"雪地"。选择"铅笔"工具，选中工具箱下方的"平滑"按钮，在铅笔工具"属性"面板中将"笔触颜色"选项设为白色，"笔触高度"选项设为 4，在舞台窗口绘制出一条曲线，按住 Shift 键的同时，在曲线的下方绘制出 3 条直线，使曲线形成闭合区域，效果如图 3-55 所示。选择"颜料桶"工具，在工具箱中将填充色设为白色，在闭合区域中单击鼠标填充颜色，效果如图 3-56 所示。

图 3-55　　　　　　　　　　　　　图 3-56

（2）在"时间轴"面板中创建新图层并将其命名为"树"。选择"刷子"工具，在工具箱中将填充色设为褐色（#4D2E11），在工具箱下方的"刷子大小"选项中将笔刷设为第 4 个，将"刷子形状"选项设为垂直椭圆形，在舞台窗口的左侧绘制出树，如图 3-57 所示。

（3）在工具箱中将填充色设为"白色"，在工具箱下方的"刷子大小"选项中将笔刷设为第 3个，将"刷子形状"选项设为圆形，在树上绘制出一些积雪效果，效果如图 3-58 所示。

图 3-57   图 3-58

3. 绘制雪花

（1）在"时间轴"面板中新建图层并将其命名为"动物"。将"库"面板中的位图"03"拖曳到舞台窗口中，选择"任意变形"工具 ，在圆形的周围出现 8 个控制点，效果如图 3-59 所示。按住 Shift 键，用鼠标向内拖曳右下方的控制点，将位图缩小并拖曳到适当的位置，效果如图 3-60 所示。在场景中的任意地方单击，控制点消失。

图 3-59   图 3-60

（2）在"时间轴"面板中新建图层并将其命名为"雪花"。选择"椭圆"工具 ，在工具箱中将笔触颜色设为无，将填充色设为白色，按住 Shift 键的同时，在鹿的右上方绘制出一个圆形，效果如图 3-61 所示。

（3）选择"选择"工具 ，选取图形，选择"修改 > 形状 > 柔化填充边缘"命令，弹出"柔化填充边缘"对话框，将"距离"选项设为 15，"步骤数"选项设为 10，在"方向"选项组中点选"扩展"单选项，单击"确定"按钮，按 Ctrl+G 组合键将其组合，效果如图 3-62 所示。

（4）按住 Alt 键，用鼠标选中圆形并向其右上方拖曳，可复制当前选中的圆形，效果如图 3-63 所示。

图 3-61   图 3-62   图 3-63

（5）用相同的方法复制多个圆形并改变它们的大小，效果如图 3-64 所示。在"时间轴"面板中新建图层并将其命名为"文字"。将"库"面板中的元件"02"拖曳到舞台窗口的左上方，效果如图 3-65 所示。雪景插画效果绘制完成，按 Ctrl+Enter 组合键，查看效果。

图 3-64　　　　　　　　　　　　　　　　　　图 3-65

3.4　对齐面板和变形面板

在 Flash 中，可以应用对齐面板来设置多个对象之间的对齐方式，还可以应用变形面板来改变对象的大小以及倾斜度。

3.4.1　对齐面板

应用对齐面板可以将多个图形按照一定的规律进行排列。能够快速调整图形之间的相对位置、平分间距和对齐方向。

选择"窗口 > 对齐"命令，弹出"对齐"面板，如图 3-66 所示。

"对齐"选项组中的各选项含义如下。

"左对齐"按钮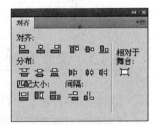：设置选取对象左端对齐。

"水平中齐"按钮 ：设置选取对象沿垂直线中对齐。

"右对齐"按钮 ：设置选取对象右端对齐。

"顶对齐"按钮 ：设置选取对象上端对齐。

图 3-66

"垂直中齐"按钮 ：设置选取对象沿水平线中对齐。

"底对齐"按钮 ：设置选取对象下端对齐。

"分布"选项组中的各选项含义如下。

"顶部分布"按钮 ：设置选取对象在横向上上端间距相等。

"垂直居中分布"按钮 ：设置选取对象在横向上中心间距相等。

"底部分布"按钮 ：设置选取对象在横向上下端间距相等。

"左侧分布"按钮 ：设置选取对象在纵向上左端间距相等。

"水平居中分布"按钮 ：设置选取对象在纵向上中心间距相等。

"右侧分布"按钮 ：设置选取对象在纵向上右端间距相等。

"匹配大小"选项组中的各选项含义如下。

"匹配宽度"按钮 ：设置选取对象在水平方向上等尺寸变形（以所选对象中宽度最大的为基准）。

"匹配高度"按钮 ：设置选取对象在垂直方向上等尺寸变形（以所选对象中高度最大的为基准）。

"匹配宽和高"按钮 ：设置选取对象在水平方向和垂直方向同时进行等尺寸变形（同时以所选对象中宽度和高度最大的为基准）。

"间隔"选项组中的各选项含义如下。

"垂直平均间隔"按钮 ：设置选取对象在纵向上间距相等。

"水平平均间隔"按钮 ：设置选取对象在横向上间距相等。

"相对于舞台"选项中的各选项含义如下。

"对齐/相对舞台分布"按钮 ：选择此选项后，上述设置的操作都是以整个舞台的宽度或高度为基准的。

3.4.2 变形面板

应用变形面板可以对图形、组、文本以及实例进行变形。选择"窗口 > 变形"命令，弹出"变形"面板，如图 3-67 所示。

"缩放宽度" 100.0% 和"缩放高度" 100.0% 选项：用于设置图形的宽度和高度。

"约束"选项：用于约束"宽度"和"高度"选项，使图形能够成比例地变形。

"旋转"选项：用于设置图形的角度。

"倾斜"选项：用于设置图形的水平倾斜或垂直倾斜。

"复制选区和变形"按钮 ：用于复制图形并将变形设置应用给图形。

图 3-67

"取消变形"按钮 ：用于将图形属性恢复到初始状态。

3.4.3 课堂案例——旋转文字效果

【案例学习目标】使用变形面板改变文字的角度并复制文字。

【案例知识要点】使用文本工具添加文字效果。使用变形面板改变文字形状，效果如图 3-68 所示。

【效果所在位置】光盘/Ch03/效果/旋转文字效果.fla。

1. 导入背景并添加文字

（1）选择"文件 > 新建"命令，在弹出的"新建文档"对话框中选择"Flash 文件"选项，单击"确定"按钮，进入新建文档舞台窗口。按 Ctrl+F3 组合键，弹出文档"属性"面板，单击面板中的"编辑"按钮 编辑... ，弹出"文档属性"对话框，将舞台窗口的宽设为 400，高设为 400，单击"确定"按钮，改变舞台窗口的大小。

图 3-68

（2）选择"文件 > 导入 > 导入到库"命令，在弹出的"导入到库"对话框中选择"Ch03 > 素材 > 旋转文字效果 > 01、02、03"文件，单击"打开"按钮，文件被导入到"库"面板中。单击"库"面板下方的"新建元件"按钮 ，弹出"创建新元件"对话框，在"名称"选项的文本框中输入"字母"，在"类型"选项的下拉列表中选择"图形"，单击"确定"按钮，新建图形元件"字母"，如图 3-69 所示，舞台窗口也随之转换为图形元件的舞台窗口。

（3）选择"文本"工具 ，在文本工具"属性"面板中进行设置，在舞台窗口中输入需要的灰色（#7D7D7D）字母"A"，效果如图 3-70 所示。选择"任意变形"工具 ，用鼠标单击字母

"A"，在字母的周围出现控制点，字母的中间出现中心点，将文字的中心点拖曳到舞台窗口的中心点处，效果如图 3-71 所示。

（4）调出"变形"面板，单击面板下方的"重制选区和变形"按钮，将"旋转"选项设为 30，则字母"A"顺时针旋转 30°，效果如图 3-72 所示。再次单击面板下方的"重制选区和变形"按钮，复制出 10 个字母"A"，效果如图 3-73 所示。

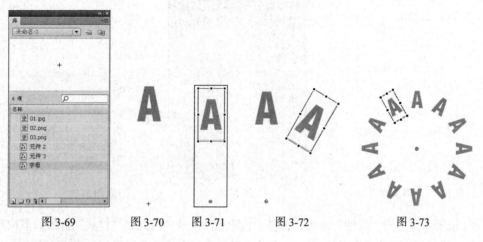

图 3-69　　　　图 3-70　　　　图 3-71　　　　图 3-72　　　　　　图 3-73

2．制作旋转的文字

（1）在"库"面板下方单击"新建元件"按钮，弹出"创建新元件"对话框，在"名称"选项的文本框中输入"字母动"，在"类型"选项的下拉列表中选择"影片剪辑"，单击"确定"按钮，新建影片剪辑元件"字母动"，如图 3-74 所示，舞台窗口也随之转换为影片剪辑元件的舞台窗口。

（2）将"库"面板中的图形元件"字母"拖曳到舞台窗口中，效果如图 3-75 所示。单击"时间轴"面板中的第 120 帧，按 F6 键，在该帧上插入关键帧。用鼠标右键单击第 1 帧，在弹出的菜单中选择"创建传统补间"命令，在第 1 帧和第 120 帧之间生成传统动作补间动画。在"时间轴"面板中选中第 1 帧，在帧"属性"面板中选择"补间"选项组，单击"旋转"选项右侧的按钮，在弹出的下拉列表中选择"顺时针"，旋转次数为 1 次，如图 3-76 所示。

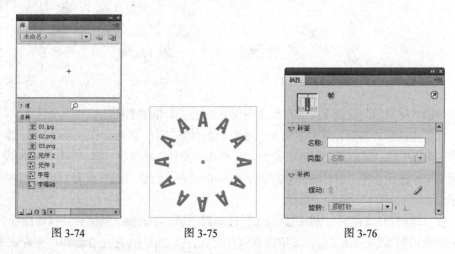

图 3-74　　　　　　　图 3-75　　　　　　　　图 3-76

（3）单击"时间轴"面板下方的"场景 1"图标 ，进入"场景 1"的舞台窗口。将"图层 1"重命名为"底图"。将"库"面板中的位图"01"拖曳到舞台窗口中，效果如图 3-77 所示。单击"时间轴"面板下方的"新建图层"按钮🔳，创建新图层并将其命名为"大圆圈"。

（4）将"库"面板中的影片剪辑元件"字母动"拖曳到舞台窗口中。选中字母，在"变形"面板中进行设置，如图 3-78 所示，字母被扩大，效果如图 3-79 所示。

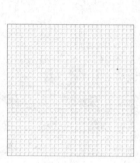

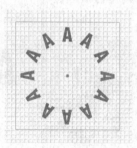

| 图 3-77 | 图 3-78 | 图 3-79 |

（5）选择影片剪辑"属性"面板，选择"色彩效果"选项组，在"样式"选项的下拉列表中选择"色调"，其他选项的设置如图 3-80 所示，舞台窗口中的效果如图 3-81 所示。

（6）单击"时间轴"面板下方的"新建图层"按钮🔳，创建新图层并将其命名为"O"。将"库"面板中的图形元件"元件 2"拖曳到舞台窗口中，效果如图 3-82 所示。

（7）单击"时间轴"面板下方的"新建图层"按钮🔳，创建新图层并将其命名为"CL"。将"库"面板中的图形元件"元件 3"拖曳到舞台窗口中，效果如图 3-83 所示。

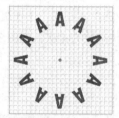
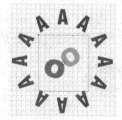

| 图 3-80 | 图 3-81 | 图 3-82 | 图 3-83 |

（8）单击"时间轴"面板下方的"新建图层"按钮🔳，创建新图层并将其命名为"小圆圈"。将"库"面板中的影片剪辑元件"字母动"拖曳到舞台窗口中，效果如图 3-84 所示。选中字母，在"变形"面板中将"缩放高度"选项设为 43，单击"旋转"单选项，将"旋转"角度设为 – 30，单击"倾斜"单选项，将"水平倾斜"选项设为 – 30，"垂直倾斜"选项设为 – 30，文字效果如图 3-85 所示。

（9）在"时间轴"面板中，将图层"CL"移动到图层"小圆圈"的上方。移动图层后，舞台窗口中的效果如图 3-86 所示。转动文字效果制作完成，按 Ctrl+Enter 组合键即可查看效果，如图 3-87 所示。

图 3-84

图 3-85

图 3-86

图 3-87

课堂练习——下雨效果

【练习知识要点】使用线条工具绘制雨滴图形。使用椭圆工具和颜色面板制作水圈图形。使用变形面板改变水圈图形的大小，效果如图 3-88 所示。

【效果所在位置】光盘/Ch03/效果/下雨效果.fla。

图 3-88

课后习题——飞镖动画

【习题知识要点】使用变形面板旋转飞镖的角度。使用椭圆工具和线条工具绘制遮罩图形，效果如图 3-89 所示。

【效果所在位置】光盘/Ch03/效果/飞镖动画.fla。

图 3-89

第4章

编辑文本

本章主要讲解了文本的创建和编辑、文本的类型、文本的转换。通过这些内容的学习，可以充分利用文本工具和命令在影片中创建文本内容，编辑和设置文本样式，运用丰富的字体和赏心悦目的文本效果，表现动画要表述的意图。

课堂学习目标

- 掌握文本的创建方法
- 掌握文本的属性设置
- 了解文本的类型
- 运用文本的转换来编辑文本

4.1　使用文本工具

建立动画时，常需要利用文字更清楚地表达创作者的意图，而建立和编辑文字必须利用 Flash 提供的文字工具才能实现。

4.1.1　创建文本

选择"文本"工具 T，选择"窗口 > 属性"命令，弹出文本工具"属性"面板，如图 4-1 所示。将鼠标放置在场景中，鼠标光标变为 ⼗。在场景中单击鼠标，出现文本输入光标，如图 4-2 所示。直接输入文字即可，效果如图 4-3 所示。

图 4-1　　　　　　图 4-2　　　　　　图 4-3

用鼠标在场景中单击并按住鼠标左键，向右下角方向拖曳出一个文本框，如图 4-4 所示。松开鼠标，出现文本输入光标，如图 4-5 所示。在文本框中输入文字，文字被限定在文本框中。如果输入的文字较多，会自动转到下一行显示，如图 4-6 所示。

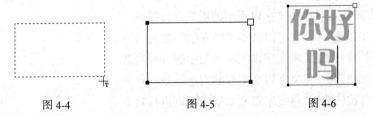

图 4-4　　　　　　图 4-5　　　　　　图 4-6

用鼠标向左拖曳文本框上方的方形控制点，可以缩小文字的行宽，如图 4-7、图 4-8 所示。向右拖曳控制点可以扩大文字的行宽，如图 4-9、图 4-10 所示。

图 4-7　　　图 4-8　　　　图 4-9　　　　　　图 4-10

双击文本框上方的方形控制点，文字将转换成单行显示状态，方形控制点转换为圆形控制点，如图 4-11、图 4-12 所示。

图 4-11　　　　　　　　　　图 4-12

4.1.2　文本属性

Flash 为用户提供了集合多种文字调整选项的属性面板，包括字体属性（字体系列、字体大小、样式、颜色、字符间距、自动字距微调和字符位置）和段落属性（对齐、边距、缩进和行距），如图 4-13 所示。下面对各文字调整选项进行逐一介绍。

1．设置文本的字体、字体大小、样式和颜色

"系列"选项：设定选定字符或整个文本块的文字字体。

"大小"选项：设定选定字符或整个文本块的文字大小。选项值越大，文字越大。

"文本填充颜色"按钮 颜色：：为选定字符或整个文本块的文字设定纯色。

"方向"按钮：可以改变文字的排列方向。

2．设置字符与段落

图 4-13

文本排列方式按钮可以将文字以不同的形式进行排列。

"左对齐"按钮：将文字以文本框的左边线进行对齐。

"居中对齐"按钮：将文字以文本框的中线进行对齐。

"右对齐"按钮：将文字以文本框的右边线进行对齐。

"两端对齐"按钮：将文字以文本框的两端进行对齐。

"字母间距"选项 字母间距：：在选定字符或整个文本块的字符之间插入统一的间隔。

"字符"选项：通过设置下列选项值控制字符对之间的相对位置。

"切换上标"按钮 T^1：可以将水平文本放在基线之上或将垂直文本放在基线的右边。

"切换下标"选项 T_1：可以将水平文本放在基线之下或将垂直文本放在基线的左边。

"段落"选项：用于调整文本段落的格式。

"缩进"选项：用于调整文本段落的首行缩进。

"行距"选项：用于调整文本段落的行距。

"左边距"选项：用于调整文本段落的左侧间隙。

"右边距"选项：用于调整文本段落的右侧间隙。

3．字体呈现方法

Flash CS4 中有 5 种不同的字体呈现选项，如图 4-14 所示。通过设置可以得到不同的样式。

"使用设备字体"：此选项生成一个较小的 SWF 文件，使用最终用户计算机上当前安装的字体来呈现文本。

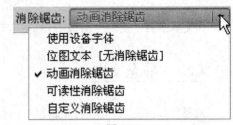

图 4-14

"位图文本（无消除锯齿）"：此选项生成明显的文本边缘，没有消除锯齿。因为此选项生成的 SWF 文件中包含字体轮廓，所以将生成一个较大的 SWF 文件。

"动画消除锯齿"：此选项生成可顺畅进行动画播放的消除锯齿文本。因为在文本动画播放时没有应用对齐和消除锯齿，所以在某些情况下，文本动画还可以更快地播放。在使用带有许多字母的大字体或缩放字体时，可能看不到性能上的提高。因为此选项生成的 SWF 文件中包含字体轮廓，所以将生成一个较大的 SWF 文件。

"可读性消除锯齿"：此选项使用高级消除锯齿引擎，提供了品质最高、最易读的文本。因为此选项生成的文件中包含字体轮廓以及特定的消除锯齿信息，所以将生成最大的 SWF 文件。

"自定义消除锯齿"：此选项与"可读性消除锯齿"选项相同，但是可以直观地操作消除锯齿参数，以生成特定外观。此选项在为新字体或不常见的字体生成最佳的外观方面非常有用。

4．设置文本超链接

"链接"选项：可以在选项的文本框中直接输入网址，使当前文字成为超级链接文字。

"目标"选项：可以设置超级链接的打开方式，共有 4 种方式供选择。

"_blank"：链接页面在新的浏览器中打开。

"_parent"：链接页面在父框架中打开。

"_self"：链接页面在当前框架中打开。

"_top"：链接页面在默认的顶部框架中打开。

选中文字，如图 4-15 所示，选择文本工具"属性"面板，在"链接"选项的文本框中输入链接的网址，如图 4-16 所示，在"目标"选项中设置好打开方式，设置完成后文字的下方出现下画线，表示已经链接，如图 4-17 所示。

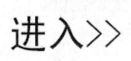

图 4-15

图 4-16

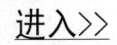

图 4-17

 提示　文本只有在水平方向排列时，超链接功能才可用；当文本为垂直方向排列时，超链接不可用。

4.2 文本的类型

在文本工具"属性"面板中,"文本类型"选项的下拉列表中设置了3种文本的类型。

4.2.1 静态文本

选择"静态文本"选项,"属性"面板如图 4-18 所示。

"可选"按钮 :选择此项,当文件输出为 SWF 格式时,可以对影片中的文字进行选取、复制操作。

4.2.2 动态文本

选择"动态文本"选项,"属性"面板如图 4-19 所示。动态文本可以作为对象来应用。

"实例名称"选项:可以设置动态文本的名称。

"单行":文本以单行方式显示。

"多行":如果输入的文本大于设置的文本限制,输入的文本将被自动换行。

"多行不换行":输入的文本为多行时,不会自动换行。

"将文本呈现为 HTML"选项:文本支持 HTML 标签特有的字体格式、超级链接等超文本格式。

"在文本周围显示边框"选项:可以为文本设置白色的背景和黑色的边框。

"变量"选项:可以将该文本框定义为保存字符串数据的变量。此选项需结合动作脚本使用。

"编辑字符选项"按钮:可以设置对输出或输入文字类型的限制。

4.2.3 输入文本

选择"输入文本"选项,"属性"面板如图 4-20 所示。

"行为"选项:其中新增加了"密码"选项,选择此选项,当文件输出为 SWF 格式时,影片中的文字将显示为星号****。

"最多字符数"选项:可以设置输入文字的最多数值。默认值为 0,即为不限制。如设置数值,此数值即为输出 SWF 影片时,显示文字的最多数目。

图 4-18

图 4-19

图 4-20

4.3 文本的转换

在 Flash 中输入文本后，可以根据设计制作的需要对文本进行编辑。如对文本进行变形处理或为文本填充渐变色。

4.3.1 变形文本

选中文字，如图 4-21 所示，按两次 Ctrl+B 组合键，将文字打散，如图 4-22 所示。

图 4-21   图 4-22

选择"修改 > 变形 > 封套"命令，在文字的周围出现控制点，如图 4-23 所示，拖动控制点，改变文字的形状，如图 4-24 所示，效果如图 4-25 所示。

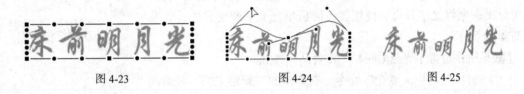

图 4-23   图 4-24   图 4-25

4.3.2 填充文本

选中文字，如图 4-26 所示，按两次 Ctrl+B 组合键，将文字打散，如图 4-27 所示。

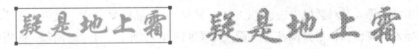

图 4-26   图 4-27

选择"窗口 > 颜色"命令，弹出"颜色"面板，在"类型"选项中选择"线性"，在颜色设置条上设置渐变颜色，如图 4-28 所示，文字效果如图 4-29 所示。

图 4-28   图 4-29

选择"墨水瓶"工具 ，在墨水瓶工具"属性"面板中，设置线条的颜色和笔触高度，如图 4-30 所示，在文字的外边线上单击，为文字添加外边框，如图 4-31 所示。

图 4-30

图 4-31

4.3.3　课堂案例——食品标牌

【案例学习目标】使用任意变形工具将文字变形。

【案例知识要点】使用任意变形工具和封套按钮对文字进行编辑。使用分离命令将文字分离。使用颜色面板填充文字渐变颜色，效果如图 4-32 所示。

【效果所在位置】光盘/Ch04/效果/食品标牌.fla。

图 4-32

（1）选择"文件 > 新建"命令，在弹出的"新建文档"对话框中选择"Flash 文件"选项，单击"确定"按钮，进入新建文档舞台窗口。按 Ctrl+F3 组合键，弹出文档"属性"面板，单击面板中的"编辑"按钮 编辑... ，弹出"文档属性"对话框，将舞台窗口的宽设为 250，高设为 250，将背景颜色设为灰色（#999999），单击"确定"按钮，改变舞台窗口的大小。

（2）在"时间轴"面板中将"图层 1"命名为"背景"。选择"文件 > 导入 > 导入到舞台"命令，在弹出的"导入"对话框中选择"Ch04 > 素材 > 食品标牌 > 01"文件，单击"打开"按钮，文件被导入到舞台窗口中并调整其位置，效果如图 4-33 所示。在"时间轴"面板中新建图层并将其命名为"文字"。选择"文本"工具 T ，在文本工具"属性"面板中进行设置，在舞台窗口中输入需要的白色文字"天然食品"，如图 4-34 所示。

（3）选择"任意变形"工具 ，选中文字，按两次 Ctrl+B 组合键，将文字打散。选中工具箱下方的"封套"按钮 ，在文字周围出现控制手柄，调整各个控制手柄将文字变形，效果如图 4-35 所示。用相同的方法制作"品质保证"文字，取消文字选取状态，效果如图 4-36 所示。

图 4-33

图 4-34

图 4-35

图 4-36

（4）选择"文本"工具 T，在文本工具"属性"面板中进行设置，在舞台窗口中输入需要的文字，如图 4-37 所示。按两次 Ctrl+B 组合键，将文字打散。选择"窗口 > 颜色"命令，弹出"颜色"面板，在"类型"选项的下拉列表中选择"放射状"，在色带上选中左侧的渐变色块，将其设为淡粉色（#FFC9C4），选中右侧的渐变色块，将其设为红色（#990000），如图 4-38 所示，文字被填充渐变色，取消文字的选取状态，效果如图 4-39 所示。食品标牌效果制作完成，按 Ctrl+Enter 组合键即可查看效果。

图 4-37 　　　　　　　　　图 4-38 　　　　　　　　　图 4-39

课堂练习——饭店标牌

【练习知识要点】使用文本工具添加标题文字。使用墨水瓶工具添加文字的笔触颜色。使用任意变形工具改变文字的形状，如图 4-40 所示。

【效果所在位置】光盘/Ch04/效果/饭店标牌.fla。

图 4-40

课后习题——变色文字

【习题知识要点】使用文本工具添加主体文字。使用对齐面板将文字对齐。使用任意变形工具制作文字阴影效果，如图 4-41 所示。

【效果所在位置】光盘/Ch04/效果/变色文字.fla。

图 4-41

第5章

外部素材的使用

Flash CS4 可以导入外部的图像和视频素材来增强动画效果。本章主要讲解了导入外部素材以及设置外部素材属性的方法。通过这些内容的学习，可以了解并掌握如何应用 Flash CS4 的强大功能来处理和编辑外部素材，使其与内部素材充分结合，从而制作出更加生动的动画作品。

课堂学习目标

- 了解图像和视频素材的格式
- 掌握图像素材的导入和编辑方法
- 掌握视频素材的导入和编辑方法

5.1 图像素材

在动画中使用声音、图像、视频等外部素材文件，都必须先导入，因此需要先了解素材的种类及其文件格式。通常按照素材属性和作用可以将素材分为 3 种类型，即图像素材、视频素材和音频素材。下面具体讲解图像素材。

5.1.1 图像素材的格式

Flash 可以导入各种文件格式的矢量图形和位图。矢量格式包括：FreeHand 文件、Adobe Illustrator 文件（可以导入版本 6 或更高版本的 Adobe Illustrator 文件）、EPS 文件（任何版本的 EPS 文件）或 PDF 文件（版本 1.4 或更低版本的 PDF 文件）；位图格式包括：JPG、GIF、PNG、BMP 等格式。

FreeHand 文件：在 Flash 中导入 FreeHand 文件时，可以保留层、文本块、库元件和页面，还可以选择要导入的页面范围。

Illustrator 文件：此文件支持对曲线、线条样式和填充信息的精确转换。

EPS 文件或 PDF 文件：可以导入任何版本的 EPS 文件以及版本 1.4 或更低版本的 PDF 文件。

JPG 格式：是一种压缩格式，可以应用不同的压缩比例对文件进行压缩。压缩后文件质量损失小，文件量大大降低。

GIF 格式：即位图交换格式，是一种 256 色的位图格式，压缩率略低于 JPG 格式。

PNG 格式：能把位图文件压缩到极限以利于网络传输，又能保留所有与位图品质有关的信息。PNG 格式支持透明位图。

BMP 格式：在 Windows 环境下使用最为广泛，而且使用时最不容易出问题。但由于文件量较大，一般在网上传输时，不考虑该格式。

5.1.2 导入图像素材

Flash 可以识别多种不同的位图和向量图的文件格式，可以通过导入或粘贴的方法将素材引入到 Flash 中。

1. 导入到舞台

⊙ 导入位图到舞台：导入位图到舞台上时，舞台上显示出该位图，位图同时被保存在"库"面板中。

选择"文件 > 导入 > 导入到舞台"命令，弹出"导入"对话框，在对话框中选中要导入的位图图片"食物 1"，如图 5-1 所示，单击"打开"按钮，弹出提示对话框，如图 5-2 所示。

"是"按钮：单击此按钮，将会导入一组序列文件。

"否"按钮：单击此按钮，只导入当前选择的文件。

"取消"按钮：单击此按钮，将取消当前操作。

图 5-1   图 5-2

当单击"否"按钮时，选择的位图"食物 01"被导入到舞台上，如图 5-3 所示。这时，舞台、"库"面板和"时间轴"所显示的效果如图 5-4、图 5-5 所示。

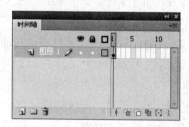

图 5-3   图 5-4   图 5-5

当单击"是"按钮时，位图图片"食物 1"～"食物 6"全部被导入到舞台上，如图 5-6 所示。这时，舞台、"库"面板和"时间轴"所显示的效果如图 5-7、图 5-8 所示。

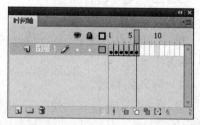

图 5-6   图 5-7   图 5-8

提示   可以用各种方式将多种位图导入到 Flash ，并且可以从 Flash 中启动 Fireworks 或其他外部图像编辑器，从而在这些编辑应用程序中修改导入的位图。可以对导入位图应用压缩和消除锯齿功能，从而控制位图在 Flash 应用程序中的大小和外观，还可以将导入位图作为填充应用到对象中。

⊙ 导入矢量图到舞台：导入矢量图到舞台上时，舞台上显示该矢量图，但矢量图并不会被保存到"库"面板中。

　　选择"文件 > 导入 > 导入到舞台"命令，弹出"导入"对话框，在对话框中选中需要的文件，单击"打开"按钮，弹出对话框，所有选项为默认值，如图 5-9 所示，单击"确定"按钮，矢量图被导入到舞台上，如图 5-10 所示。此时，查看"库"面板，并没有保存矢量图。

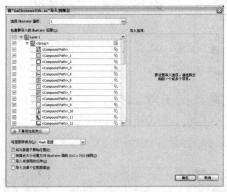

图 5-9　　　　　　　　　　　　　　　　　图 5-10

2．导入到库

　　⊙ 导入位图到库：导入位图到"库"面板时，舞台上不显示该位图，只在"库"面板中显示。

　　选择"文件 > 导入 > 导入到库"命令，弹出"导入到库"对话框，在对话框中选中文件，单击"打开"按钮，位图被导入到"库"面板中，如图 5-11 所示。

　　⊙ 导入矢量图到库：导入矢量图到"库"面板时，舞台上不显示该矢量图，只在"库"面板中显示。

　　选择"文件 > 导入 > 导入到库"命令，弹出"导入到库"对话框，在对话框中选中文件，单击"打开"按钮，弹出对话框，单击"确定"按钮，矢量图被导入到"库"面板中，如图 5-12 所示。

图 5-11　　　　　　　　　　图 5-12

5.1.3　将位图转换为图形

　　使用 Flash 可以将位图分离为可编辑的图形，位图仍然保留它原来的细节。分离位图后，可以使用绘画工具和涂色工具来选择和修改位图的区域。

在舞台中导入位图，选择"刷子"工具，在位图上绘制线条，如图 5-13 所示。松开鼠标后，线条只能在位图下方显示，如图 5-14 所示。

图 5-13

图 5-14

在舞台中导入位图，选中位图，选择"修改 > 分离"命令，将位图打散，如图 5-15 所示。对打散后的位图进行编辑。选择"刷子"工具，在位图上进行绘制，如图 5-16 所示。

选择"选择"工具，改变图形形状或删减图形，如图 5-17、图 5-18 所示。

图 5-15

图 5-16

图 5-17

图 5-18

选择"橡皮擦"工具，擦除图形，如图 5-19 所示。选择"墨水瓶"工具，为图形添加外边框，如图 5-20 所示。

图 5-19

图 5-20

选择"套索"工具，选中工具箱下方的"魔术棒"按钮，在图形的背景上单击鼠标，将图形上的背景部分选中，按 Delete 键，删除选中的图形，如图 5-21、图 5-22 所示。

图 5-21

图 5-22

提示 将位图转换为图形后，图形不再链接到"库"面板中的位图组件。也就是说，修改打散后的图形不会对"库"面板中相应的位图组件产生影响。

5.1.4 将位图转换为矢量图

分离图像命令仅仅是将图像打散成矢量图形，但该矢量图还是作为一个整体。如果用"颜料桶"工具填充的话，整个图形将作为一个整体被填充。但有时用户需要修改图像的局部，Flash提供的"转换位图为矢量图"命令可以将图像按照颜色区域打散，这样就可以修改图像的局部。

选中位图，如图 5-23 所示，选择"修改 > 位图 > 转换位图为矢量图"命令，弹出"转换位图为矢量图"对话框，设置数值，如图 5-24 所示，单击"确定"按钮，位图转换为矢量图，如图5-25 所示。

图 5-23

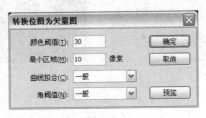
图 5-24

图 5-25

"转换位图为矢量图"对话框中的各选项含义如下。

"颜色阈值"选项：设置将位图转化成矢量图形时的色彩细节。数值的输入范围为 0～500，该值越大，图像越细腻。

"最小区域"选项：设置将位图转化成矢量图形时的色块大小。数值的输入范围为 0～1000，该值越大，色块越大。

"曲线拟合"选项：设置在转换过程中对色块处理的精细程度。图形转化时边缘越光滑，对原图像细节的失真程度越高。

"角阈值"选项：定义角转化的精细程度。

5.1.5 课堂案例——城市宣传动画

【案例学习目标】使用转换位图为矢量图命令将位图转换为矢量图。

【案例知识要点】使用转换位图为矢量图命令将图片转换为矢量图。使用文本工具添加文字效果，如图 5-26 所示。

【效果所在位置】光盘/Ch05/效果/城市宣传动画.fla。

1. 导入图片并转换为矢量图

（1）选择"文件 > 新建"命令，在弹出的"新建文档"对话框中选择"Flash 文件"选项，单击"确定"按钮，进入新建文档舞台窗口。在文档"属性"

图 5-26

面板中，单击"编辑"按钮 编辑… ，弹出"文档属性"对话框，将舞台窗口的宽设为 560，高设为 420，单击"确定"按钮，改变舞台窗口的大小。在"库"面板中创建一个新的图形元件"泰国曼谷大皇宫"，舞台窗口也随之转换为图形元件的舞台窗口。

（2）选择"文件 > 导入 > 导入到舞台"命令，在弹出的"导入"对话框中选择"Ch05 > 素材 > 城市宣传动画 > 01"文件，单击"打开"按钮，弹出"Adobe Flash CS4"提示对话框，询问是否导入序列中的所有图像，单击"否"按钮，文件被导入到舞台窗口中。

（3）选中位图图片，选择"修改 > 位图 > 转换位图为矢量图"命令，在弹出的"转换位图为矢量图"对话框中进行设置，如图 5-27 所示，单击"确定"按钮，位图转换为矢量图，效果如图 5-28 所示。

图 5-27

图 5-28

2．绘制黑幕图形

（1）单击"时间轴"面板下方的"场景 1"图标 场景 1，进入"场景 1"的舞台窗口。将"图层 1"重新命名为"泰国曼谷大皇宫"。将"库"面板中的图形元件"泰国曼谷大皇宫"拖曳到舞台窗口中，将元件放置在舞台窗口的中心位置。单击"时间轴"面板下方的"新建图层"按钮，创建新图层并将其命名为"黑幕"。

（2）选择"矩形"工具，在工具箱中将笔触颜色设为无，填充色设为黑色，在舞台窗口中绘制一个矩形，选择"选择"工具，选中矩形，在形状"属性"面板中，将"宽度"选项设为 560，"高度"选项设为 40，如图 5-29 所示。按 Ctrl+G 组合键，将矩形进行组合。

（3）将黑色矩形放置在泰国曼谷大皇宫图形的上方，遮挡住图形的上半部。用鼠标选中黑色矩形不放，按住 Alt 键的同时，用鼠标向旁边拖曳黑色矩形，将其进行复制。将新复制出的黑色矩形放置在泰国曼谷大皇宫图形的下方，遮挡住图形的下半部，效果如图 5-30 所示。

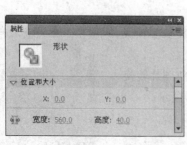

图 5-29

图 5-30

（4）选中"黑幕"图层的第 60 帧，按 F5 键，在该帧上插入普通帧。选中"泰国曼谷大皇宫"

图层的第 60 帧，按 F5 键，在该帧上插入普通帧。选中"泰国曼谷大皇宫"图层的第 20 帧，按 F6 键，在该帧上插入关键帧。选中"泰国曼谷大皇宫"图层的第 1 帧，在舞台窗口中选中泰国曼谷大皇宫图形，在图形"属性"面板中选择面板下方的"色彩效果"选项组，在"样式"选项的下拉列表中选择"Alpha"，将其值设为 0，如图 5-31 所示。

（5）用鼠标右键单击"泰国曼谷大皇宫"图层的第 1 帧，在弹出的菜单中选择"创建传统补间"命令，在第 1 帧到第 20 帧之间创建传统补间动画。在"库"面板中创建一个新的图形元件"图形 1"，舞台窗口也随之转换为图形元件的舞台窗口。

（6）选择"文件 > 导入 > 导入到舞台"命令，在弹出的"导入"对话框中选择"Ch05 > 素材 > 城市宣传动画 > 03"文件，单击"打开"按钮，弹出"Adobe Flash CS4"提示对话框，询问是否导入序列中的

图 5-31

图 5-32

所有图像，单击"否"按钮，文件被导入到舞台窗口中，效果如图 5-32 所示。

3．制作文字元件

（1）在"库"面板中创建一个新的图形元件"泰国曼谷大皇宫文字"，舞台窗口也随之转换为图形元件的舞台窗口。选择"文本"工具 Ⓣ，在文本工具"属性"面板中进行设置，在舞台窗口中输入需要的黑文字，效果如图 5-33 所示。

（2）单击"时间轴"面板下方的"场景 1"图标 场景 1，进入"场景 1"的舞台窗口。在"时间轴"面板中的"泰国曼谷大皇宫"图层的上方创建新图层并将其命名为"图形 1"。选中"图形 1"图层的第 20 帧，按 F6 键，在该帧上插入关键帧。

（3）选中"图形 1"图层的第 20 帧，将"库"面板中的图形元件"图形 1"放置在舞台窗口的左侧，如图 5-34 所示。选中"图形 1"图层的第 37 帧，按 F6 键，在该帧上插入关键帧，将舞台窗口中的图形 1 向右移动，放置在泰国曼谷大皇宫图形的左侧，效果如图 5-35 所示。用鼠标右键单击"图形 1"图层的第 20 帧，在弹出的菜单中选择"创建传统补间"命令，在第 20 帧到第 37 帧之间创建传统补间动画。

图 5-33

图 5-34

图 5-35

（4）在"时间轴"面板中创建新图层并将其命名为"泰国曼谷大皇宫文字"。选中"泰国曼谷大皇宫文字"图层的第 20 帧，按 F6 键，在该帧上插入关键帧。选中第 20 帧，将"库"面板中

的元件"泰国曼谷大皇宫文字"拖曳到舞台窗口中，放置在舞台窗口的右上方。选中"泰国曼谷大皇宫文字"图层的第 37 帧，按 F6 键，在该帧上插入关键帧，在舞台窗口中将文字向下移动，放置到适当的位置，效果如图 5-36 所示。

（5）用鼠标右键单击"泰国曼谷大皇宫文字"图层的第 20 帧，在弹出的菜单中选择"创建传统补间"命令，在第 20 帧到第 37 帧之间创建传统补间动画，如图 5-37 所示。

图 5-36

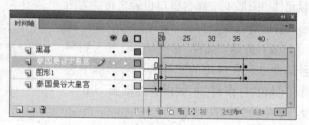

图 5-37

4．导入图片并制作动画效果

（1）在"库"面板中新建一个图形元件"印度泰姬陵"，舞台窗口也随之转换为图形元件的舞台窗口。选择"文件 > 导入 > 导入到舞台"命令，在弹出的"导入"对话框中选择"Ch05 > 素材 > 城市宣传动画> 02"文件，单击"打开"按钮，文件被导入到舞台窗口中，效果如图 5-38 所示。

（2）选中位图图片，选择"修改 > 位图 > 转换位图为矢量图"命令，弹出"转换位图为矢量图"对话框，在对话框中进行设置，如图 5-39 所示，单击"确定"按钮，位图转换为矢量图，效果如图 5-40 所示。

图 5-38

图 5-39

图 5-40

（3）在"库"面板中新建一个图形元件"图形 2"，舞台窗口也随之转换为图形元件的舞台窗口。选择"文件 > 导入 > 导入到舞台"命令，在弹出的"导入"对话框中选择"Ch05 > 素材 > 城市宣传动画 > 04"文件，单击"打开"按钮，文件被导入到舞台窗口中，效果如图 5-41 所示。

（4）在"库"面板中新建一个图形元件"印度泰姬陵文字"，舞台窗口也随之转换为图形元件的舞台窗口。选择"文本"工具 T ，在文本工具"属性"面板中选择合适的字体并设置文字大小，并选择面板下方的"段落"选项组，在"方向"选项的下拉列表中选择"垂直，从左向右"，在舞台窗口中输入需要的黑色文字，效果如图 5-42 所示。

（5）单击"时间轴"面板下方的"场景 1"图标  场景 1，进入"场景 1"的舞台窗口。选中"黑幕"图层的第 100 帧，按 F5 键，在该帧上插入普通帧。在"时间轴"面板中的"泰国曼谷大皇宫文字"图层上方创建新图层并将其命名为"印度泰姬陵"。选中"印度泰姬陵"图层的第 42 帧，按 F6 键，在该帧上插入关键帧，如图 5-43 所示。

图 5-41　　　　　图 5-42　　　　　　　　　图 5-43

（6）选中第 42 帧，将"库"面板中的图形元件"印度泰姬陵"拖曳到舞台窗口中。在图形"属性"面板中，将"X"选项设为 280，"Y"选项设为 210.3，选中"印度泰姬陵"图层的第 61 帧，按 F6 键，在该帧上插入关键帧。

（7）选中"印度泰姬陵"图层的第 42 帧，在舞台窗口中选中印度泰姬陵图形，在图形"属性"面板中选择面板下方的"色彩效果"选项组，在"样式"选项的下拉列表中选择"Alpha"，将其值设为 0，如图 5-44 所示。用鼠标右键单击"印度泰姬陵"图层的第 42 帧，在弹出的菜单中选择"创建传统补间"命令，在第 42 帧到第 61 帧之间创建传统补间动画，如图 5-45 所示。

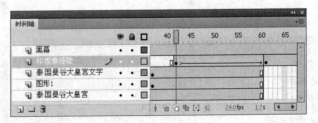

图 5-44　　　　　　　　　　　图 5-45

（8）在"时间轴"面板中创建新图层并将其命名为"图形 2"。选中"图形 2"图层的第 61 帧，按 F6 键，在该帧上插入关键帧。选中第 61 帧，将"库"面板中的图形元件"图形 2"拖曳到舞台窗口中，将其放置在印度泰姬陵图形的右下方，效果如图 5-46 所示。

（9）选中"图形 2"图层的第 77 帧，按 F6 键，在该帧上插入关键帧，将舞台窗口中的"图形 2"向上移动，放置在印度泰姬陵图形上，效果如图 5-47 所示。用鼠标右键单击"图形 2"图层的第 61 帧，在弹出的菜单中选择"创建传统补间"命令，在第 61 帧到第 77 帧之间创建传统补间动画，如图 5-48 所示。

图 5-46   图 5-47   图 5-48

（10）在"时间轴"面板中创建新图层并将其命名为"印度泰姬陵文字"。选中"印度泰姬陵文字"图层的第 61 帧，按 F6 键，在该帧上插入关键帧。选中第 61 帧，将"库"面板中的元件"印度泰姬陵文字"拖曳到舞台窗口中，将其放置在舞台窗口的左上方，效果如图 5-49 所示。选中"印度泰姬陵文字"图层的第 77 帧，按 F6 键，在该帧上插入关键帧，在舞台窗口中将文字向左移动，放置在印度泰姬陵图形的左侧，效果如图 5-50 所示。

（11）用鼠标右键单击"印度泰姬陵文字"图层的第 61 帧，在弹出的菜单中选择"创建传统补间"命令，在第 61 帧到第 77 帧之间创建传统补间动画，如图 5-51 所示。城市宣传动画效果制作完成，按 Ctrl+Enter 组合键即可查看效果，如图 5-52 所示。

图 5-49   图 5-50

图 5-51   图 5-52

5.2　视频素材

在 Flash 中，可以导入外部的视频素材并将其应用到动画作品中，可以根据需要导入不同格式的视频素材并设置视频素材的属性。

5.2.1　视频素材的格式

在 Flash 中可以导入 MOV（QuickTime 影片）、AVI（音频视频交叉文件）和 MPG/MPEG（运动图像专家组文件）格式的视频素材，最终将带有嵌入视频的 Flash 文档以 SWF 格式的文件发布，或将带有链接视频的 Flash 文档以 MOV 格式的文件发布。

5.2.2　导入视频素材

Macromedia Flash Video（FLV）文件可以导入或导出带编码音频的静态视频流。适用于通信应用程序，例如视频会议或包含从 Adobe 的 Macromedia Flash Media Server 中导出的屏幕共享编码数据的文件。

要导入 FLV 格式的文件，可以选择"文件 > 导入 > 导入到舞台"命令，在弹出的"导入"对话框中选择要导入的 FLV 影片，单击"打开"按钮，弹出"选择视频"对话框，在对话框中选择"在 SWF 中嵌入 FLV 并在时间轴中播放"选项，如图 5-53 所示，单击"下一步"按钮，进入"嵌入"对话框，如图 5-54 所示。

图 5-53　　　　　　　　　　　　　　　　　　图 5-54

单击"下一步"按钮，弹出"完成视频导入"对话框，如图 5-55 所示，单击"完成"按钮完成视频的编辑，效果如图 5-56 所示。

此时，"时间轴"和"库"面板中的效果如图 5-57、图 5-58 所示。

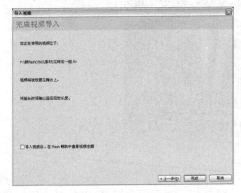

图 5-55　　　　　　　　　　　　　　　　　　图 5-56

图 5-57　　　　　　　　　　　　图 5-58

5.2.3　视频的属性

在属性面板中可以更改导入视频的属性。选中视频，选择"窗口 > 属性"命令，弹出视频"属性"面板，如图 5-59 所示。

"实例名称"选项：可以设定嵌入视频的名称。

"交换"按钮：单击此按钮，弹出"交换嵌入视频"对话框，可以将视频剪辑与另一个视频剪辑交换。

"X"、"Y"选项：可以设定视频在场景中的位置。

"宽度"、"高度"选项：可以设定视频的宽度和高度。

图 5-59

5.2.4　课堂案例——海洋公园海报

【案例学习目标】使用导入视频命令导入视频制作海洋公园海报效果。

【案例知识要点】使用导入视频命令导入视频。使用任意变形工具调整视频的大小，如图 5-60 所示。

【效果所在位置】光盘/Ch05/效果/海洋公园海报.fla。

图 5-60

（1）选择"文件 > 新建"命令，在弹出的"新建文档"对话框中选择"Flash 文件"选项，

单击"确定"按钮，进入新建文档舞台窗口。按 Ctrl+F3 组合键，弹出文档"属性"面板，单击面板中的"编辑"按钮 编辑... ，在弹出的对话框中将舞台窗口的宽度设为 720，高度设为 470，单击"确定"按钮。

（2）选择"文件 > 导入 > 导入到舞台"命令，在弹出的"导入"对话框中选择"Ch05 > 素材 > 海洋公园海报 > 01"文件，单击"打开"按钮，文件被导入到舞台窗口中，如图 5-61 所示。将"图层 1"重命名为"背景图"。

（3）在"时间轴"面板中创建新图层并将其命名为"视频"。选择"文件 > 导入 > 导入视频"命令，弹出"导入视频"对话框，单击"浏览"按钮，在弹出的"打开"对话框中选择"Ch05 > 素材 > 海洋公园海报 > 02"文件，单击"打开"按钮，选中"在 SWF 中嵌入 FLV 并在时间轴中播放"单选项，如图 5-62 示。单击"下一步"按钮，进入"嵌入"对话框，再次单击"下一步"按钮，进入"选择视频导入"对话框，单击"完成"按钮，视频文件被导入到舞台窗口中，如图 5-63 所示。时间轴面板如图 5-64 所示。

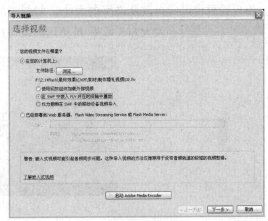

图 5-61　　　　　　　　　　　　　　　　图 5-62

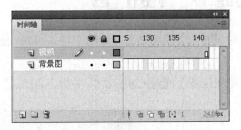

图 5-63　　　　　　　　　　　　　　　　图 5-64

（4）选择"背景图"图层的第 142 帧，按 F5 键，在该帧上插入普通帧。选择"视频"图层，选择"任意变形"工具，在视频周围出现控制手柄，调整视频的大小和角度，效果如图 5-65 所示。

（5）在"时间轴"中创建新图层并将其命名为"文字"。选择"文件 > 导入 > 导入到舞台"命令，在弹出的"导入"对话框中选择"Ch05 > 素材 >海洋公园海报> 03"文件，单击"打开"按钮，文件被导入到舞台窗口中。选择"任意变形"工具，选中图片将其拖曳到适当的位置，效果如图 5-66 所示。海洋公园海报制作完成，按 Ctrl+Enter 组合键即可查看效果。

图 5-65   图 5-66

课堂练习——鲜花速递公司宣传动画

【练习知识要点】使用文本工具添加文字效果。使用对齐面板将文字上对齐和水平居中分布对齐。使用任意变形工具改变文字的大小，如图 5-67 所示。

【效果所在位置】光盘/Ch05/效果/鲜花速递公司宣传动画.fla。

图 5-67

课后习题——牛奶广告

【习题知识要点】使用导入视频命令导入视频。使用任意变形工具调整视频的大小，如图 5-68 所示。

【效果所在位置】光盘/Ch05/效果/牛奶广告.fla。

图 5-68

第6章
元件和库

在 Flash CS4 中，元件起着举足轻重的作用。通过重复应用元件，可以提高工作效率并减少文件量。本章主要讲解了元件的创建、编辑、应用以及库面板的使用方法。通过学习这些内容，可以了解并掌握如何应用元件的相互嵌套及重复应用来设计制作出变化无穷的动画效果。

课堂学习目标

- 了解元件的类型
- 掌握元件的创建方法
- 掌握元件的引用方法
- 运用库面板编辑元件

6.1　元件的 3 种类型

舞台上经常要有一些对象进行表演，当不同的舞台剧幕上有相同的对象进行表演时，若还要重新建立并使用这些重复对象的话，动画文件会非常大。另外，如果动画中使用很多重复的对象而不使用元件，装载时就要不断地重复装载对象，增大动画演示时间。因此，Flash 引入元件的概念，所谓元件就是可以被不断重复使用的特殊对象符号。当不同的舞台剧幕上有相同的对象进行表演时，用户可先建立该对象的元件，需要时只需在舞台上创建该元件的实例即可。因为实例是元件在场景中的表现形式，也是元件在舞台上的一次具体使用，演示动画时重复创建元件的实例只加载一次，所以使用元件不会增加动画文件的大小。

在 Flash CS4 中可以将元件分为 3 种类型，即图形元件、按钮元件、影片剪辑元件。在创建元件时，可根据作品的需要来判断元件的类型。

6.1.1　图形元件

图形元件 有自己的编辑区和时间轴，一般用于创建静态图像或创建可重复使用的、与主时间轴关联的动画。如果在场景中创建元件的实例，那么实例将受到主场景中时间轴的约束。换句话说，图形元件中的时间轴与其实例在主场景的时间轴是同步的。另外，图形元件中可以使用矢量图、图像、声音和动画的元素，但不能为图形元件提供实例名称，也不能在动作脚本中引用图形元件，并且声音在图形元件中失效。

6.1.2　按钮元件

按钮元件 主要是创建能激发某种交互行为的按钮。创建按钮元件的关键是设置 4 种不同状态的帧，即"弹起"（鼠标抬起）、"指针"（鼠标移入）、"按下"（鼠标按下）、"点击"（鼠标响应区域，在这个区域创建的图形不会出现在画面中）。

6.1.3　影片剪辑元件

影片剪辑元件 也像图形元件一样有自己的编辑区和时间轴，但又不完全相同。影片剪辑元件的时间轴是独立的，它不受其实例在主场景时间轴（主时间轴）的控制。比如，在场景中创建影片剪辑元件的实例，此时即便场景中只有一帧，在发布作品时电影片段中也可播放动画。另外，影片剪辑元件中可以使用矢量图、图像、声音、影片剪辑元件、图形组件和按钮组件等，并且能在动作脚本中引用影片剪辑元件。

6.2　元件的引用——实例

实例是元件在舞台上的一次具体使用。当修改元件时，该元件的实例也随之被更改。重复使用实例不会增加动画文件的大小，是使动画文件保持较小体积的一个很好的策略。每一个实例都有区别于其他实例的属性，这可以通过修改该实例属性面板的相关属性来实现。

6.2.1　建立实例

1. 建立图形元件的实例

选择"窗口 > 库"命令，弹出"库"面板，在面板中选中图形元件"小男孩"，如图 6-1 所示，将其拖曳到场景中，场景中的图形就是图形元件"小男孩"的实例，如图 6-2 所示。选中该实例，图形"属性"面板中的效果如图 6-3 所示。

图 6-1　　　　　　　　　　　　　图 6-2　　　　　　　　　　　　　图 6-3

"交换"按钮：用于交换元件。

"X"、"Y"选项：用于设置实例在舞台中的位置。

"宽"、"高"选项：用于设置实例的宽度和高度。

"色彩效果"选项组中各选项的含义如下。

"样式"选项：用于设置实例的明亮度、色调和透明度。

"循环"选项组"选项"中各选项的含义如下。

"循环"：按照当前实例占用的帧数来循环包含在该实例内的所有动画序列。

"播放一次"：从指定的帧开始播放动画序列，直到动画结束，然后停止。

"单帧"：显示动画序列的一帧。

"第一帧"选项：用于指定动画从哪一帧开始播放。

2．建立按钮元件的实例

在"库"面板中选择按钮元件"开始"，如图 6-4 所示，将其拖曳到场景中，场景中的图形就是按钮元件"开始"的实例，如图 6-5 所示。

选中该实例，其"属性"面板中的效果如图 6-6 所示。

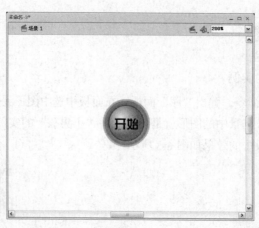

图 6-4 图 6-5 图 6-6

"实例名称"选项：可以在选项的文本框中为实例设置一个新的名称。

"音轨"选项组的"选项"中各选项的含义如下。

"音轨当作按钮"：选择此选项，在动画运行中，当按钮元件被按下时，画面上的其他对象不再响应鼠标操作。

"音轨作为菜单项"：选择此选项，在动画运行中，当按钮元件被按下时，其他对象还会响应鼠标操作。

按钮"属性"面板中的其他选项与图形"属性"面板中的选项作用相同，不再一一介绍。

3．建立影片剪辑元件的实例

在"库"面板中选择影片剪辑元件"女教师"，如图 6-7 所示，将其拖曳到场景中，场景中的图形就是影片剪辑元件"女教师"的实例，如图 6-8 所示。

选中该实例，影片剪辑"属性"面板中的效果如图 6-9 所示。

图 6-7 图 6-8 图 6-9

影片剪辑"属性"面板中的选项与图形"属性"面板、按钮"属性"面板中的选项作用相同，不再一一介绍。

6.2.2　改变实例的颜色和透明效果

每个实例都有自己的颜色和透明度，要修改它们，可先在舞台中选择实例，然后修改属性面板中的相关属性。

在舞台中选中实例，在"属性"面板中选择"样式"选项的下拉列表，如图 6-10 所示。

"无"选项：表示对当前实例不进行任何更改。如果对实例以前做的变化效果不满意，可以选择此选项，取消实例的变化效果，再重新设置新的效果。

"亮度"选项：用于调整实例的明暗对比度。可以在"亮度数量"选项中直接输入数值，也可以拖动右侧的滑块来设置数值，如图 6-11 所示。其默认的数值为 0，取值范围为 $-100\sim100$。当取值大于 0 时，实例变亮；当取值小于 0 时，实例变暗。

图 6-10

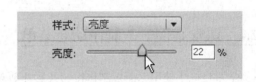

图 6-11

"色调"选项：用于为实例增加颜色。在颜色按钮右侧的"色调"选项中设置数值，如图 6-12 所示。数值范围为 $0\sim100$。当数值为 0 时，实例颜色将不受影响；当数值为 100 时，实例的颜色将完全被所选颜色取代。也可以在"红、绿、蓝"选项的数值框中输入数值来设置颜色。

"Alpha"选项：用于设置实例的透明效果，如图 6-13 所示。数值范围为 $0\sim100$。数值为 0 时，实例不透明；数值为 100 时，实例不变。

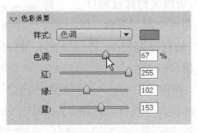

图 6-12

图 6-13

"高级"选项：用于设置实例的颜色和透明效果，可以分别调节"Alpha"、"红"、"绿"和"蓝"的值。

6.2.3　分离实例

实例并不能像一般图形一样单独修改填充色或线条，如果要对实例进行这些修改，必须将实例分离成图形，断开实例与元件之间的链接，可以用分离命令分离实例。在分离实例之后修改该实例的元件并不会更新这个元件的实例。

选中实例，如图 6-14 所示，选择"修改 > 分离"命令，或按 Ctrl+B 组合键，将实例分离为图形，即填充色和线条的组合，如图 6-15 所示。选择"颜料桶"工具 ，改变图形的填充色，如图 6-16 所示。

图 6-14

图 6-15

图 6-16

6.2.4 课堂案例——制作动态菜单

【案例学习目标】使用库面板制作按钮及影片剪辑元件。

【案例知识要点】使用矩形工具绘制图形。使用变形面板制作图像旋转效果。使用文本工具添加文本。使用属性面板改变图像的位置，效果如图 6-17 所示。

图 6-17

【效果所在位置】光盘/Ch06/效果/制作动态菜单.fla。

1．制作影片剪辑元件

（1）选择"文件 > 新建"命令，在弹出的"新建文档"对话框中选择"Flash 文件"选项，单击"确定"按钮，进入新建文档舞台窗口。按 Ctrl+F3 组合键，弹出文档"属性"面板，单击面板中的"编辑"按钮 编辑... ，弹出"文档属性"对话框，将舞台窗口的宽设为 250，高设为 350，将背景颜色设为灰色（#CCCCCC），单击"确定"按钮，改变舞台窗口的大小。

（2）选择"文件 > 导入 > 导入到舞台"命令，在弹出的"导入"对话框中选择"Ch06 > 素材 > 制作动态菜单 > 01"文件，单击"打开"按钮，文件被导入到舞台窗口中，效果如图 6-18 所示。调出"库"面板，在"库"面板下方单击"新建元件"按钮 ，弹出"创建新元件"对话框，在"名称"选项的文本框中输入"椅子"，在"类型"选项的下拉列表中选择"影片剪辑"选项，单击"确定"按钮，新建影片剪辑元件"椅子"，如图 6-19 所示，舞台窗口也随之转换为影片剪辑元件的舞台窗口。

（3）选择"文件 > 导入 > 导入到舞台"命令，在弹出的"导入"对话框中选择"Ch06 > 素材 > 制作动态菜单 > 06"文件，单击"打开"按钮，图片被导入到舞台窗口中，效果如图 6-20 所示。选中位图，在位图"属性"面板中，将"宽度"选项设为"50"。

（4）用鼠标选中第 10 帧，按 F5 键，在该帧上插入普通帧，选中第 6 帧，按 F6 键，在该帧上插入关键帧。选中第 6 帧，调出"变形"面板，将"旋转"选项设为 – 6，如图 6-21 所示，图形的旋转效果如图 6-22 所示。

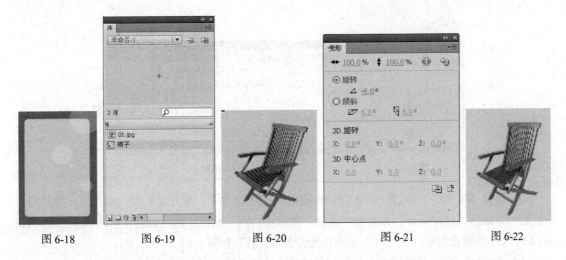

图 6-18　　　　　图 6-19　　　　　图 6-20　　　　　图 6-21　　　　　图 6-22

（5）在"库"面板下方单击"新建元件"按钮 ，弹出"创建新元件"对话框，在"名称"选项的文本框中输入"数字 1"，在"类型"选项的下拉列表中选择"影片剪辑"选项，单击"确定"按钮，新建影片剪辑元件"数字 1"，如图 6-23 所示，舞台窗口也随之转换为影片剪辑元件的舞台窗口。

（6）选择"文本"工具 ，在文本"属性"面板中进行设置，在舞台窗口中输入灰色（#B7B7B7）数字"1"，并选取文字，选择"文本 > 样式 > 仿斜体"命令，将数字"1"转换为斜体，效果如图 6-24 所示。选中第 4 帧，按 F6 键，在该帧上插入关键帧，如图 6-25 所示。选中数字"1"，在文本"属性"面板中将"颜色"改为白色，效果如图 6-26 所示。

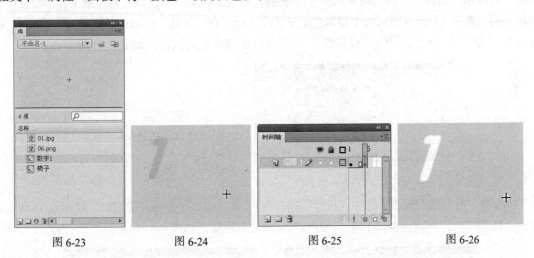

图 6-23　　　　　图 6-24　　　　　图 6-25　　　　　图 6-26

2. 制作按钮元件

（1）在"库"面板下方单击"新建元件"按钮 ，弹出"创建新元件"对话框，在"名称"选项的文本框中输入"按钮 1"，在"类型"选项的下拉列表中选择"按钮"选项，新建按钮元件"按钮 1"，如图 6-27 所示，舞台窗口也随之转换为按钮元件的舞台窗口。在"时间轴"面板中将"图层 1"重新命名为"文字介绍"，如图 6-28 所示。

图 6-27　　　　　　　　　　　　图 6-28

（2）选择"矩形"工具，在工具箱中将笔触颜色设为无，填充颜色设为白色。在舞台窗口中绘制一个矩形，选中矩形，在形状"属性"面板中，将"宽度"选项设为 136，"高度"选项设为 54，"X"选项设为 – 68.5，"Y"选项设为 – 26.4，效果如图 6-29 所示。

（3）选择"文本"工具，在文本"属性"面板中进行设置，在舞台窗口中输入深灰色（#B7B7B7）文字"休闲椅子"，效果如图 6-30 所示。

图 6-29　　　　　　　　　图 6-30

（4）在"时间轴"面板中选中"指针"帧，按 F5 键，在该帧上插入普通帧，如图 6-31 所示。单击"时间轴"面板下方的"新建图层"按钮，创建新图层并将其命名为"数字"。将"库"面板中的"数字 1"影片剪辑拖曳到白色矩形的左上角，在"属性"面板中，将"X"选项设为 – 28.2，"Y"选项设为 – 2.4，确定数字"1"元件实例所在的位置，如图 6-32 所示。

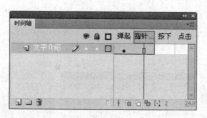

图 6-31　　　　　　　　　　　　图 6-32

（5）在"时间轴"面板中选中"指针"帧，按 F6 键，在该帧上插入关键帧，如图 6-33 所示。选中"弹起"帧，在舞台窗口中将"数字 1"元件实例删除，如图 6-34 所示。

图 6-33　　　　　　　　　　　　图 6-34

（6）双击"库"面板中的"数字 1"影片剪辑，舞台窗口也随之转换为影片剪辑元件的舞台窗口。在"时间轴"面板中选择"图层 1"的第 1 帧，单击鼠标右键，在弹出的菜单中选择"复制帧"命令，再双击"库"面板中的"按钮1"，舞台窗口也随之转换为按钮元件的舞台窗口。在"时间轴"面板中选择"数字"图层的"弹起"帧，单击鼠标右键，在弹出的菜单中选择"粘贴帧"命令，如图 6-35 所示。

（7）在"属性"面板中，将"X"选项设为 – 63，"Y"选项设为 – 28.3，确定数字"1"所在的位置，舞台窗口如图 6-36 所示。

图 6-35

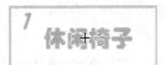

图 6-36

（8）单击"时间轴"面板下方的"新建图层"按钮，创建新的图层并将其命名为"图片"。选中"弹起"帧，将"库"面板中的位图"06"拖曳到舞台窗口中，并调整大小，在"属性"面板中，将"X"选项设为 48.7，"Y"选项设为 – 25.9，确定位图"06"所在的位置，效果如图 6-37 所示。选中"图片"图层中的"指针"帧，按 F6 键，在该帧上插入关键帧，如图 6-38 所示。

图 6-37

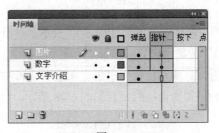

图 6-38

（9）在"时间轴"面板上选中"图片"的"指针"帧，在舞台窗口中将位图删除，如图 6-39 所示。将"库"面板中的"椅子"影片剪辑拖曳到舞台中，并调整大小，在"属性"面板中，将"X"选项设为 48.7，"Y"选项设为 – 25.9，确定影片剪辑"椅子"所在的位置，如图 6-40 所示。

图 6-39

图 6-40

（10）在"时间轴"面板中将"图片"图层拖曳到"文字介绍"图层下方，如图 6-41 所示。

舞台窗口如图 6-42 所示。"按钮 1"元件制作完成。

图 6-41

图 6-42

（11）用相同的方法导入"02、03、04、05"图片，制作元件"按钮 2"、"按钮 3"、"按钮 4"、"按钮 5"，效果如图 6-43、图 6-44、图 6-45、图 6-46 所示。

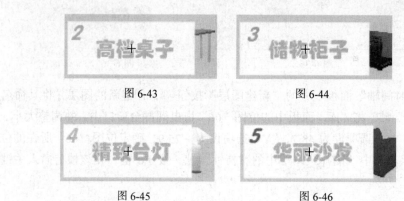

图 6-43

图 6-44

图 6-45

图 6-46

（12）"库"面板中的效果如图 6-47 所示。单击"时间轴"面板下方的"场景 1"图标 场景 1，进入"场景 1"的舞台窗口。选择"矩形"工具 ，单击工具箱下方的"对象绘制"按钮 ，将笔触颜色设为无，填充色设为白色，在矩形"属性"面板中，单击"将边角半径控件锁定为一个控件"按钮 ，其他选项的设置如图 6-48 所示。

图 6-47

图 6-48

（13）在位图的左侧绘制圆角矩形，如图 6-49 所示。选中"图层 1"，将"库"面板中的元件

第 6 章　元件和库

"按钮 1"、"按钮 2"、"按钮 3"、"按钮 4"、"按钮 5"分别拖曳到舞台窗口中，从上至下排列，效果如图 6-50 所示。动态菜单效果制作完成，按 Ctrl+Enter 组合键即可查看效果。

图 6-49　　　　　　　　　　　　图 6-50

6.3　库

在 Flash 文档的"库"面板中可以存储创建的元件以及导入的文件。只要建立 Flash 文档，就可以使用相应的库。

6.3.1　库面板的组成

选择"窗口 > 库"命令，或按 Ctrl+L 组合键，弹出"库"面板，如图 6-51 所示。

"库的名称"：在"库"面板的上方显示出与"库"面板相对应的文档名称。

"元件数量"：在名称的下方显示出当前"库"面板中的元件数量。

"预览区域"：在"元件数量"下方为预览区域，可以在此观察选定元件的效果。如果选定的元件为多帧组成的动画，在预览区域的右上方会显示出两个按钮 ▯ ▶。

"播放"按钮▶：单击此按钮，可以在预览区域里播放动画。

"停止"按钮■：单击此按钮，停止播放动画。

图 6-51

当"库"面板呈最大宽度显示时，将出现如下一些按钮。

"名称"按钮：单击此按钮，"库"面板中的元件将按名称排序。

"类型"按钮：单击此按钮，"库"面板中的元件将按类型排序。

"使用次数"按钮：单击此按钮，"库"面板中的元件将按被引用的次数排序。

"链接"按钮：与"库"面板弹出式菜单中"链接"命令的设置相关联。

"修改日期"按钮：单击此按钮，"库"面板中的元件通过被修改的日期进行排序。

在"库"面板的下方有如下 4 个按钮。

"新建元件"按钮▣：用于创建元件。单击此按钮，弹出"创建新元件"对话框，可以通过设置创建新的元件。

"新建文件夹"按钮 ：用于创建文件夹。可以分门别类地建立文件夹，将相关的元件调入其中，以方便管理。单击此按钮，在"库"面板中生成新的文件夹，可以设定文件夹的名称。

"属性"按钮 ：用于转换元件的类型。单击此按钮，弹出"元件属性"对话框，可以将元件类型相互转换。

"删除"按钮 ：删除"库"面板中被选中的元件或文件夹。单击此按钮，所选的元件或文件夹被删除。

6.3.2　库面板弹出式菜单

单击"库"面板右上方的按钮 ，出现弹出式菜单，在菜单中提供了实用命令，如图 6-52 所示。

"新建元件"命令：用于创建一个新的元件。

"新建文件夹"命令：用于创建一个新的文件夹。

"新建字型"命令：用于创建字体元件。

"新建视频"命令：用于创建视频资源。

"重命名"命令：用于重新设定元件的名称。也可双击要重命名的元件，再更改名称。

"删除"命令：用于删除当前选中的元件。

"直接复制"命令：用于复制当前选中的元件。此命令不能用于复制文件夹。

"移至"命令：用于将选中的元件移动到新建的文件夹中。

"编辑"命令：选择此命令，主场景舞台被切换到当前选中元件的舞台。

图 6-52

"编辑方式"命令：用于编辑所选位图元件。

"使用 Soundbooth 进行编辑"命令：用于打开 Adobe Soundbooth 软件，对音频进行润饰、音乐自定、添加声音效果等操作。

"播放"命令：用于播放按钮元件或影片剪辑元件中的动画。

"更新"命令：用于更新资源文件。

"属性"命令：用于查看元件的属性或更改元件的名称和类型。

"组件定义"命令：用于介绍组件的类型、数值和描述语句等属性。

"共享库属性"命令：用于设置公用库的链接。

"选择未用项目"：用于选出在"库"面板中未经使用的元件。

"展开文件夹"命令：用于打开所选文件夹。

"折叠文件夹"命令：用于关闭所选文件夹。

"展开所有文件夹"命令：用于打开"库"面板中的所有文件夹。

"折叠所有文件夹"命令：用于关闭"库"面板中的所有文件夹。

"帮助"命令：用于调出软件的帮助文档。

"关闭"：选择此命令可以将库面板关闭。

"关闭组"命令：选择此命令将关闭组合后的面板组。

课堂练习——教你学英文

【练习知识要点】使用任意变形工具旋转图形的角度。使用线条工具和文本工具制作按钮动画效果，如图 6-53 所示。

【效果所在位置】光盘/Ch06/效果/教你学英文.fla。

图 6-53

课后习题——美食菜单效果

【习题知识要点】使用铅笔工具绘制实线效果。使用变形面板制作图像旋转效果。使用文本工具添加文本。使用属性面板改变图像的位置，如图 6-54 所示。

【效果所在位置】光盘/Ch06/效果/美食菜单效果.fla。

图 6-54

第7章

制作基本动画

在 Flash CS4 动画的制作过程中，时间轴和帧起到了关键性的作用。本章主要讲解了动画中帧和时间轴的使用方法及应用技巧、基础动画的制作方法。通过这些内容的学习，可以了解并掌握如何灵活地应用帧和时间轴，并根据设计需要制作出丰富多彩的动画效果。

课堂学习目标

- 了解动画与帧的基本概念
- 掌握时间轴的使用方法
- 掌握逐帧动画的制作方法
- 掌握形状补间动画的制作方法
- 掌握传统补间动画的制作方法
- 掌握测试动画的方法

7.1　动画与帧的基本概念

医学证明，人类具有视觉暂留的特点，即人眼看到物体或画面后，在 1/24 秒内不会消失。利用这一原理，在一幅画没有消失之前播放下一幅画，就会给人造成流畅的视觉变化效果。所以，动画就是通过连续播放一系列静止画面，给视觉造成连续变化的效果。

在 Flash 中，这一系列单幅的画面就叫帧，它是 Flash 动画中最小时间单位里出现的画面。每秒钟显示的帧数叫帧率，如果帧率太慢就会给人造成视觉上不流畅的感觉。所以，按照人的视觉原理，一般将动画的帧率设为 24 帧/秒。

在 Flash 中，动画制作的过程就是决定动画每一帧显示什么内容的过程。用户可以像传统动画一样自己绘制动画的每一帧，即逐帧动画。但逐帧动画所需的工作量非常大，为此，Flash 还提供了一种简单的动画制作方法，即采用关键帧处理技术的插值动画。插值动画又分为运动动画和变形动画两种。

制作插值动画的关键是绘制动画的起始帧和结束帧，中间帧的效果由 Flash 自动计算得出。为此，在 Flash 中提供了关键帧、过渡帧、空白关键帧的概念。关键帧描绘动画的起始帧和结束帧。当动画内容发生变化时必须插入关键帧，即使是逐帧动画也要为每个画面创建关键帧。关键帧有延续性，开始关键帧中的对象会延续到结束关键帧。过渡帧是动画起始、结束关键帧中间系统自动生成的帧。空白关键帧是不包含任何对象的关键帧。因为 Flash 只支持在关键帧中绘画或插入对象，所以当动画内容发生变化而又不希望延续前面关键帧的内容时需要插入空白关键帧。

7.2　帧的显示形式

在 Flash 动画制作过程中，帧包括多种显示形式：

⊙ 空白关键帧

在时间轴中，白色背景带有黑圈的帧为空白关键帧。表示在当前舞台中没有任何内容，如图 7-1 所示。

⊙ 关键帧

在时间轴中，灰色背景带有黑点的帧为关键帧。表示在当

图 7-1

前场景中存在一个关键帧，在关键帧相对应的舞台中存在一些内容，如图 7-2 所示。

在时间轴中，存在多个帧。带有黑色圆点的第 1 帧为关键帧，最后 1 帧上面带有黑的矩形框，为普通帧。除了第 1 帧以外，其他帧均为普通帧，如图 7-3 所示。

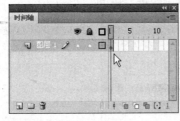

图 7-2

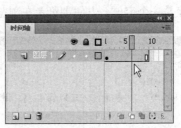

图 7-3

⊙ 传统补间帧

在时间轴中，带有黑色圆点的第 1 帧和最后 1 帧为关键帧，中间蓝色背景带有黑色箭头的帧为补间帧，如图 7-4 所示。

⊙ 补间形状帧

在时间轴中，带有黑色圆点的第 1 帧和最后 1 帧为关键帧，中间绿色背景带有黑色箭头的帧为补间帧，如图 7-5 所示。

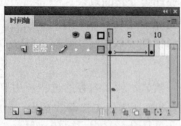 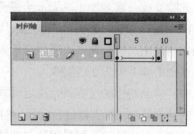

| 图 7-4 | 图 7-5 |

在时间轴中，帧上出现虚线，表示是未完成或中断了的补间动画，虚线表示不能够生成补间帧，如图 7-6 所示。

⊙ 包含动作语句的帧

在时间轴中，第 1 帧上出现一个字母 "a"，表示这 1 帧中包含了使用 "动作" 面板设置的动作语句，如图 7-7 所示。

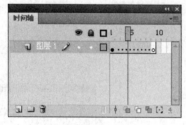 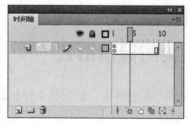

| 图 7-6 | 图 7-7 |

⊙ 帧标签

在时间轴中，第 1 帧上出现一只红旗，表示这一帧的标签类型是名称。红旗右侧的 "wo" 是帧标签的名称，如图 7-8 所示。

在时间轴中，第 1 帧上出现两条绿色斜杠，表示这一帧的标签类型是注释，如图 7-9 所示。帧注释是对帧的解释，帮助理解该帧在影片中的作用。

在时间轴中，第 1 帧上出现一个金色的锚，表示这一帧的标签类型是锚记，如图 7-10 所示。帧锚记表示该帧是一个定位，方便浏览者在浏览器中快进、快退。

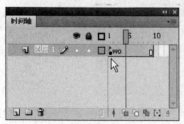 

| 图 7-8 | 图 7-9 | 图 7-10 |

7.3 时间轴的使用

要将一幅幅静止的画面按照某种顺序快速地、连续地播放，需要用时间轴来为它们完成时间和顺序的安排。

7.3.1 时间轴面板

"时间轴"面板是实现动画效果最基本的面板，由图层面板和时间轴组成，如图 7-11 所示。

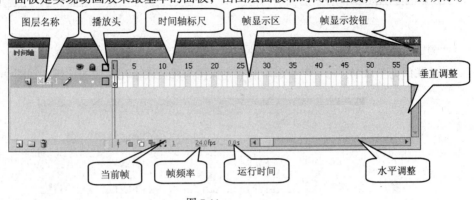

图 7-11

在图层面板的右上方：

"显示或隐藏所有图层"按钮 👁：单击此图标，可以隐藏或显示图层中的内容。

"锁定或解除锁定所有图层"按钮 🔒：单击此图标，可以锁定或解锁图层。

"将所有图层显示为轮廓"按钮 ☐：单击此图标，可以将图层中的内容以线框的方式显示。

在图层面板的左下方：

"新建图层"按钮 📄：用于创建图层。

"新建文件夹"按钮 📁：用于创建图层文件夹。

"删除"按钮 🗑：用于删除无用的图层。

单击时间轴右上方的图标 ☰，弹出菜单，如图 7-12 所示。

"很小"命令：以最小的间隔距离显示帧，如图 7-13 所示。

"小"命令：以较小的间隔距离显示帧，如图 7-14 所示。

图 7-12

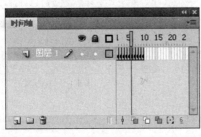

图 7-13

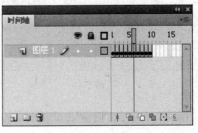

图 7-14

"标准"命令：以标准的间隔距离显示帧，是系统默认的设置。

"中"命令：以较大的间隔距离显示帧，如图 7-15 所示。

"大"命令：以最大的间隔距离显示帧，如图 7-16 所示。

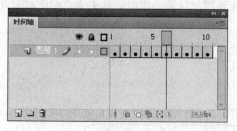

图 7-15　　　　　　　　　　　　　　图 7-16

"预览"命令：最大限度地将每一帧中的对象显示在时间轴中，如图 7-17 所示。

"关联预览"命令：每一帧中显示的对象保持与舞台大小相对应的比例，如图 7-18 所示。

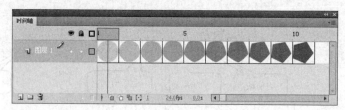

图 7-17

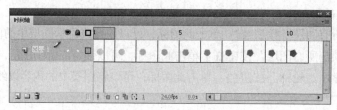

图 7-18

"较短"命令：将帧的高度缩短显示，这样可以在有限的空间中显示出更多的层，如图 7-19 所示。

"彩色显示帧"命令：系统默认状态下为选中状态。取消对该选项的选择，帧的颜色发生变化，如图 7-20 所示。

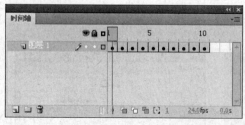　　　　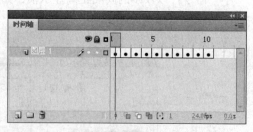

图 7-19　　　　　　　　　　　　　　图 7-20

"帮助"命令：用于调出软件的帮助文件。

"关闭"：选择此命令可以将时间轴面板关闭。

"关闭组"命令：选择此命令将关闭组合后的面板组。

7.3.2　绘图纸（洋葱皮）功能

一般情况下，在 Flash 舞台上只能显示当前帧中的对象。如果希望在舞台上出现多帧对象以帮助当前帧对象的定位和编辑，Flash 提供的绘图纸（洋葱皮）功能可以将其实现。

在时间轴面板的下方：

"帧居中"按钮：单击此按钮，播放头所在帧会显示在时间轴的中间位置。

"绘图纸外观"按钮：单击此按钮，时间轴标尺上出现绘图纸的标记显示，在标记范围内的帧上的对象将同时显示在舞台中，如图 7-21、图 7-22 所示。可以用鼠标拖动标记点来增加显示的帧数，如图 7-23 所示。

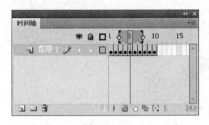

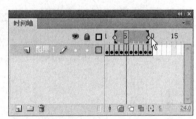

图 7-21　　　　　　　　　　图 7-22　　　　　　　　　　图 7-23

"绘图纸外观轮廓"按钮：单击此按钮，时间轴标尺上出现绘图纸的标记显示。在标记范围内的帧上的对象将以轮廓线的形式同时显示在舞台中，如图 7-24、图 7-25 所示。

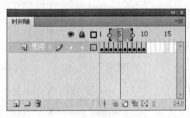

图 7-24　　　　　　　　　　图 7-25

"编辑多个帧"按钮：单击此按钮，绘图纸标记范围内的帧上的对象将同时显示在舞台中，可以同时编辑所有的对象，如图 7-26、图 7-27 所示。

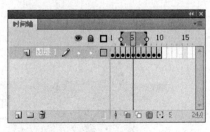

图 7-26　　　　　　　　　　图 7-27

"修改绘图纸标记"按钮：单击此按钮，弹出下拉菜单，如图 7-28 所示。

"始终显示标记"命令：选择此命令，在时间轴标尺上总是显示出绘图纸标记。

"锚定绘图纸"命令：选择此命令，将锁定绘图纸标记的显示范围，移动播放头将不会改变显示范围，如图 7-29 所示。

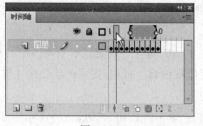

图 7-28　　　　　　　　　　图 7-29

"绘图纸 2"命令：选择此命令，绘图纸标记显示范围为当前帧的前 2 帧开始，到当前帧的后 2 帧结束，如图 7-30、图 7-31 所示。

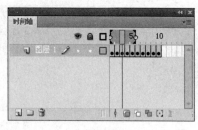

图 7-30　　　　　　　　　　图 7-31

"绘图纸 5"命令：选择此命令，绘图纸标记显示范围为当前帧的前 5 帧开始，到当前帧的后 5 帧结束，如图 7-32、图 7-33 所示。

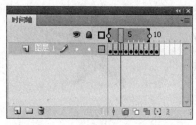

图 7-32　　　　　　　　　　图 7-33

"绘制全部"命令：选择此命令，绘图纸标记显示范围为时间轴中的所有帧，如图 7-34、图 7-35 所示。

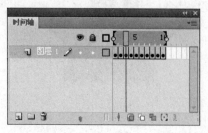

图 7-34　　　　　　　　　　图 7-35

7.3.3　在时间轴面板中设置帧

在时间轴面板中，可以对帧进行一系列的操作。下面进行具体的讲解。

1．插入帧

⊙ 应用菜单命令插入帧

选择"插入 > 时间轴 > 帧"命令，或按 F5 键，可以在时间轴上插入一个普通帧。

选择"插入 > 时间轴 > 关键帧"命令命令，或按 F6 键，可以在时间轴上插入一个关键帧。

选择"插入 > 时间轴 > 空白关键帧"命令，可以在时间轴上插入一个空白关键帧。

⊙ 应用弹出式菜单插入帧

在时间轴上要插入帧的地方单击鼠标右键，在弹出的菜单中选择要插入帧的类型。

2．选择帧

选择"插入 > 时间轴 > 选择所有帧"命令，选中时间轴中的所有帧。

单击要选的帧，帧变为深色。

用鼠标选中要选择的帧，再向前或向后进行拖曳，其间鼠标经过的帧全部被选中。

按住 Ctrl 键的同时，用鼠标单击要选择的帧，可以选择多个不连续的帧。

按住 Shift 键的同时，用鼠标单击要选择的两帧，这两帧中间的所有帧都被选中。

3．移动帧

选中一个或多个帧，按住鼠标左键，移动所选帧到目标位置。在移动过程中，如果按住键盘上的 Alt 键，会在目标位置上复制出所选的帧。

选中一个或多个帧，选择"编辑 > 时间轴 > 剪切帧"命令，或按 Ctrl+Alt+X 组合键，剪切所选的帧，选中目标位置，执选择"编辑 > 时间轴 > 粘贴帧"命令，或按 Ctrl+Alt+V 组合键在目标位置上粘贴所选的帧。

4．删除帧

用鼠标右键单击要删除的帧，在弹出的菜单中选择"清除帧"命令。

选中要删除的普通帧，按 Shift+F5 组合键，删除帧。选中要删除的关键帧，按 Shift+F6 组合键，删除关键帧。

提示　　在 Flash 系统默认状态下，时间轴面板中每一图层的第一帧都被设置为关键帧。后面插入的帧将拥有第一帧中的所有内容。

7.4　逐帧动画

逐帧动画的制作类似于传统动画，每一个帧都是关键帧，整个动画是通过关键帧的不断变化产生的，不依靠 Flash 的运算。需要绘制每一个关键帧中的对象，每个帧都是独立的，在画面上可以是互不相关的。具体操作步骤如下。

新建空白文档，选择"文本"工具，在第 1 帧的舞台中输入"我"字，如图 7-36 所示。

按 F6 键，在第 2 帧上插入关键帧，如图 7-37 所示。在第 2 帧的舞台中输入"的"字，如图 7-38 所示。

图 7-36

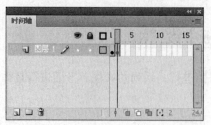

图 7-37

图 7-38

用相同的方法在第 3 帧上插入关键帧，在舞台中输入"梦"字，如图 7-39 所示。在第 4 帧上插入关键帧，在舞台中输入"想"字，如图 7-40 所示。

图 7-39

图 7-40

按 Enter 键进行播放，即可观看制作效果。

还可以通过从外部导入图片组来实现逐帧动画的效果。

选择"文件 > 导入 > 导入到舞台"命令，弹出"导入"对话框，在对话框中选择图片，单击"打开"按钮，弹出提示对话框，询问是否将图像序列中的所有图像导入，如图 7-41 所示。

单击"是"按钮，将图像序列导入到舞台中，如图 7-42 所示。按 Enter 键进行播放，即可观看制作效果。

图 7-41

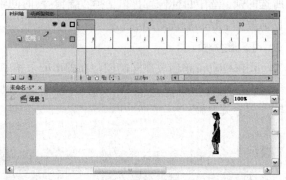

图 7-42

7.5 形状补间动画

形状补间动画是使图形形状发生变化的动画。形状补间动画所处理的对象必须是舞台上的图形。如果舞台上的对象是组件实例、多个图形的组合、文字、导入的素材对象，必须选择"修改 > 分离"或"修改 > 取消组合"命令，将其打散成图形。利用这种动画，也可以实现上述对象的大小、位置、旋转、颜色及透明度等变化，另外还可以实现一种形状变换成另一种形状的效果。

7.5.1　创建形状补间动画

选择"文件 > 导入 > 导入到舞台"命令,弹出"导入"对话框,在对话框中选中文件,单击"打开"按钮,文件被导入到舞台的第 1 帧中。多次按 Ctrl+B 组合键,直到将图案打散,如图 7-43 所示。

用鼠标右键单击时间轴面板中的第 10 帧,在弹出的菜单中选择"插入空白关键帧"命令,如图 7-44 所示,在第 10 帧上插入一个空白关键帧,如图 7-45 所示。

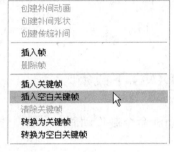

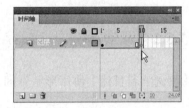

图 7-43　　　　　　　图 7-44　　　　　　　图 7-45

选中第 10 帧,选择"文件 > 导入 > 导入到舞台"命令,弹出"导入"对话框,在对话框中选中图片,单击"打开"按钮,文件被导入到舞台的第 10 帧中。选中图形,多次按 Ctrl+B 组合键,直到将人物图形打散,如图 7-46 所示。

用鼠标右键单击时间轴面板中的第 1 帧,在弹出的菜单中选择"创建补间形状"命令,如图 7-47 所示。

设为"形状"后,面板中出现如下 2 个新的选项。

"缓动"选项:用于设定变形动画从开始到结束的变形速度。其取值范围为 0 ~ 100。当选择正数时,变形速度呈减速度,即开始时速度快,然后速度逐渐减慢;当选择负数时,变形速度呈加速度,即开始时速度慢,然后速度逐渐加快。

"混合"选项:提供了"分布式"和"角形"2 个选项。选择"分布式"选项可以使变形的中间形状趋于平滑。"角形"选项则创建包含角度和直线的中间形状。

设置完成后,在"时间轴"面板中,第 1 帧到第 10 帧之间出现绿色的背景和黑色的箭头,表示生成形状补间动画,如图 7-48 所示。按 Enter 键进行播放,即可观看制作效果。

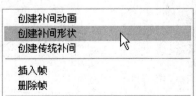

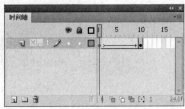

图 7-46　　　　　　　图 7-47　　　　　　　图 7-48

在变形过程中每一帧上的图形都发生不同的变化，如图 7-49、图 7-50、图 7-51、图 7-52、图 7-53 所示。

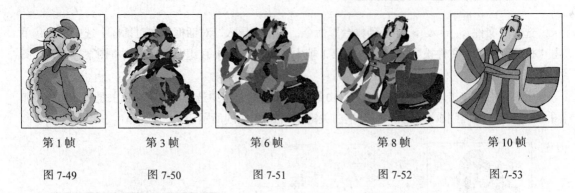

| 第 1 帧 | 第 3 帧 | 第 6 帧 | 第 8 帧 | 第 10 帧 |
| 图 7-49 | 图 7-50 | 图 7-51 | 图 7-52 | 图 7-53 |

7.5.2　课堂案例——LOADING 下载条

【案例学习目标】使用形状补间动画命令制作动画效果。

【案例知识要点】使用矩形工具、任意变形工具、形状补间动画命令制作下载条的动画效果；使用文本工具添加文字效果，效果如图 7-54 所示。

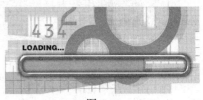

图 7-54

【效果所在位置】光盘/Ch07/效果/LOADING 下载条.fla。

1. 制作下载条变色效果

（1）选择"文件 > 新建"命令，在弹出的"新建文档"对话框中选择"Flash 文件"选项，单击"确定"按钮，进入新建文档舞台窗口。按 Ctrl+F3 组合键，弹出文档"属性"面板，单击面板中的"编辑"按钮 编辑... ，弹出"文档属性"对话框，将舞台窗口的宽设为 600，高设为 260，单击"确定"按钮，改变舞台窗口的大小。

（2）选择"文件 > 导入 > 导入到舞台"命令，在弹出的"导入"对话框中选择"Ch07 > 素材 > LOADING 下载条 > 01"文件，单击"打开"按钮，文件被导入到舞台窗口中，效果如图 7-55 所示。

（3）将"图层 1"命名为"背景"，选中"背景"图层的第 120 帧，按 F5 键，在该帧上插入普通帧。在"时间轴"面板中创建新图层并将其命名为"下载框"。选择"文件 > 导入 > 导入到舞台"命令，在弹出的"导入"对话框中选择"Ch07 > 素材 > LOADING 下载条 > 02"文件，单击"打开"按钮，文件被导入到舞台窗口中，将图片移动到舞台窗口的下方，效果如图 7-56 所示。

图 7-55

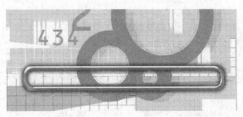
图 7-56

（4）在"时间轴"面板中创建新图层并将其命名为"颜色条"。选择"矩形"工具 ，在工具箱中将笔触颜色设为无，将填充颜色设为绿色（#00FF00）。在下载框的左侧绘制出一个矩形图形，效果如图 7-57 所示。

（5）选中"颜色条"图层的第 120 帧，按 F6 键，在该帧上插入关键帧。选择"任意变形"工具，矩形图形上出现 8 个控制点，用鼠标按住右侧中间的控制点向右拖曳，改变矩形的长度，效果如图 7-58 所示。将填充颜色设为蓝色（#65CCFF），效果如图 7-59 所示。选择"选择"工具，选中"颜色条"图层的第 1 帧单击鼠标右键，在弹出的菜单中选择"创建补间形状"命令，生成形状补间动画。

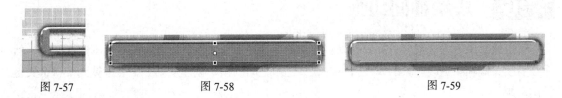

图 7-57　　　　　　　　　　图 7-58　　　　　　　　　　图 7-59

2．制作文字动画的效果

（1）创建新图层并将其命名为"文字"。在"库"面板中新建图形元件"文字"，舞台窗口也随之转换为图形元件的舞台窗口。选择"文本"工具，在文本工具"属性"面板中进行设置，在舞台窗口中输入需要的黑色英文"LOADING ."，效果如图 7-60 所示。选中"图层 1"的第 4 帧，按 F6 键，在该帧上插入关键帧。

（2）用文本工具在文字上单击，使文字变为可编辑状态，用鼠标按住文字右上方的圆形控制点，效果如图 7-61 所示。向右拖曳，将文本框扩大，这时，圆形控制点变为方形控制点，将输入光标放置在文字的最后，输入一个点，效果如图 7-62 所示。

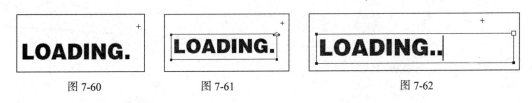

图 7-60　　　　　　　　　图 7-61　　　　　　　　　图 7-62

（3）用相同的方法，在"图层 1"的第 7 帧、第 10 帧、第 13 帧、第 16 帧上分别插入关键帧，并且每插入一帧，都要在文字后面加上一个点，时间轴效果如图 7-63 所示。舞台窗口中的效果如图 7-64 所示。单击"时间轴"面板下方的"场景 1"图标，进入"场景 1"的舞台窗口。将"库"面板中的"文字"元件拖曳到"文字"图层的舞台窗口中，效果如图7-65 所示。

（4）在"时间轴"面板中，将"颜色条"图层拖曳到"下载框"图层的下方。舞台窗口中的效果如图 7-66 所示。LOADING 下载条制作完成，按 Ctrl+Enter 组合键，效果如图 7-67所示。

图 7-63　　　　　　　　　图 7-54　　　　　　　　　图 7-65

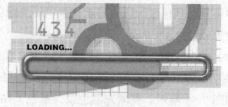

图 7-66   图 7-67

7.6 传统补间动画

可以通过以下方法来创建补间动画：在起始关键帧中为实例、组合对象或文本定义属性，然后在后续关键帧中更改对象的属性。Flash 在关键帧之间的帧中创建从第一个关键帧到下一个关键帧的动画。

7.6.1 创建传统补间动画

新建空白文档，选择"文件 > 导入 > 导入到库"命令，弹出"导入到库"对话框，在对话框中选择图片，单击"打开"按钮，弹出对话框，所有选项为默认值，单击"确定"按钮，文件被导入到"库"面板中，如图 7-68 所示，将图形拖曳到舞台的右侧，如图 7-69 所示。

图 7-68   图 7-69

用鼠标右键单击"时间轴"面板中的第 10 帧，在弹出的菜单中选择"插入关键帧"命令，如图 7-70 所示，在第 10 帧上插入一个关键帧，如图 7-71 所示。将图形拖曳到舞台的中间，如图 7-72 所示。

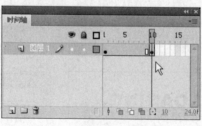

图 7-70   图 7-71   图 7-72

在"时间轴"面板中，用鼠标右键单击第 1 帧，在弹出的菜单中选择"创建传统补间"命令。

设为"动画"后，"属性"面板中出现如下多个新的选项。

"缓动"选项：用于设定动作补间动画从开始到结束的运动速度。其取值范围为 0 ~ 100。当选择正数时，运动速度呈减速度，即开始时速度快，然后速度逐渐减慢；当选择负数时，运动速度呈加速度，即开始时速度慢，然后速度逐渐加快。

"缩放"选项：勾选此选项，对象在动画过程中可以改变比例。

"旋转"选项：用于设置对象在运动过程中的旋转样式和次数。其中包含 4 种样式，"无"表示在运动过程中不允许对象旋转；"自动"表示对象按快捷的路径进行旋转变化；"顺时针"表示对象在运动过程中按顺时针的方向进行旋转，可以在右边的"旋转数"选项中设置旋转的次数；"逆时针"表示对象在运动过程中按逆时针的方向进行旋转，可以在右边的"旋转数"选项中设置旋转的次数。

"调整到路径"选项：勾选此选项，对象在运动引导动画过程中，可以根据引导路径的曲线改变变化的方向。

"同步"选项：勾选此选项，如果对象是一个包含动画效果的图形组件实例，其动画和主时间轴同步。

"对齐"选项：勾选此选项，如果使用运动引导动画，则根据对象的中心点将其吸附到运动路径上。

在"时间轴"面板中，第 1 帧到第 10 帧之间出现蓝色的背景和黑色的箭头，表示生成传统补间动画，如图 7-73 所示。完成动作补间动画的制作，按 Enter 键进行播放，即可观看制作效果。

如果想观察制作的动作补间动画中每 1 帧产生的不同效果，可以单击"时间轴"面板下方的"绘图纸外观"按钮，并将标记点的起始点设为第 1 帧，终止点设为第 10 帧，如图 7-74 所示。舞台中显示出在不同的帧中，图形位置的变化效果，如图 7-75 所示。

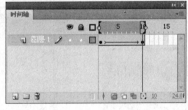

图 7-73 　　　　　　　　　　　图 7-74 　　　　　　　　　　　图 7-75

如果在帧"属性"面板中，将"旋转"选项设为"顺时针"，如图 7-76 所示，那么在不同的帧中，图形位置的变化效果如图 7-77 所示。

图 7-76 　　　　　　　　　　　图 7-77

7.6.2 课堂案例——倒影文字效果

【案例学习目标】使用创建传统补间命令制作动画效果。

【案例知识要点】使用文本工具添加文字；使用垂直翻转命令制作文字倒影效果；使用按宽度平均分布命令将文字平均分布，效果如图 7-78 所示。

【效果所在位置】光盘/Ch07/效果/倒影文字效果.fla。

图 7-78

1. 导入背景图片并添加文字

（1）选择"文件 > 新建"命令，在弹出的"新建文档"对话框中选择"Flash 文件"选项，单击"确定"按钮，进入新建文档舞台窗口。按 Ctrl+F3 组合键，弹出文档"属性"面板，单击面板中的"编辑"按钮 编辑... ，在弹出的"文档属性"对话框中，将舞台窗口的宽设为 600，高设为 300，将背景颜色设为灰色（#999999），单击"确定"按钮，改变舞台窗口的大小。

（2）选择"文件 > 导入 > 导入到库"命令，在弹出的"导入到库"对话框中选择"Ch07 > 素材 > 倒影文字效果 > 01"文件，单击"打开"按钮，文件被导入到"库"面板中。

（3）在"库"面板中新建图形元件"无"。舞台窗口也随之转换为图形元件的舞台窗口。选择"文本"工具 T ，在文本"属性"面板中进行设置，在舞台窗口中输入需要的白色文字"无"，效果如图 7-79 所示。依照制作图形元件"无"的方法制作其他图形元件，如图 7-80 所示。

图 7-79　　　　　　　　图 7-80

2. 制作文字动画效果

（1）在"库"面板中新建影片剪辑元件"字动"。舞台窗口也随之转换为影片剪辑元件的舞台窗口。将"图层 1"重新命名为"无"。多次单击"时间轴"面板下方的"新建图层"按钮 ，新建多个图层，并依次命名为"无"、"限"、"可"、"能"、"永"、"恒"、"经"、"典"。将"库"面板中的图形元件"无"、"限"、"可"、"能"、"永"、"恒"、"经"、"典"，拖曳到与文字相应的图层舞台窗口中，如图 7-81 所示，并依次放置在同一高度。在图形"属性"面板中将每个实例的"Y"选项设为 – 50，"X"选项保持不变。

（2）选择"选择"工具 ，在舞台窗口中选中所有文字实例，选择"修改 > 对齐 > 按宽度平均分布"命令，使文字实例对齐，效果如图 7-82 所示。

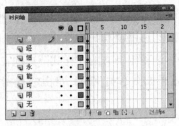

图 7-81

图 7-82

（3）分别选中"无"图层的第 10 帧、第 20 帧，按 F6 键，在选中的帧上插入关键帧。选中"无"图层的第 10 帧，在舞台窗口中选中"无"实例，在图形"属性"面板中将"Y"选项设为－200，"X"选项保持不变，在舞台窗口中的效果如图 7-83 所示。

（4）分别用鼠标右键单击"无"图层的第 1 帧、第 10 帧，在弹出的菜单中选择"创建传统补间"命令，生成传统动作补间动画。用同样的方法对其他图层进行操作，如图 7-84 所示。舞台窗口中的效果如图 7-85 所示。

图 7-83

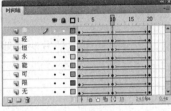

图 7-84

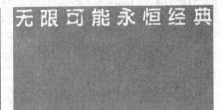

图 7-85

（5）单击"限"图层的图层名称，选中该层中的所有帧，将所有帧向后拖曳至与"无"图层隔 5 帧的位置，如图 7-86 所示。用同样的方法依次对其他图层进行操作，如图 7-87 所示。

（6）分别选中所有图层的第 60 帧，按 F5 键，在选中的帧上插入普通帧，如图 7-88 所示。单击"时间轴"面板下方的"场景 1"图标■场景1，进入"场景 1"的舞台窗口。将"库"面板中的位图"01"和影片剪辑元件"字动"拖曳到舞台窗口中，并放置到合适位置，效果如图 7-89 所示。

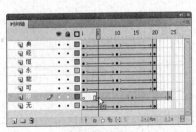

图 7-86

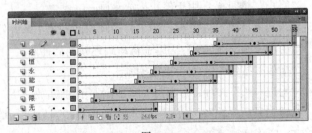

图 7-87

图 7-88

图 7-89

（7）选择"选择"工具 ，按住 Alt+Shift 组合键的同时，垂直向下拖曳"字动"实例到适当的位置，复制文字，效果如图 7-90 所示。选择"修改 > 变形 > 垂直翻转"命令，将复制出的实例进行翻转，在影片剪辑"属性"面板中选择"色彩效果"选项组下方的"样式"选项，在弹出的下拉列表中，将"Alpha"的值设为 50，舞台窗口中的效果如图 7-91 所示。倒影文字效果制作完成，按 Ctrl+Enter 组合键即可查看效果，如图 7-92 所示。

图 7-90   图 7-91   图 7-92

7.7 测试动画

在制作完成动画后，要对其进行测试。可以通过多种方法来测试动画。下面就进行具体讲解。

测试动画有以下几种方法：

⊙ 应用控制器面板

选择"窗口 > 工具栏 > 控制器"命令，弹出"控制器"面板，如图 7-93 所示。

图 7-93

"停止"按钮 ■：用于停止播放动画。

"转到第一帧"按钮 ◄◄：用于将动画返回到第 1 帧并停止播放。

"后退一帧"按钮 ◄◄： 用于将动画逐帧向后播放。

"播放"按钮 ►：用于播放动画。

"前进一帧"按钮 ►►：用于将动画逐帧向前播放。

"转到最后一帧"按钮 ►►|：用于将动画跳转到最后 1 帧并停止播放。

⊙ 应用播放菜单命令

选择"控制 > 播放"命令，或按 Enter 键，可以对当前舞台中的动画进行浏览。在"时间轴"面板中，可以看见播放头在运动，随着播放头的运动，舞台中显示出播放头所经过的帧上的内容。

⊙ 应用测试影片菜单命令

选择"控制 > 测试影片"命令，或按 Ctrl+Enter 组合键，可以进入动画测试窗口，对动画作品的多个场景进行连续的测试。

⊙ 应用测试场景菜单命令

选择"控制 > 测试场景"命令，或按 Ctrl+Alt+Enter 组合键，可以进入动画测试窗口，测试当前舞台窗口中显示的场景或元件中的动画。

提示　如果需要循环播放动画，可以选择"控制 > 循环播放"命令，再应用"播放"按钮或其他的测试命令即可。

课堂练习——我们的地球

【练习知识要点】使用逆时针旋转 90° 命令旋转地球的角度。使用文本工具添加文字效果。使用任意变形工具旋转文字的角度，如图 7-94 所示。

【效果所在位置】光盘/Ch07/效果/我们的地球.fla。

图 7-94

课后习题——流星文字效果

【习题知识要点】使用文本工具添加文字效果；使用创建传统补间命令制作动画效果；使用变形面板改变文字的大小，如图 7-95 所示。

【效果所在位置】光盘/Ch07/效果/流星文字效果.fla。

图 7-95

第8章

层与高级动画

　　层在 Flash CS4 中有着举足轻重的作用。只有掌握了层的概念并熟练应用不同性质的层，才有可能真正成为 Flash 的高手。本章主要讲解了层的应用技巧及如何使用不同性质的层来制作高级动画。通过这些内容的学习，可以了解并掌握层的强大功能，并能充分利用好层来为动画作品增光添彩。

课堂学习目标

- 掌握层的基本操作
- 掌握引导层与运动引导层动画的制作方法
- 掌握遮罩层的使用方法和应用技巧
- 运用分散到图层功能编辑对象

8.1　层

在 Flash CS4 中，普通图层类似于叠加在一起的透明纸。下面图层中的内容可以通过上面图层中空白区域内容的区域透过来。一般，借助普通图层的透明特性分门别类地组织动画文件中的内容，例如将不动的背景画放置在一个图层上，而将运动的小鸟放置在另一个图层上。使用图层的另一好处是若在一个图层上创建和编辑对象，则不会影响其他图层中的对象。在"时间轴"面板中，图层分为普通层、引导层、运动引导层、被引导层、遮罩层、被遮罩层，它们的作用各不相同。

8.1.1　层的基本操作

1．层的弹出式菜单

用鼠标右键单击"时间轴"面板中的图层名称，弹出菜单，如图 8-1 所示。

"显示全部"命令：用于显示所有的隐藏图层和图层文件夹。

"锁定其他图层"命令：用于锁定除当前图层以外的所有图层。

"隐藏其他图层"命令：用于隐藏除当前图层以外的所有图层。

"插入图层"命令：用于在当前图层上创建一个新的图层。

"删除图层"命令：用于删除当前图层。

"引导层"命令：用于将当前图层转换为引导层。

"添加传统运动引导层"命令：用于将当前图层转换为运动引导层。

"遮罩层"命令：用于将当前图层转换为遮罩层。

"显示遮罩"命令：用于在舞台窗口中显示遮罩效果。

"插入文件夹"命令：用于在当前图层上创建一个新的层文件夹。

"删除文件夹"命令：用于删除当前的层文件夹。

"展开文件夹"命令：用于展开当前的层文件夹，显示出其包含的图层。

"折叠文件夹"命令：用于折叠当前的层文件夹。

"展开所有文件夹"命令：用于展开"时间轴"面板中所有的层文件夹，显示出所包含的图层。

"折叠所有文件夹"命令：用于折叠"时间轴"面板中所有的层文件夹。

"属性"命令：用于设置图层的属性。单击此命令，弹出"图层属性"对话框，如图 8-2 所示。

图 8-1

图 8-2

"名称"选项：用于设置图层的名称。

"显示"选项：勾选此选项，将显示该图层，否则将隐藏图层。

"锁定"选项：勾选此选项，将锁定该图层，否则将解锁。

"类型"选项：用于设置图层的类型。

"轮廓颜色"选项：用于设置对象呈轮廓显示时，轮廓线所使用的颜色。

"图层高度"选项：用于设置图层在"时间轴"面板中显示的高度。

2. 创建图层

为了分门别类地组织动画内容，用户需要创建普通图层，可以应用不同的方法进行图层的创建：

⊙ 在"时间轴"面板下方单击"新建图层"按钮，创建一个新的图层。

⊙ 选择"插入 > 时间轴 > 图层"命令，创建一个新的图层。

⊙ 用鼠标右键单击"时间轴"面板的层编辑区，在弹出的菜单中选择"插入图层"命令，创建一个新的图层。

> **提示** 系统默认状态下，新创建的图层按"图层 1"、"图层 2"……的顺序进行命名，可以根据需要自行设定图层的名称。

3. 选取图层

选取图层就是将图层变为当前图层，用户可以在当前层上放置对象、添加文本和图形进行编辑。要使图层成为当前图层的方法很简单，在"时间轴"面板中选中该图层即可。当前图层会在"时间轴"面板中以深色显示，铅笔图标表示可以对该图层进行编辑，如图 8-3 所示。

按住 Ctrl 键的同时，用鼠标在要选择的图层上单击，可以一次选择多个图层，如图 8-4 所示。按住 Shift 键的同时，用鼠标单击 2 个图层，在这 2 个图层中间的其他图层也会被同时选中，如图 8-5 所示。

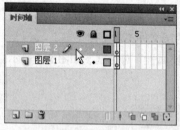

图 8-3   图 8-4

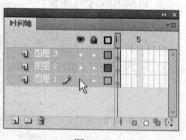

图 8-5

4. 排列图层

可以根据需要，在"时间轴"面板中为图层重新排列顺序。

在"时间轴"面板中选中"图层 3"如图 8-6 所示，按住鼠标不放，将"图层 3"向下拖曳，这时会出现一条实线，如图 8-7 所示，将实线拖曳到"图层 1"的下方，松开鼠标，"图层 3"移动到"图层 1"的下方，如图 8-8 所示。

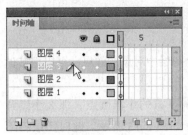

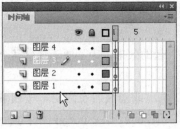

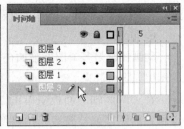

图 8-6　　　　　　　　　　　图 8-7　　　　　　　　　　　图 8-8

5．复制、粘贴图层

可以根据需要，将图层中的所有对象复制，粘贴到其他图层或场景中。

在"时间轴"面板中单击要复制的图层，如图 8-9 所示，选择"编辑 > 时间轴 > 复制帧"命令，进行复制，在"时间轴"面板下方单击"新建图层"按钮 ，创建一个新的图层，如图 8-10 所示，选择"编辑 > 时间轴 > 粘贴帧"命令，在新建的图层中粘贴复制的内容，如图 8-11 所示。

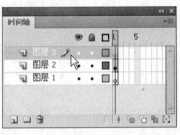

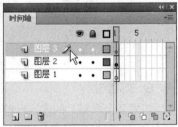

图 8-9　　　　　　　　　　　图 8-10　　　　　　　　　　　图 8-11

6．删除图层

如果某个图层不再需要，可以将其进行删除。删除图层有以下几种方法：

⊙ 在"时间轴"面板中选中要删除的图层，在面板下方单击"删除"按钮 ，即可删除选中图层，如图 8-12 所示。

⊙ 在"时间轴"面板中选中要删除的图层，按住鼠标不放，将其向下拖曳，这时会出现实线，将实线拖曳到"删除"按钮 上进行删除，如图 8-13 所示。

⊙ 用鼠标右键单击要删除的图层，在弹出的菜单中选择"删除图层"命令，将图层进行删除，如图 8-14 所示。

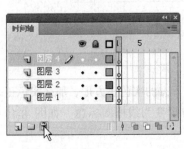

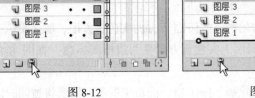

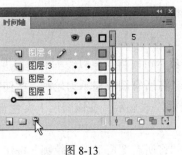

图 8-12　　　　　　　　　　　图 8-13　　　　　　　　　　　图 8-14

7. 隐藏、锁定图层和图层的线框显示模式

⊙ 隐藏图层

动画经常是多个图层叠加在一起的效果，为了便于观察某个图层中对象的效果，可以把其他的图层先隐藏起来。

在"时间轴"面板中单击"显示或隐藏所有图层"按钮 👁 下方的小黑圆点，那么小黑圆点所在的图层就被隐藏，在该图层上显示出一个叉号图标 ✕，如图 8-15 所示。此时图层将不能被编辑。

在"时间轴"面板中单击"显示或隐藏所有图层"按钮 👁，面板中的所有图层将被同时隐藏，如图 8-16 所示。再单击一下此按钮，即可解除隐藏。

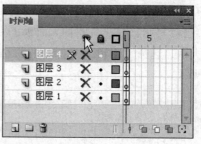

图 8-15   图 8-16

⊙ 锁定图层

如果某个图层上的内容已符合要求，则可以锁定该图层，以避免内容被意外更改。

在"时间轴"面板中单击"锁定或解除锁定所有图层"按钮 🔒 下方的小黑圆点，那么小黑圆点所在的图层就被锁定，在该图层上显示出一个锁状图标 🔒，如图 8-17 所示。此时图层将不能被编辑。

在"时间轴"面板中单击"锁定或解除锁定所有图层"按钮 🔒，面板中的所有图层将被同时锁定，如图 8-18 所示。再单击一下此按钮，即可解除锁定。

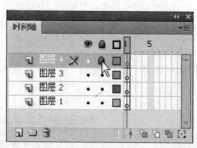
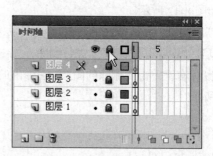

图 8-17   图 8-18

⊙ 图层的线框显示模式

为了便于观察图层中的对象，可以将对象以线框的模式进行显示。

在"时间轴"面板中单击"将所有图层显示为轮廓"按钮 □ 下方的实色正方形，那么实色正方形所在图层中的对象就呈线框模式显示，在该图层上实色正方形变为线框图标 □，如图 8-19 所示。此时并不影响编辑图层。

在"时间轴"面板中单击"将所有图层显示为轮廓"按钮 □，面板中的所有图层将被同时以

线框模式显示，如图 8-20 所示。再单击一下此按钮，即可回到普通模式。

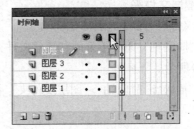

图 8-19　　　　　　　　　　图 8-20

8．重命名图层

可以根据需要更改图层的名称。更改图层名称有以下几种方法：

⊙ 双击"时间轴"面板中的图层名称，名称变为可编辑状态，如图 8-21 所示，输入要更改的图层名称，如图 8-22 所示，在图层旁边单击鼠标，完成图层名称的修改，如图 8-23 所示。

图 8-21　　　　　　　图 8-22　　　　　　　图 8-23

⊙ 选中要修改名称的图层，选择"修改 > 时间轴 > 图层属性"命令，弹出"图层属性"对话框，如图 8-24 所示，在"名称"选项的文本框中可以重新设置图层的名称，如图 8-25 所示，单击"确定"按钮，完成图层名称的修改。

图 8-24　　　　　　　　　　图 8-25

还可用鼠标右键单击要修改名称的图层，在弹出的菜单中选择"属性"命令，弹出"图层属性"对话框。

8.1.2　图层文件夹

在"时间轴"面板中可以创建图层文件夹来组织和管理图层，这样"时间轴"面板中图层的层次结构将非常清晰。

1. 创建图层文件夹

创建图层文件夹有以下几种方法。

⊙ 单击"时间轴"面板下方的"新建文件夹"按钮🖿，在"时间轴"面板中创建图层文件夹，如图 8-26 所示。

⊙ 选择"插入 > 时间轴 > 图层文件夹"命令，在"时间轴"面板中创建图层文件夹，如图 8-27 所示。

图 8-26   图 8-27

⊙ 用鼠标右键单击"时间轴"面板中的任意图层，在弹出的菜单中选择"插入文件夹"命令，在"时间轴"面板中创建图层文件夹。

2. 删除图层文件夹

删除图层文件夹有以下几种方法：

⊙ 在"时间轴"面板中选中要删除的图层文件夹，单击面板下方的"删除"按钮🗑，即可删除图层文件夹，如图 8-28 所示。

⊙ 在"时间轴"面板中选中要删除的图层文件夹，按住鼠标不放，将其向下拖曳，这时会出现实线，将实线拖曳到"删除"按钮🗑上进行删除，如图 8-29 所示。

⊙ 用鼠标右键单击要删除的图层文件夹，在弹出的菜单中选择"删除文件夹"命令，将图层文件夹删除，如图 8-30 所示。

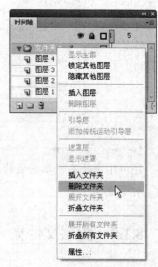

   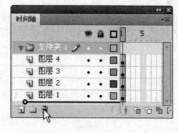

图 8-28   图 8-29   图 8-30

8.2　引导层与运动引导层的动画制作

除了普通图层外，还有一种特殊类型的图层——引导层。在引导层中，可以像其他层一样绘制各种图形和引入元件等，但最终发布时引导层中的对象不会显示出来。引导层按照功能又可以分为两种，即普通引导层和运动引导层。

8.2.1　普通引导层

1．创建普通引导层

用鼠标右键单击"时间轴"面板中的某个图层，在弹出的菜单中选择"引导层"命令，如图8-31所示，图层转换为普通引导层，此时图层前面的图标变为 ，如图8-32所示。

2．将引导层转换为普通图层

用鼠标右键单击"时间轴"面板中的引导层，在弹出的菜单中选择"引导层"命令，如图8-33所示，引导层转换为普通图层，此时图层前面的图标变为 ，如图8-34所示。

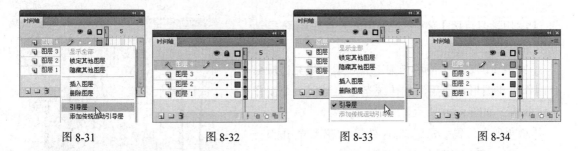

图 8-31　　　　　　　图 8-32　　　　　　　图 8-33　　　　　　　图 8-34

3．应用普通引导层制作动画

新建空白文档，在"时间轴"面板中，用鼠标右键单击"图层1"，在弹出的菜单中选择"引导层"命令，如图8-35所示。此时，"图层1"由普通图层转换为引导层，如图8-36所示。

图 8-35　　　　　　　　　　图 8-36

8.2.2　运动引导层

1．创建运动引导层

选中要添加运动引导层的图层，单击鼠标右键，在弹出的菜单中选择"添加传统运动引导层"命令，如图 8-37 所示，为图层添加运动引导层。此时，引导层前面出现图标 ，如图 8-38 所示。

图 8-37   图 8-38

2. 将运动引导层转换为普通图层

将运动引导层转换为普通图层的方法与普通引导层转换的方法一样，这里不再赘述。

8.2.3 课堂案例——雪花飞舞

【案例学习目标】使用运动引导层制作引导层动画效果。

【案例知识要点】使用椭圆工具和柔化填充边缘命令制作雪花图形；使用添加传统运动引导层命令制作下雪效果，如图 8-39 所示。

【效果所在位置】光盘/Ch08/效果/雪花飞舞. fla.。

1. 导入图片并绘制雪花图形

（1）选择"文件 > 新建"命令，在弹出的"新

图 8-39

建文档"对话框中选择"Flash 文件"选项，单击"确定"按钮，进入新建文档舞台窗口。选择"文件 > 导入 > 导入到库"命令，在弹出的"导入到库"对话框中选择"Ch08 > 素材 > 雪花飞舞 > 01"文件，单击"打开"按钮，文件被导入到"库"面板中。在"库"面板中新建图形元件"雪花"，如图 8-40 所示，舞台窗口也随之转换为图形元件的舞台窗口。为了便于观看，将背景色设为黑色。

（2）选择"椭圆"工具 ，在工具箱中将笔触颜色设为无，填充色设为白色，按住 Shift 键的同时，在舞台窗口中绘制一个圆形。选择"选择"工具 ，选中圆形，调出形状"属性"面板，分别将"宽度"、"高度"选项设为 10，"X"、"Y"选项设为 – 5，舞台窗口中的效果如图 8-41 所示。

（3）选中圆形，选择"修改 > 形状 > 柔化填充边缘"命令，弹出"柔化填充边缘"对话框，将"距离"选项设为 60，"步骤数"选项设为 10，在"方向"选项组中点选"扩展"单选项，单击"确定"按钮，效果如图 8-42 所示。

（4）选中圆形，按 Ctrl+G 组合键进行组合。选择"窗口 > 变形"命令，弹出"变形"面板，单击"约束"按钮 ，将"缩放宽度"选项设为 14，"缩放高度"选项也随之转换为 14，舞台窗口中的效果如图 8-43 所示。

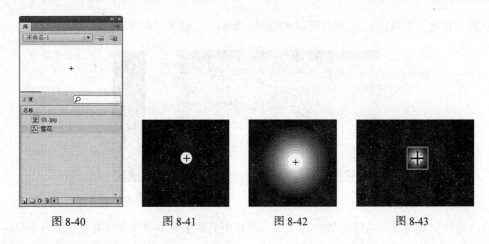

图 8-40　　　　　　图 8-41　　　　　　图 8-42　　　　　　图 8-43

2．制作下雪效果

（1）单击"新建元件"按钮，新建影片剪辑元件"动 1"。在"图层 1"上单击鼠标右键，在弹出的菜单中选择"添加传统运动引导层"命令，效果如图 8-44 所示。选择"文本"工具，在工具箱中将笔触颜色设为绿色（#00FF00），填充色设为无，在舞台窗口中绘制一条曲线，效果如图 8-45 所示。

（2）选中"图层 1"的第 1 帧，将"库"面板中的图形元件"雪花"拖曳到舞台窗口中曲线的上方端点，效果如图 8-46 所示。选中引导层的第 85 帧，按 F5 键，在该帧上插入普通帧。

（3）选中"图层 1"的第 85 帧，按 F6 键，在该帧上插入关键帧，在舞台窗口中选中"雪花"实例，将其拖曳到曲线的下方端点。用鼠标右键单击"图层 1"的第 1 帧，在弹出的菜单中选择"创建传统补间"命令，生成动作补间动画。

（4）单击"新建元件"按钮，新建影片剪辑元件"动 2"。在"图层 1"上单击鼠标右键，在弹出的菜单中选择"添加传统运动引导层"命令。选中传统引导层的第 1 帧，选择"铅笔"工具，在舞台窗口中绘制一条曲线，效果如图 8-47 所示。

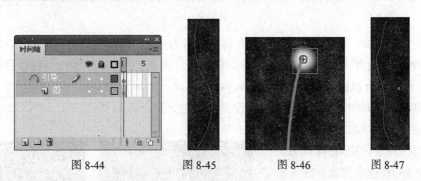

图 8-44　　　　　　图 8-45　　　　　　图 8-46　　　　　　图 8-47

（5）选中"图层 1"的第 1 帧，将"库"面板中的图形元件"雪花"拖曳到舞台窗口中曲线的上方端点。选中引导层的第 83 帧，在该帧上插入普通帧。选中"图层 1"的第 83 帧，在该帧上插入关键帧，在舞台窗口中选中"雪花"实例，将其拖曳到曲线的下方端点。

（6）用鼠标右键单击"图层 1"的第 1 帧，在弹出的菜单中选择"创建传统补间"命令，生成动作补间动画。

（7）单击"新建元件"按钮，新建影片剪辑元件"动 3"。在"图层 1"上单击鼠标右键，在弹出的菜单中选择"添加传统运动引导层"命令，效果如图 8-48 所示。选中传统引导层的第 1

帧，选择"铅笔"工具，在舞台窗口中绘制一条曲线，效果如图 8-49 所示。

图 8-48　　　　　　　　　　　　　图 8-49

（8）选中"图层 1"的第 1 帧，将"库"面板中的图形元件"雪花"拖曳到舞台窗口中曲线的上方端点。选中引导层的第 85 帧，在该帧上插入普通帧，如图 8-50 所示。选中"图层 1"的第 85 帧，在该帧上插入关键帧，在舞台窗口中选中"雪花"实例，将其拖曳到曲线的下方端点。

（9）用鼠标右键单击"图层 1"的第 1 帧，在弹出的菜单中选择"创建传统补间"命令，生成补间动画，如图 8-51 所示。

（10）单击"新建元件"按钮，新建影片剪辑元件"一起动"。将"图层 1"重新命名为"1"。分别将"库"面板中的影片剪辑元件"动 1"、"动 2"、"动 3"向舞台窗口中拖曳 2~3 次，并调整到合适的大小，效果如图 8-52 所示。选中"1"图层的第 80 帧，按 F5 键，在该帧上插入普通帧。

图 8-50　　　　　　　　　　图 8-51　　　　　　　　　　图 8-52

（11）在"时间轴"面板中创建新图层并将其命名为"2"。选中"2"图层的第 10 帧，在该帧上插入关键帧。分别将"库"面板中的影片剪辑元件"动 1"、"动 2"、"动 3"向舞台窗口中拖曳 2~3 次，并调整到合适的大小，效果如图 8-53 所示。

（12）继续在"时间轴"面板中创建 4 个新图层并分别命名为"3"、"4"、"5"、"6"。分别选中"3"图层的第 20 帧、"4"图层的第 30 帧、"5"图层的第 40 帧、"6"图层的第 50 帧，在选中的帧上插入关键帧。分别将"库"面板中的影片剪辑元件"动 1"、"动 2"、"动 3"向被选中的帧所对应的舞台窗口中拖曳 2~3 次，并调整到合适的大小，效果如图 8-54 所示。

图 8-53　　　　　　　　　　　　　图 8-54

（13）在"时间轴"面板中创建新图层并将其命名为"动作脚本"。选中"动作脚本"图层的第 80 帧，在该帧上插入关键帧。选择"窗口 > 动作"命令，弹出"动作"面板，在面板的左上方将脚本语言版本设置为"Action Script 1.0 & 2.0"，在面板中单击"将新项目添加到脚本中"按钮 ，在弹出的菜单中依次选择"全局函数 > 时间轴控制 > stop"命令，在"脚本窗口"中显示出选择的脚本语言，如图 8-55 所示。设置好动作脚本后，关闭"动作"面板。在"动作脚本"图层的第 80 帧上显示出一个标记"a"。单击"时间轴"面板下方的"场景 1"图标 场景1，进入"场景 1"的舞台窗口。将"图层 1"重新命名为"背景"。将"库"面板中的位图"01"拖曳到舞台窗口中。

（14）在"时间轴"面板中创建新图层并将其命名为"1"。将"库"面板中的影片剪辑元件"一起动"拖曳到舞台窗口中，选择"任意变形"工具 ，在适当的位置将其调整到合适的大小，效果如图 8-56 所示。雪花飞舞效果制作完成，按 Ctrl+Enter 组合键即可查看效果，如图 8-57 所示。

图 8-55　　　　　　　　图 8-56　　　　　　　　　　图 8-57

8.3　遮罩层

除了普通图层外，还有一种特殊的图层——遮罩层，通过遮罩层可以创建类似探照灯的特殊动画效果。遮罩层就象一块不透明的板，如果想看到它下面的图像，只能在板上挖洞，而遮罩层中有对象的地方就可以看成是洞，通过这个"洞"，遮罩层中的对象才能显示出来。

1. 创建遮罩层

在"时间轴"面板中，用鼠标右键单击要转换遮罩层的图层，在弹出的菜单中选择"遮罩层"命令，如图 8-58 所示。选中的图层转换为遮罩层，其下方的图层自动转换为被遮罩层，并且它们都自动被锁定，如图 8-59 所示。

提示　如果想解除遮罩，只需单击"时间轴"面板上遮罩层或被遮罩层上的图标 将其解锁即可。

图 8-58　　　　　　　　　　　　图 8-59

提示 遮罩层中的对象可以是图形、文字、元件的实例等。一个遮罩层可以作为多个图层的遮罩层，如果要将一个普通图层变为某个遮罩层的被遮罩层，只需将此图层拖曳至遮罩层下方即可。

2. 将遮罩层转换为普通图层

在"时间轴"面板中，用鼠标右键单击要转换的遮罩层，在弹出的菜单中选择"遮罩层"命令，如图 8-60 所示，遮罩层转换为普通图层，如图 8-61 所示。

图 8-60   图 8-61

提示 遮罩层不显示位图、渐变色、透明色和线条。

8.4   分散到图层

应用分散到图层命令，可以将同一图层上的多个对象分配到不同的图层中并为图层命名。如果对象是元件或位图，那么新图层的名字将按其原有的名字命名。

8.4.1   分散到图层

新建空白文档，选择"文本"工具 T，在"图层 1"的舞台窗口中输入英文"happy"，如图 8-62 所示。选中英文，按 Ctrl+B 组合键，将英文打散，如图 8-63 所示。

选择"修改 > 时间轴 > 分散到图层"命令，将"图层 1"中的英文分散到不同的图层中并按文字设定图层名，如图 8-64 所示。

图 8-62   图 8-63   图 8-64

提示 文字分散到不同的图层中后，"图层 1"中就没有任何对象了。

8.4.2 课堂案例——风吹字效果

【案例学习目标】使用分散到图层命令将文字分散到各图层中制作动画效果。

【案例知识要点】使用分散到图层命令将文字分散到多个图层；使用转换为元件命令将文字转换为图形元件；使用水平翻转命令对文字进行水平翻转，如图 8-65 所示。

【效果所在位置】光盘/Ch08/效果/风吹字效果.fla。

图 8-65

（1）选择"文件 > 新建"命令，在弹出的"新建文档"对话框中选择"Flash 文件"选项，单击"确定"按钮，进入新建文档舞台窗口。按 Ctrl+F3 组合键，弹出文档"属性"面板，单击面板中的"编辑"按钮 编辑... ，弹出"文档属性"对话框，将舞台窗口的宽设为 650，高设为 300，单击"确定"按钮，改变舞台窗口的大小。

（2）将"图层 1"重新命名为"背景图层"。选择"文件 > 导入 > 导入到舞台"命令，在弹出的"导入"对话框中选择"Ch08 > 素材 > 风吹字效果 > 01"文件，单击"打开"按钮，文件被导入到舞台窗口中。选择"选择"工具 ，选中图片，在位图"属性"面板中，将"X"、"Y"选项分别设为 0，将图片放置在舞台窗口的中心位置，效果如图 8-66 所示。

（3）选择"文本"工具 T ，在文本工具"属性"面板中进行设置，在舞台窗口中输入需要的白色英文"Dream"，将"属性"面板中的"字母间距"选项设为 10。选中英文，按 Ctrl+B 组合键，将英文打散，效果如图 8-67 所示。

（4）选择"修改 > 时间轴 > 分散到图层"命令，将每个字母分散到不同的图层中，每个图层都以其所包含的字母来自动命名，将"背景图层"拖曳到所有图层的下方，如图 8-68 所示。

图 8-66

图 8-67

图 8-68

（5）选中字母"D"，按 F8 键，弹出"转换为元件"对话框，在"名称"选项的文本框中输入"D"，在"类型"选项的下拉列表中选择"图形"选项，单击"确定"按钮，将字母"D"转换为图形元件"D"。用相同的方法将其他字母也转换为图形元件，效果如图 8-69 所示。

（6）单击"背景图层"的第 70 帧，按 F5 键，在该帧上插入普通帧。单击"D"图层的第 70 帧，按 F5 键，在该帧上插入普通帧。单击"D"图层的第 14 帧和第 45 帧，按 F6 键，在选中的帧上插入关键帧。选中第 45 帧，在舞台窗口中，将字母"D"拖曳到背景图的外侧，效果如图 8-70 所示。

（7）选中字母"D"，调出"变形"面板，单击"倾斜"单选项，将"垂直倾斜"选项设为 180。字母"D"进行水平翻转，效果如图 8-71 所示。

（8）选中字母"D"，在图形"属性"面板中选择"色彩效果"选项组，在"样式"选项的下拉列表中选择"Alpha"，将其值设为 0。用鼠标右键单击"D"图层的第 14 帧，在弹出的菜单中选择"创建传统补间"命令，在第 14 帧到第 45 帧之间生成传统动作补间动画。

图 8-69   图 8-70   图 8-71

（9）选择"r"图层，用相同的方法在第 70 帧上插入普通帧，在第 18 帧和第 49 帧上插入关键帧。选中第 49 帧，将字母"r"拖曳到背景图的外侧，将字母"r"进行水平翻转并将"Alpha"选项设为 0，在"r"图层的第 18 帧和第 49 帧之间创建传统补间动画，舞台窗口中的效果如图 8-72 所示。

（10）选择"e"图层，用相同的方法在第 70 帧上插入普通帧，在第 22 帧和第 53 帧上插入关键帧。选中第 53 帧，将字母"e"拖曳到背景图的外侧，将字母"e"进行水平翻转并将"Alpha"选项设为 0，在"e"图层的第 22 帧和第 53 帧之间创建传统补间动画，舞台窗口中的效果如图 8-73 所示。

（11）选择"a"图层，用相同的方法在第 70 帧上插入普通帧，在第 26 帧和第 57 帧上插入关键帧。选中第 57 帧，将字母"a"拖曳到背景图的外侧，将字母"a"进行水平翻转并将"Alpha"选项设为 0，在"a"图层的第 26 帧和第 57 帧之间创建传统补间动画，舞台窗口中的效果如图 8-74 所示。

（12）选择"m"图层，用相同的方法在第 70 帧上插入普通帧，在第 30 帧和第 61 帧上插入关键帧。选中第 61 帧，将字母"m"拖曳到背景图的外侧，将字母"m"进行水平翻转并将"Alpha"选项设为 0，在"m"图层的第 30 帧和第 61 帧之间创建传统补间动画。舞台窗口中的效果如图 8-75 所示。风吹字效果制作完成，按 Ctrl+Enter 组合键即可查看效果。

图 8-72   图 8-73   图 8-74   图 8-75

课堂练习——发光效果

【练习知识要点】使用刷子工具绘制线条效果；使用遮罩层命令和创建传统补间命令制作发光线条效果，如图 8-76 所示。

【效果所在位置】光盘/Ch08/效果/发光效果.fla。

图 8-76

课后习题——豆豆吃草莓

【习题知识要点】使用钢笔工具绘制路径制作引导线；使用任意变形工具旋转图形；使用椭圆工具、刷子工具绘制豆豆图形，如图 8-77 所示。

【效果所在位置】光盘/Ch08/效果/豆豆吃草莓.fla。

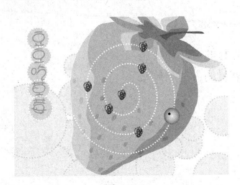

图 8-77

第9章
声音素材的导入和编辑

在 Flash CS4 中可以导入外部的声音素材作为动画的背景音乐或音效。本章主要讲解了声音素材的多种格式，以及导入声音和编辑声音的方法。通过学习这些内容，可以了解并掌握如何导入声音、编辑声音，从而使制作的动画音效更加生动。

课堂学习目标

- 掌握导入声音素材的方法和技巧
- 掌握编辑声音素材的方法和技巧

9.1　音频的基本知识及声音素材的格式

声音以波的形式在空气中传播,声音的频率单位是赫兹(Hz),一般人听到的声音频率在 20~20 kHz,低于这个频率范围的声音为次声波,高于这个频率范围的声音为超声波。下面介绍一下关于音频的基本知识。

9.1.1　音频的基本知识

⊙ 取样率

取样率是指在进行数字录音时,单位时间内对模拟的音频信号进行提取样本的次数。取样率越高,声音越好。Flash 经常使用 44kHz、22kHz 或 11kHz 的取样率对声音进行取样。例如,使用 22kHz 取样率取样的声音,每秒钟要对声音进行 22000 次分析,并记录每两次分析之间的差值。

⊙ 位分辨率

位分辨率是指描述每个音频取样点的比特位数。例如,8 位的声音取样表示 2 的 8 次方或 256 级。可以将较高位分辨率的声音转换为较低位分辨率的声音。

⊙ 压缩率

压缩率是指文件压缩前后大小的比率,用于描述数字声音的压缩效率。

9.1.2　声音素材的格式

Flash CS4 提供了许多使用声音的方式。它可以使声音独立于时间轴连续播放,或使动画和一个音轨同步播放;可以向按钮添加声音,使按钮具有更强的互动性;还可以通过声音淡入淡出产生更优美的声音效果。下面介绍可导入 Flash 中的常见的声音文件格式。

⊙ WAV 格式

WAV 格式可以直接保存对声音波形的取样数据,数据没有经过压缩,所以音质较好,但 WAV 格式的声音文件通常文件量比较大,会占用较多的磁盘空间。

⊙ MP3 格式

MP3 格式是一种压缩的声音文件格式。同 WAV 格式相比,MP3 格式的文件量只占 WAV 格式的 1/10。优点为体积小、传输方便、声音质量较好,已经被广泛应用到电脑音乐中。

⊙ AIFF 格式

AIFF 格式支持 MAC 平台,支持 16bit 44kHz 立体声。只有系统上安装了 QuickTime 4 或更高版本,才可使用此声音文件格式。

⊙ AU 格式

AU 格式是一种压缩声音文件格式,只支持 8bit 的声音,是互联网上常用的声音文件格式。只有系统上安装了 QuickTime 4 或更高版本,才可使用此声音文件格式。

声音要占用大量的磁盘空间和内存。所以,一般为提高作品在网上的下载速度,常使用 MP3 声音文件格式,因为它的声音资料经过了压缩,比 WAV 或 AIFF 格式的文件量小。在 Flash 中只能导入采样比率为 11kHz、22kHz 或 44kHz,8 位或 16 位的声音。通常,为了作品在网上有较满意的下载速度而使用 WAV 或 AIFF 文件时,最好使用 16 位 22 kHz 单声。

9.2 导入并编辑声音素材

导入声音素材后，可以将其直接应用到动画作品中，也可以通过声音编辑器对声音素材进行编辑，然后再进行应用。

9.2.1 添加声音

1．为动画添加声音

选择"文件 > 打开"命令，弹出"打开"对话框，选择动画文件，单击"打开"按钮，将文件打开，如图 9-1 所示。选择"文件 > 导入 > 导入到库"命令，在"导入到库"对话框中选择声音文件，单击"打开"按钮，将声音文件导入到"库"面板中，如图 9-2 所示。

创建新的图层并重命名为"声音"，将其作为放置声音文件的图层。在"库"面板中选中声音文件，按住鼠标不放，将其拖曳到舞台窗口中，如图 9-3 所示。

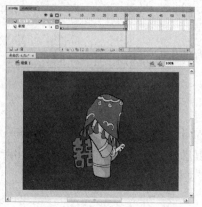  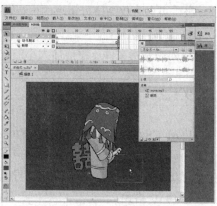

图 9-1   图 9-2   图 9-3

松开鼠标，在"声音"图层中出现声音文件的波形，如图 9-4 所示。声音添加完成，按 Ctrl+Enter 组合键，可以测试添加效果。

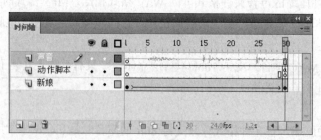

图 9-4

提示   一般情况下，将每个声音放在一个独立的层上，使每个层都作为一个独立的声音通道。这样，在播放动画文件时，所有层上的声音就混合在一起了。

2．为按钮添加音效

选择"文件 > 打开"命令，弹出"打开"对话框，选择动画文件，单击"打开"按钮，将文件打开，在"库"面板中双击"元件 1"，进入"元件 1"的舞台编辑窗口，如图 9-5 所示。选择"文件 > 导入 > 导入到舞台"命令，在"导入"对话框中选择声音文件，单击"打开"按钮，将声音文件导入到"库"面板中，如图 9-6 所示。

创建新的图层"图层 2"作为放置声音文件的图层，选中"指针"帧，按 F6 键，在"指针"帧上插入关键帧，如图 9-7 所示。

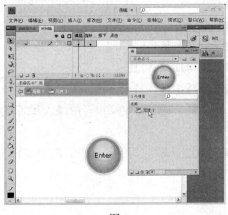
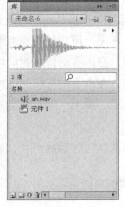

| 图 9-5 | 图 9-6 | 图 9-7 |

选中"指针"帧，将"库"面板中的声音文件拖曳到按钮元件的舞台编辑窗口中，如图 9-8 所示。

松开鼠标，在"指针"帧中出现声音文件的波形，这表示动画开始播放后，当鼠标指针经过按钮时，按钮将响应音效，如图 9-9 所示。按钮音效添加完成，按 Ctrl+Enter 组合键，可以测试添加效果。

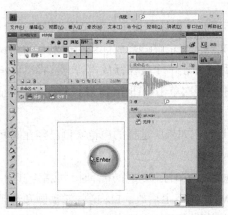

| 图 9-8 | 图 9-9 |

9.2.2　属性面板

在"时间轴"面板中选中声音文件所在图层的第 1 帧，按 Ctrl+F3 组合键，弹出帧"属性"面板，如图 9-10 所示。

"名称"选项：可以在此选项的下拉列表中选择"库"面板中的声音文件。

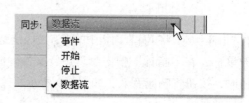

"效果"选项：可以在此选项的下拉列表中选择声音播放的效果，如图 9-11 所示。其中各选项的含义如下。

"无"选项：选择此选项，将不对声音文件应用效果。选择此选项后可以删除以前应用于声音的特效。

"左声道"选项：选择此选项，只在左声道播放声音。

"右声道"选项：选择此选项，只在右声道播放声音。

图 9-10

"向右淡出"选项：选择此选项，声音从左声道渐变到右声道。

"向左淡出"选项：选择此选项，声音从右声道渐变到左声道。

"淡入"选项：选择此选项，在声音的持续时间内逐渐增加其音量。

"淡出"选项：选择此选项，在声音的持续时间内逐渐减小其音量。

"自定义"选项：选择此选项，弹出"编辑封套"对话框，通过自定义声音的淡入和淡出点，创建自己的声音效果。

"同步"选项：此选项用于选择何时播放声音，如图 9-12 所示。其中各选项的含义如下。

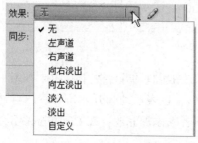

图 9-11

图 9-12

"事件"选项：将声音和发生的事件同步播放。事件声音在它的起始关键帧开始显示时播放，并独立于时间轴播放完整个声音，即使影片文件停止也继续播放。当播放发布的 SWF 影片文件时，事件声音混合在一起。一般情况下，当用户单击一个按钮播放声音时选择事件声音。如果事件声音正在播放，而声音再次被实例化（如用户再次单击按钮），则第一个声音实例继续播放，另一个声音实例同时开始播放。

"开始"选项：与"事件"选项的功能相近，但如果所选择的声音实例已经在时间轴的其他地方播放，则不会播放新的声音实例。

"停止"选项：使指定的声音静音。在时间轴上同时播放多个声音时，可指定其中一个为静音。

"数据流"选项：使声音同步，以便在 Web 站点上播放。Flash 强制动画和音频流同步。换句话说，音频流随动画的播放而播放，随动画的结束而结束。当发布 SWF 文件时，音频流混合在一起。一般给帧添加声音时使用此选项。音频流声音的播放长度不会超过它所占帧的长度。

注意 　在 Flash 中有两种类型的声音：事件声音和音频流。事件声音必须完全下载后才能开始播放，并且除非明确停止，否则它将一直连续播放。音频流则可以在前几帧下载了足够的资料后就开始播放，音频流可以和时间轴同步，以便在 Web 站点上播放。

"重复"选项：用于指定声音循环的次数。可以在选项后的数值框中设置循环次数。

"循环"选项：用于循环播放声音。一般情况下，不循环播放音频流。如果将音频流设为循环播放，帧就会添加到文件中，文件的大小就会根据声音循环播放的次数而倍增。

"编辑声音封套"按钮 ✎：选择此选项，弹出"编辑封套"对话框，通过自定义声音的淡入和淡出点，创建自己的声音效果。

9.2.3　课堂案例——跟我学英语

【案例学习目标】使用声音文件为按钮添加音效。

【案例知识要点】使用椭圆工具和颜色面板绘制按钮图形；使用变形面板改变图形的大小；使用对齐面板将按钮图形对齐，效果如图 9-13 所示。

跟我学英语

图 9-13

【效果所在位置】光盘/Ch09/效果/跟我学英语.fla。

1. 绘制按钮图形

（1）选择"文件 > 新建"命令，在弹出的"新建文档"对话框中选择"Flash 文件"选项，单击"确定"按钮，进入新建文档舞台窗口。按 Ctrl+F3 组合键，弹出文档"属性"面板，单击面板中的"编辑"按钮 编辑...，弹出"文档属性"对话框，将舞台窗口的宽设为 480，高设为 600，将背景颜色设为黄色（#FFCC00），单击"确定"按钮，改变舞台窗口的大小。

（2）在"库"面板中新建按钮元件"A"，舞台窗口也随之转换为图形元件的舞台窗口。选择"文件 > 导入 > 导入到舞台"命令，在弹出的"导入"对话框中选择"Ch09 > 素材 > 跟我学英语 > 01"文件，单击"打开"按钮，文件分别被导入到舞台窗口并调整位置，效果如图 9-14 所示。选择"文本"工具 T，在文本"属性"面板中进行设置，在舞台窗口中输入需要的深蓝色（#000066）字母"A"，将字母"A"放置在圆环的中心位置，效果如图 9-15 所示。

图 9-14　　　　　　　图 9-15

（3）选中"时间轴"面板中的"指针"帧，按 F6 键，在该帧上插入关键帧。在"指针"帧所对应的舞台窗口中选中所有图形，调出"变形"面板，将"缩放宽度"选项设为 90，"缩放高度"选项也随之转换为 90，图形被缩小，效果如图 9-16 所示。

（4）选中圆环中的字母，在"变形"面板中，将"缩放宽度"和"缩放高度"选项分别设为 70，字母被缩小，效果如图 9-17 所示。

（5）选中字母，在文本"属性"面板中将文本颜色设为红色（#CC0000）。选中"指针"帧中的所有图形，在混合"属性"面板中，观察到图形的"宽"和"高"选项分别为 45，"X"和"Y"选项分别为 2.5，如图 9-18 所示。

（6）选择"时间轴"面板中的"按下"帧，按 F5 键，在该帧上插入普通帧。用鼠标右键单击"点击"帧，在弹出的菜单中选择"插入空白关键帧"命令，在"点击"帧上插入空白关键帧。

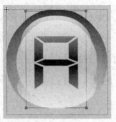

图 9-16

图 9-17

图 9-18

（7）选择"椭圆"工具 ◯，在工具箱中将笔触颜色设为无，填充色设为灰色，按住 Shift 键的同时，在舞台窗口中绘制出一个圆形。选中圆形，在形状"属性"面板中将"宽度"和"高度"选项分别设为 45，"X"和"Y"选项分别设为 2.5，如图 9-19 所示（此处的选项设置，是为了使图形与"指针"帧中的图形大小、位置保持一致）。

（8）设置完成后，舞台窗口中的图形效果如图 9-20 所示。在"时间轴"面板中创建新图层"图层 2"。选中"图层 2"中的"指针"帧，按 F6 键，在该帧上插入关键帧。

图 9-19

图 9-20

（9）选择"文件 > 导入 > 导入到库"命令，在弹出的"导入到库"对话框中选择"Ch09 > 素材 > 跟我学英语 > A .wav"文件，单击"打开"按钮，将声音文件导入到"库"面板中。选中"图层 2"中的"指针"帧，将"库"面板中的声音文件"A.wav"拖曳到舞台窗口中，"时间轴"面板中的效果如图 9-21 所示。按钮"A"制作完成。

（10）用相同的方法在"库"面板中导入声音文件"B .wav"，如图 9-22 所示，制作按钮"B"，效果如图 9-23 所示。再导入其他的声音文件，制作其他的字母，"库"面板中的效果如图 9-24 所示。

图 9-21

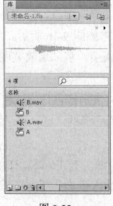

图 9-22

图 9-23

图 9-24

2．排列按钮元件

（1）单击"时间轴"面板下方的"场景 1"图标 <u>场景 1</u>，进入"场景 1"的舞台窗口。将"图层 1"重命名为"底图"。选择"文件 > 导入 > 导入到舞台"命令，在弹出的"导入"对话框中选择"Ch09 > 素材 > 跟我学英语 > 02"文件，单击"打开"按钮，文件被导入到舞台窗口中，效果如图 9-25 所示。在"时间轴"面板中创建新图层并将其命名为"字母"。将"库"面板中的所有字母元件都拖曳到舞台窗口中，调整其大小并将它们排列成 5 排，效果如图 9-26 所示。

（2）选中第 1 排中的 4 个按钮实例，如图 9-27 所示，调出"对齐"面板，单击"顶对齐"按钮 █，将按钮以上边线为基准进行对齐。单击"水平居中分布"按钮 █，将按钮进行等间距对齐，如图 9-28 所示。

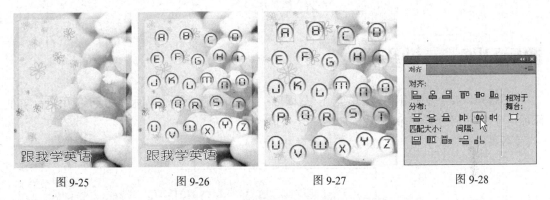

图 9-25　　　　　　　图 9-26　　　　　　　图 9-27　　　　　　　图 9-28

（3）选中第 1 排的 4 个按钮，按 Ctrl+G 组合键，将第 1 排中的所有按钮进行组合，效果如图 9-29 所示。用相同的方法将其他排的按钮也进行"顶对齐"和"水平居中分布"的设置，效果如图 9-30 所示。分别选中每 1 排中的字母，按 Ctrl+G 组合键，将同排中的字母分别进行组合。

（4）选中所有组合过的字母，效果如图 9-31 所示。在"对齐"面板中单击"垂直居中分布"按钮 █，将每排的字母进行等间距对齐，效果如图 9-32 所示。跟我学英语效果制作完成，按 Ctrl+Enter 组合键即可查看效果。

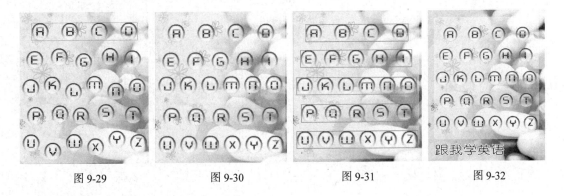

图 9-29　　　　　　　图 9-30　　　　　　　图 9-31　　　　　　　图 9-32

课堂练习——情人节音乐贺卡

【练习知识要点】使用颜色面板设置字母的不透明度；使用分散到图层命令将每个字母分散

到不同的图层中；使用钢笔工具绘制心形图形；使用声音文件添加声音效果，如图 9-33 所示。

【效果所在位置】光盘/Ch09/效果/情人节音乐贺卡.fla。

图 9-33

课后习题——做蛋糕

【习题知识要点】使用铅笔工具绘制热气图形；使用遮罩层命令遮罩面粉图层；使用声音文件添加声音效果；使用动作面板设置脚本语言，如图 9-34 所示。

【效果所在位置】光盘/Ch09/效果/做蛋糕.fla。

图 9-34

第10章
动作脚本应用基础

　　在 Flash CS4 中，要实现一些复杂多变的动画效果就要使用动作脚本，可以通过输入不同的动作脚本来实现高难度的动画制作。本章主要讲解了动作脚本的基本术语和使用方法。通过学习这些内容，可以了解并掌握如何应用不同的动作脚本来实现千变万化的动画效果。

课堂学习目标

- 了解数据类型
- 掌握语法规则
- 掌握变量和函数
- 掌握表达式和运算符

10.1 动作脚本的使用

和其他脚本语言相同，动作脚本依照自己的语法规则，保留关键字、提供运算符，并且允许使用变量存储和获取信息。动作脚本包含内置的对象和函数，并且允许用户创建自己的对象和函数。动作脚本程序一般由语句、函数和变量组成，主要涉及数据类型、语法规则、变量、函数、表达式和运算符等。

10.1.1 数据类型

数据类型描述了动作脚本的变量或元素可以包含的信息种类。动作脚本有 2 种数据类型：原始数据类型和引用数据类型。原始数据类型是指 String（字符串）、Number（数字）和 Boolean（布尔值），它们拥有固定类型的值，因此可以包含它们所代表元素的实际值。引用数据类型是指影片剪辑和对象，它们值的类型是不固定的，因此它们包含对该元素实际值的引用。

下面将介绍各种数据类型。

⊙ String（字符串）。

字符串是字母、数字和标点符号等字符的序列。字符串必须用一对双引号标记。字符串被当做字符而不是变量进行处理。

例如，在下面的语句中，"L7" 是一个字符串：

favoriteBand = "L7";

⊙ Number（数字型）。

数字型是指数字的算术值，要进行正确的数学运算必须使用数字数据类型。可以使用算术运算符加（+）、减（−）、乘（*）、除（/）、求模（%）、递增（++）和递减（−−）来处理数字，也可以使用内置的 Math 对象的方法处理数字。

例如，使用 sqrt( )（平方根）方法返回数字 100 的平方根：

Math.sqrt(100);

⊙ Boolean（布尔型）。

值为 true 或 false 的变量被称为布尔型变量。动作脚本也会在需要时将值 true 和 false 转换为 1 和 0。在确定"是/否"的情况下，布尔型变量是非常有用的。在进行比较以控制脚本流的动作脚本语句中，布尔型变量经常与逻辑运算符一起使用。

例如，在下面的脚本中，如果变量 userName 和 password 为 true，则会播放该 SWF 文件：

onClipEvent (enterFrame) {

if (userName == true && password == true){

play( );

}

}

⊙ Movie Clip（影片剪辑型）。

影片剪辑是 Flash 影片中可以播放动画的元件，它们是唯一引用图形元素的数据类型。Flash 中的每个影片剪辑都是一个 Movie Clip 对象，它们拥有 Movie Clip 对象中定义的方法和属性。通过点（.）运算符可以调用影片剪辑内部的属性和方法。

例如以下调用：

my_mc.startDrag(true);

parent_mc.getURL("http://www.macromedia.com/support/" + product);

⊙ Object（对象型）。

对象型指所有使用动作脚本创建的基于对象的代码。对象是属性的集合，每个属性都拥有自己的名称和值，属性的值可以是任何 Flash 数据类型，甚至可以是对象数据类型。通过（.）运算符可以引用对象中的属性。

例如，在下面的代码中，hoursWorked 是 weeklyStats 的属性，而后者是 employee 的属性：

employee.weeklyStats.hoursWorked

⊙ Null（空值）。

空值数据类型只有一个值，即 null，这意味着没有值，即缺少数据。null 可以用在各种情况中，如作为函数的返回值、表明函数没有可以返回的值、表明变量还没有接收到值、表明变量不再包含值等。

⊙ Undefined（未定义）。

未定义的数据类型只有一个值，即 undefined，用于尚未分配值的变量。如果一个函数引用了未在其他地方定义的变量，那么 Flash 将返回未定义数据类型。

10.1.2　语法规则

动作脚本拥有自己的一套语法规则和标点符号，下面将进行介绍。

⊙ 点运算符。

在动作脚本中，点（.）用于表示与对象或影片剪辑相关联的属性或方法，也可以用于标识影片剪辑或变量的目标路径。点（.）运算符表达式以影片或对象的名称开始，中间为点（.）运算符，最后是要指定的元素。

例如，_x 影片剪辑属性指示影片剪辑在舞台上的 x 轴位置，而表达式 ballMC._x 则引用了影片剪辑实例 ballMC 的 _x 属性。

又例如，submit 是 form 影片剪辑中设置的变量，此影片剪辑嵌在影片剪辑 shoppingCart 之中，表达式 shoppingCart.form.submit = true 将实例 form 的 submit 变量设置为 true。

无论是表达对象的方法还是表达影片剪辑的方法，均遵循同样的模式。例如，ball_mc 影片剪辑实例的 play( ) 方法在 ball_mc 的时间轴中移动播放头，如下面的语句所示：

ball_mc.play( );

点语法还使用两个特殊别名——_root 和 _parent。别名 _root 是指主时间轴，可以使用 _root 别名创建一个绝对目标路径。例如，下面的语句调用主时间轴上影片剪辑 functions 中的函数 buildGameBoard( )：

_root.functions.buildGameBoard( );

可以使用别名 _parent 引用当前对象嵌入到的影片剪辑，也可以使用 _parent 创建相对目标路径。例如，如果影片剪辑 dog_mc 嵌入影片剪辑 animal_mc 的内部，则实例 dog_mc 的如下语句会指示 animal_mc 停止：

```
    _parent.stop( );
```

⊙ 界定符。

大括号：动作脚本中的语句被大括号包括起来组成语句块。例如：

```
// 事件处理函数
on (release) {
    myDate = new Date( );
    currentMonth = myDate.getMonth( );
}


on(release)
{
    myDate = new Date( );
    currentMonth = myDate.getMonth( );
}
```

分号：动作脚本中的语句可以由一个分号结尾。如果在结尾处省略分号，Flash 仍然可以成功编译脚本。例如：

```
var column = passedDate.getDay( );
var row = 0;
```

圆括号：在定义函数时，任何参数定义都必须放在一对圆括号内。例如：

```
function myFunction (name, age, reader){
}
```

调用函数时，需要被传递的参数也必须放在一对圆括号内。例如：

```
myFunction ("Steve", 10, true);
```

可以使用圆括号改变动作脚本的优先顺序或增强程序的易读性。

⊙ 区分大小写。

在区分大小写的编程语言中，仅大小写不同的变量名(book 和 Book)被视为互不相同。Action Script 2.0 中标识符区分大小写，例如，下面 2 条动作语句是不同的：

```
cat.hilite = true;
CAT.hilite = true;
```

对于关键字、类名、变量、方法名等，要严格区分大小写。如果关键字大小写出现错误，在编写程序时就会有错误信息提示。如果采用了彩色语法模式，那么正确的关键字将以深蓝色显示。

⊙ 注释。

在 "动作" 面板中，使用注释语句可以在一个帧或者按钮的脚本中添加说明，有利于增加程序的易读性。注释语句以双斜线 // 开始，斜线显示为灰色，注释内容可以不考虑长度和语法，注释语句不会影响 Flash 动画输出时的文件量。例如：

```
on (release) {
    // 创建新的 Date 对象
    myDate = new Date( );
```

```
currentMonth = myDate.getMonth( );
// 将月份数转换为月份名称
monthName = calcMonth(currentMonth);
year = myDate.getFullYear( );
currentDate = myDate.getDate( );
}
```

⊙ 关键字。

动作脚本保留一些单词用于该语言总的特定用途，因此不能将它们用作变量、函数或标签的名称。如果在编写程序的过程中使用了关键字，动作编辑框中的关键字会以蓝色显示。为了避免冲突，在命名时可以展开动作工具箱中的 Index 域，检查是否使用了已定义的关键字。

⊙ 常量。

常量中的值永远不会改变。所有的常量可以在"动作"面板的工具箱和动作脚本字典中找到。

例如，常数 BACKSPACE、ENTER、QUOTE、RETURN、SPACE 和 TAB 是 Key 对象的属性，指代键盘的按键。若要测试是否按下了 Enter 键，可以使用下面的语句：

```
if(Key.getCode( ) == Key.ENTER) {
    alert = "Are you ready to play?";
    controlMC.gotoAndStop(5);
}
```

10.1.3 变量

变量是包含信息的容器。容器本身不会改变，但其内容可以更改。第一次定义变量时，最好为变量定义一个已知值，这就是初始化变量，通常在 SWF 文件的第 1 帧中完成。每一个影片剪辑对象都有自己的变量，而且不同的影片剪辑对象中的变量相互独立且互不影响。

变量中可以存储的常见信息类型包括 URL、用户名、数字运算的结果、事件发生的次数等。

为变量命名必须遵循以下规则：

⊙ 变量名在其作用范围内必须是唯一的。

⊙ 变量名不能是关键字或布尔值（true 或 false）。

⊙ 变量名必须以字母或下画线开始，由字母、数字、下画线组成，其间不能包含空格。（变量名没有大小写的区别）

变量的范围是指变量在其中已知并且可以引用的区域，它包含 3 种类型：

⊙ 本地变量。

在声明它们的函数体（由大括号决定）内可用。本地变量的使用范围只限于它的代码块，会在该代码块结束时到期，其余的本地变量会在脚本结束时到期。若要声明本地变量，可以在函数体内部使用 var 语句。

⊙ 时间轴变量。

可用于时间轴上的任意脚本。要声明时间轴变量，应在时间轴的所有帧上都初始化这些变量。应先初始化变量，然后再尝试在脚本中访问它。

⊙ 全局变量。

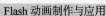

对于文档中的每个时间轴和范围均可见。如果要创建全局变量，可以在变量名称前使用_global 标识符，不使用 var 语法。

10.1.4　函数

函数是用来对常量、变量等进行某种运算的方法，如产生随机数、进行数值运算、获取对象属性等。函数是一个动作脚本代码块，它可以在影片中的任何位置上重新使用。如果将值作为参数传递给函数，则函数将对这些值进行操作。函数也可以返回值。

调用函数可以用一行代码来代替一个可执行的代码块。函数可以执行多个动作，并为它们传递可选项。函数必须要有唯一的名称，以便在代码行中可以知道访问的是哪一个函数。

Flash 具有内置的函数，可以访问特定的信息或执行特定的任务。例如，获得 Flash 播放器的版本号等。属于对象的函数叫方法，不属于对象的函数叫顶级函数，可以在"动作"面板的"函数"类别中找到。

每个函数都具备自己的特性，而且某些函数需要传递特定的值。如果传递的参数多于函数的需要，多余的值将被忽略。如果传递的参数少于函数的需要，空的参数会被指定为 undefined 数据类型，这在导出脚本时，可能会导致出现错误。如果要调用函数，该函数必须存在于播放头到达的帧中。

动作脚本提供了自定义函数的方法，可以自行定义参数，并返回结果。在主时间轴上或影片剪辑时间轴的关键帧中添加函数时，即是在定义函数。所有的函数都有目标路径。所有的函数都需要在名称后跟一对括号( )，但括号中是否有参数是可选的。一旦定义了函数，就可以从任何一个时间轴中调用它，包括加载的 SWF 文件的时间轴。

10.1.5　表达式和运算符

表达式是由常量、变量、函数和运算符按照运算法则组成的计算式。运算符是可以提供对数值、字符串、逻辑值进行运算的关系符号。运算符有很多种类：数值运算符、字符串运算符、比较运算符、逻辑运算符、位运算符和赋值运算符等。

⊙ 算术运算符及表达式。

算术表达式是数值进行运算的表达式。它由数值、以数值为结果的函数和算术运算符组成，运算结果是数值或逻辑值。

在 Flash 中可以使用如下算术运算符。

+、-、*、/：执行加、减、乘、除运算。

=、<>：比较两个数值是否相等、不相等。

<、<=、>、>=：比较运算符前面的数值是否小于、小于等于、大于、大于等于后面的数值。

⊙ 字符串表达式。

字符串表达式是对字符串进行运算的表达式。它由字符串、以字符串为结果的函数和字符串运算符组成，运算结果是字符串或逻辑值。

在 Flash 中可以使用如下字符串表达式的运算符。

&：连接运算符两边的字符串。

Eq 、Ne：判断运算符两边的字符串是否相等、不相等。

Lt 、Le 、Qt 、Qe：判断运算符左边字符串的 ASCII 码是否小于、小于等于、大于、大于等于右边字符串的 ASCII 码。

⊙ 逻辑表达式。

逻辑表达式是对正确、错误结果进行判断的表达式。它由逻辑值、以逻辑值为结果的函数、以逻辑值为结果的算术或字符串表达式和逻辑运算符组成，运算结果是逻辑值。

⊙ 位运算符。

位运算符用于处理浮点数。运算时先将操作数转化为 32 位的二进制数，然后对每个操作数分别按位进行运算，运算后再将二进制的结果按照 Flash 的数值类型返回。

动作脚本的位运算符包括：

&（位与）、/（位或）、^（位异或）、~（位非）、<<（左移位）、>>（右移位）、>>>(填 0 右移位)等。

⊙ 赋值运算符。

赋值运算符的作用是为变量、数组元素或对象的属性赋值。

10.1.6 课堂案例——跟随系统时间走的表

【案例学习目标】使用脚本语言控制动画播放。

【案例知识要点】使用任意变形工具改变图像的中心点；使用动作面板设置脚本语言，效果如图 10-1 所示。

【效果所在位置】光盘/Ch10/效果/跟随系统时间走的表.fla。

图 10-1

1. 导入素材创建元件

（1）选择"文件 > 新建"命令，在弹出的"新建文档"对话框中选择"Flash 文件"选项，单击"确定"按钮，进入新建文档舞台窗口。按 Ctrl+F3 组合键，弹出文档"属性"面板，单击面板中的"编辑"按钮 编辑... ，弹出"文档属性"对话框，将舞台窗口的宽设为 550，高设为 550，单击"确定"按钮。单击"配置文件"右侧的"编辑"按钮 编辑... ，弹出"发布设置"对话框，选择"播放器"选项下拉列表中的"Flash Player 8"，如图 10-2 所示，单击"确定"按钮。

（2）选择"文件 > 导入 > 导入到库"命令，在弹出的"导入到库"对话框中选择"Ch10 > 素材 > 跟随系统时间走的表 > 01、02、03、04、05"文件，单击"打开"按钮，文件被导入到"库"面板中。

（3）在"库"面板中新建一个影片剪辑元件"hours"，舞台窗口也随之转换为影片剪辑元件的舞台窗口。

（4）将"库"面板中的位图"03"拖曳到舞台窗口中，效果如图 10-3 所示。在"库"面板中新建一个影片剪辑元件"minutes"，舞台窗口也随之转换为"minutes"元件的舞台窗口。将"库"面板中的位图"04"拖曳到舞台窗口中，效果如图 10-4 所示。

（5）在"库"面板中新建一个影片剪辑元件"seconds"，舞台窗口也随之转换为"seconds"

元件的舞台窗口。将"库"面板中的位图"05"拖曳到舞台窗口中，效果如图 10-5 所示。

格式 　Flash　 HTML

播放器（U）: Flash Player 8 ▾ 信息...

脚本（I）: ActionScript 2.0 ▾ 设置...

图 10-2　　　　　　　　　　　图 10-3　　图 10-4　　图 10-5

2．为实例添加脚本语言

（1）单击"时间轴"面板下方的"场景 1"图标 场景 1，进入"场景 1"的舞台窗口。将"图层 1"重新命名为"表盘"。将"库"面板中的位图"01"拖曳到舞台窗口中，效果如图 10-6 所示。

（2）选中"表盘"图层的第 2 帧，按 F5 键，在该帧上插入普通帧。在"时间轴"面板中创建新图层并将其命名为"圆心"。将"库"面板中的位图"02"拖曳到舞台窗口中，放置在表盘的中心位置，效果如图 10-7 所示。

（3）在"时间轴"面板中创建新图层并将其命名为"指针"。将"库"面板中的影片剪辑元件"hours"拖曳到舞台窗口中，并将时针的下端放置在圆心的中心位置，效果如图 10-8 所示。选中"hours"实例，选择"任意变形"工具 ，在实例周围出现控制点，将中心点移动到圆心的中心位置，效果如图 10-9 所示。

图 10-6　　　　　　　　　图 10-7　　　　　　　　图 10-8　　　　图 10-9

（4）选择"选择"工具 ，选择"窗口 > 动作"命令，弹出"动作"面板。在"脚本窗口"中输入脚本语言，"动作"面板中的效果如图 10-10 所示。

（5）将"库"面板中的影片剪辑元件"minutes"拖曳到舞台窗口中，并将分针的下端放置在圆心的中心位置，这时分针遮挡住了时针，效果如图 10-11 所示。选中"minutes"实例，选择"任意变形"工具 ，在实例周围出现控制点，将中心点移动到圆心的中心位置，效果如图 10-12 所示。

（6）选择"选择"工具 ，在"动作"面板的"脚本窗口"中输入脚本语言，"动作"面板中的效果如图 10-13 所示。（这时，脚本语言最后一行的"hours"被更改为"minutes"。）

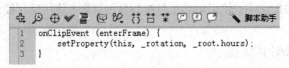

```
onClipEvent (enterFrame) {
    setProperty(this, _rotation, _root.hours);
}
```

图 10-10   图 10-11   图 10-12

```
onClipEvent (enterFrame) {
    setProperty(this, _rotation, _root.minutes);
}
```

图 10-13

（7）将"库"面板中的影片剪辑元件"seconds"拖曳到舞台窗口中，并将秒针的下端放置在圆心的中心位置，这时秒针遮挡住了分针，效果如图 10-14 所示。选中"seconds"实例，选择"任意变形"工具，在实例周围出现控制点，将中心点移动到圆心的中心位置，效果如图 10-15 所示。

（8）选择"选择"工具，在"动作"面板的"脚本窗口"中输入脚本语言，"动作"面板中的效果如图 10-16 所示。（这时，脚本语言最后一行的"hours"被更改为"seconds"。）

```
onClipEvent (enterFrame) {
    setProperty(this, _rotation, _root.seconds);
}
```

图 10-14   图 10-15   图 10-16

（9）在"时间轴"面板中，将"指针"图层拖曳到"圆心"图层的下方。在"时间轴"面板中创建新图层并将其命名为"动作脚本"。选中"动作脚本"图层的第 2 帧，按 F6 键，在该帧上插入关键帧。

（10）选中第 1 帧，在"动作"面板的"脚本窗口"中输入脚本语言，"动作"面板中的效果如图 10-17 所示。

（11）选中第 2 帧，在"动作"面板的"脚本窗口"中输入脚本语言，如图 10-18 所示。跟随系统时间走的表效果制作完成，按 Ctrl+Enter 组合键即可查看效果。

```
time = new Date( );
hours = time.getHours( );
minutes = time.getMinutes( );
seconds = time.getSeconds( );
if (hours>12) {
    hours = hours-12;
}
if (hours<1) {
    hours = 12;
}
hours = hours*30+int(minutes/2);
minutes = minutes*6+int(seconds/10);
seconds = seconds*6;
```

```
gotoAndPlay(1);
```

图 10-17   图 10-18

127

课堂练习——计算器

【练习知识要点】使用文本工具添加文本；使用矩形工具绘制显示屏幕；使用动作面板为实例按钮添加脚本语言，如图 10-19 所示。

【效果所在位置】光盘/Ch10/效果/计算器.fla。

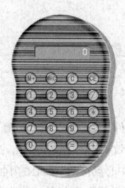

图 10-19

课后习题——数码科技动画

【习题知识要点】使用钢笔工具绘制路径；使用任意变形工具改变文字的形状；使用垂直翻转命令将文字翻转，如图 10-20 所示。

【效果所在位置】光盘/Ch10/效果/数码科技动画.fla。

图 10-20

第11章

制作交互式动画

Flash 动画存在着交互性，可以通过对按钮的更改来控制动画的播放形式。本章主要讲解了控制动画播放、声音改变、按钮状态变化的方法。通过学习这些内容，可以了解并掌握如何制作具有交互功能的动画，从而实现人机交互的操作方式。

课堂学习目标

- 掌握播放和停止动画的方法
- 掌握控制声音的方法和技巧
- 掌握按钮事件的应用

11.1 播放和停止动画

交互就是用户通过菜单、按钮、键盘、文字输入等方式，来控制动画的播放。交互是为了在用户与计算机之间产生互动，对互相的指示作出相应的反应。交互式动画就是动画在播放时支持事件响应和交互功能的一种动画。动画在播放时不是从头播到尾，而是可以接受用户控制的。

在交互操作过程中，使用频率最多的就是控制动画的播放和停止。

11.2 控制声音

在制作 Flash 动画时，可以为其添加音乐和音效。可以通过对动作脚本的设置，实现在播放动画时，随意调节声音的大小及按照需要更改播放的曲目。

11.2.1 控制声音

新建空白文档，调出"属性"面板，单击"配置文件"右侧的"编辑"按钮 编辑... ，弹出"发布设置"对话框，选择"播放器"选项下拉列表中的"Flash Player 8"，单击"确定"按钮。单击面板中的"编辑"按钮 编辑... ，在弹出的"文档属性"对话框中，将宽度设为300，高度设为250。

选择"文件 > 导入 > 导入到库"命令，在弹出的"导入到库"对话框中选择声音文件，单击"打开"按钮，声音文件被导入到"库"面板中，如图 11-1 所示。

用鼠标右键单击"库"面板中的声音文件，在弹出的菜单中选择"属性"选项，弹出"声音属性"对话框，单击"高级"按钮，展开对话框，选中"为 ActionScript 导出"复选框和"在帧 1 中导出"复选框，在"标识符"选项的文本框中输入"music"，如图 11-2 所示，单击"确定"按钮。

图 11-1

图 11-2

选择"窗口 > 公用库 > 按钮"命令，弹出公用库中的按钮"库-BUTTONS.FLA"面板（此面板是系统所提供的），如图 11-3 所示。选中按钮"库-BUTTONS.FLA"面板中的"classic buttons"文件夹下的"Playback"子文件夹中的按钮元件"playback - play"和"playback - stop"，如图 11-4

所示，将其拖曳到舞台窗口中，效果如图 11-5 所示。

选中按钮"库-BUTTONS.FLA"面板中的"Knobs & Faders"文件夹中的按钮元件"fader - gain"，将其拖曳到舞台窗口中，效果如图 11-6 所示。

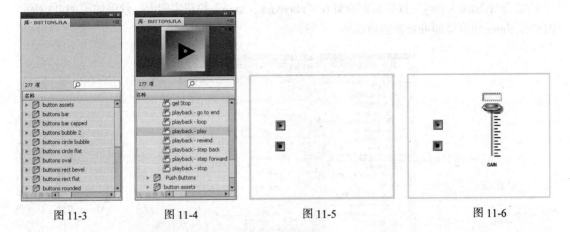

图 11-3　　　　　图 11-4　　　　　图 11-5　　　　　图 11-6

在舞台窗口中选中"playback - play"按钮实例，在按钮"属性"面板中，将"实例名称"选项设为 bofang，如图 11-7 所示。在舞台窗口中选中"playback - stop"按钮实例，在按钮"属性"面板中，将"实例名称"选项命名 ting，如图 11-8 所示。

图 11-7　　　　　　　　　　图 11-8

选中"playback - play"按钮实例，选择"窗口 > 动作"命令，弹出"动作"面板，在"脚本窗口"中设置脚本语言。"动作"面板中的效果如图 11-9 所示。

选中"playback - stop"按钮实例，在"动作"面板的"脚本窗口"中设置脚本语言。"动作"面板中的效果如图 11-10 所示。

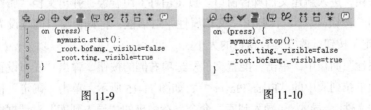

图 11-9　　　　　　　　图 11-10

在"时间轴"面板中选中"图层 1"的第 1 帧，在"动作"面板的"脚本窗口"中设置脚本语言。"动作"面板中的效果如图 11-11 所示。

在"库"面板中双击影片剪辑元件"fader - gain"，舞台窗口随之转换为影片剪辑元件"fade - gain"的舞台窗口。在"时间轴"面板中选中图层"Layer 4"的第 1 帧，在"动作"面板中显示出脚本语言。

将脚本语言的最后一句"sound.setVolume(level)"改为"_root.mymusic.setVolume(level)",如图 11-12 所示。

单击"时间轴"面板下方的"场景 1"图标 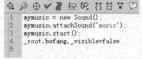,进入"场景 1"的舞台窗口。将舞台窗口中的"playback - play"按钮实例放置在"playback - stop"按钮实例上,效果如图 11-13 所示,按 Ctrl+Enter 组合键即可查看动画效果。

图 11-11　　　　　　　图 11-12　　　　　　　图 11-13

11.2.2　课堂案例——控制声音开关及音量

【案例学习目标】使用脚本语言设置控制声音开关及音量。

【案例知识要点】使用矩形工具绘制控制条图形;使用变形面板改变图形的大小;使用动作面板设置脚本语言,效果如图 11-14 所示。

【效果所在位置】光盘/Ch11/效果/控制声音开关及音量.fla。

图 11-14

1. 导入图片并绘制控制条图形

(1)选择"文件 > 新建"命令,在弹出的"新建文档"对话框中选择"Flash 文件"选项,单击"确定"按钮,进入新建文档舞台窗口。按 Ctrl+F3 组合键,弹出文档"属性"面板,单击面板中的"编辑"按钮 编辑...,弹出"文档属性"对话框,将舞台窗口的宽设为 550,高设为 322,单击"确定"按钮,改变舞台窗口的大小。

(2)在"属性"面板中,单击"配置文件"选项右侧的按钮,弹出"发布设置"对话框,选中"版本"选项下拉列表中的"Flash Player 7",如图 11-15 所示,单击"确定"按钮。

(3)选择"文件 > 导入 > 导入到库"命令,在弹出的"导入到库"对话框中选择"Ch11 > 素材 > 控制声音开关及音量 > 01、02、03、04、05、06"文件,单击"打开"按钮,弹出提示对话框,单击"确定"按钮,文件被导入到"库"面板中。

(4)在"库"面板中新建影片剪辑元件"按钮",舞台窗口也随之转换为影片剪辑元件的舞台窗口。将"库"面板中的图形元件"元件 5"拖曳到舞台窗口中,效果如图 11-16 所示。

(5)在"库"面板中新建影片剪辑元件"控制条",舞台窗口也随之转换为影片剪辑元件的舞台窗口。选择"矩形"工具■，在工具箱中将笔触颜色设为灰色（#999999），填充色设为白色，在舞台窗口中绘制一个矩形。选中矩形，调出形状"属性"面板，分别将"宽度"、"高度"选项设为 150、5，舞台窗口中的效果如图 11-17 所示。

图 11-15　　　　　　　　　　图 11-16　　　　　　　　　　图 11-17

2．制作出泡泡动画效果

（1）单击"新建元件"按钮■，新建影片剪辑元件"泡泡动"。将"库"面板中的图形元件"元件 2"拖曳到舞台窗口中并调整大小，调出图形"属性"面板，分别将"X"、"Y"选项设为 −106、−106，舞台窗口中的效果如图 11-18 所示。

（2）选中"图层 1"的第 20 帧，按 F6 键，在该帧上插入关键帧，在舞台窗口中选中"元件 2"实例，调出图形"属性"面板，分别将"X"、"Y"选项设为 372.7、−632.8，选择面板下方的"色彩效果"选项组，在"样式"选项的下拉列表中选择"Alpha"，将其值设为 0，舞台窗口中的效果如图 11-19 所示。

（3）选中"图层 1"的第 1 帧，在舞台窗口中选中"泡泡"实例。选择"窗口 > 变形"命令，弹出"变形"面板，单击"约束"按钮■，将"宽度"和"高度"的缩放比例分别设为 30。

（4）用鼠标右键单击"图层 1"的第 1 帧，在弹出的菜单中选择"创建传统补间"命令，生成传统动作补间动画，如图 11-20 所示。

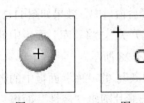

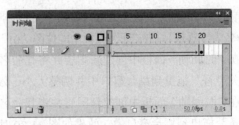

图 11-18　　　　　　图 11-19　　　　　　　　　　　图 11-20

3．制作声音变大变小

（1）单击"新建元件"按钮■，新建影片剪辑元件"声音 1"。将"图层 1"重新命名为"喇叭"。将"库"面板中的图形元件"元件 3"拖曳到舞台窗口中。在"时间轴"面板中创建新图层并将其命名为"泡泡动"。将"库"面板中的影片剪辑元件"泡泡动"向舞台窗口中拖曳 3 次并调整大小，效果如图 11-21 所示。将"泡泡动"图层拖曳到"喇叭"图层的下方。

（2）单击"新建元件"按钮■，新建影片剪辑元件"声音 2"。将"库"面板中的图形元件"元件 4"拖曳到舞台窗口中，效果如图 11-22 所示。

（3）单击"新建元件"按钮■，新建影片剪辑元件"开关声音"。将"库"面板中的影片剪辑元件"声音 1"拖曳到舞台窗口中，调出影片剪辑"属性"面板，在"实例名称"选项的文本框中输入"stop_con"，分别将"X"、"Y"选项设为 0，舞台窗口中的效果如图 11-23 所示。

（4）选中"图层1"的第2帧，按F7键，在该帧上插入空白关键帧。将"库"面板中的影片剪辑元件"声音2"拖曳到舞台窗口中，调出影片剪辑"属性"面板，在"实例名称"选项的文本框中输入"play_con"，分别将"X"、"Y"选项设为0，舞台窗口中的效果如图11-24所示。

图11-21　　　　　图11-22　　　　　图11-23　　　　　图11-24

（5）在"时间轴"面板中创建新图层并将其命名为"动作脚本"。选中"动作脚本"图层的第2帧，在该帧上插入关键帧。选中"动作脚本"图层的第1帧，选择"窗口 > 动作"命令，弹出"动作"面板，在"动作"面板中设置脚本语言（脚本语言的具体设置可以参考附带光盘中的实例源文件），"脚本窗口"中显示的效果如图11-25所示。在"动作脚本"图层的第1帧上显示出一个标记"a"。

（6）选中"动作脚本"图层的第2帧，在"动作"面板中设置脚本语言，"脚本窗口"中显示的效果如图11-26所示。设置好动作脚本后，关闭"动作"面板。在"动作脚本"图层的第2帧上显示出一个标记"a"。

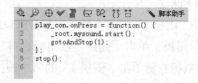

图11-25　　　　　　　　　　　　图11-26

（7）单击"时间轴"面板下方的"场景1"图标，进入"场景1"的舞台窗口。将"图层1"重新命名为"背景"。将"库"面板中的位图"01"拖曳到舞台窗口中，效果如图11-27所示。

（8）在"时间轴"面板中创建新图层并将其命名为"声音开关"。将"库"面板中的影片剪辑元件"开关声音"拖曳到舞台窗口中并调整大小，效果如图11-28所示。

（9）在"时间轴"面板中创建新图层并将其命名为"控制条"。将"库"面板中的影片剪辑元件"控制条"拖曳到舞台窗口中，效果如图11-29所示。调出影片剪辑"属性"面板，在"实例名称"选项的文本框中输入"bar_sound"。

（10）在"时间轴"面板中创建新图层并将其命名为"按钮"。将"库"面板中的影片剪辑元件"按钮"拖曳到舞台窗口中的控制条上并调整大小，效果如图11-30所示。调出影片剪辑"属性"面板，在"实例名称"选项的文本框中输入"bar_con2"。

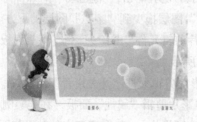 

图11-27　　　　　　　　图11-28

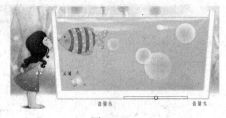

图 11-29

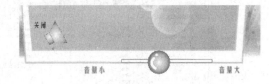

图 11-30

（11）在"时间轴"面板中创建新图层并将其命名为"动作脚本"。调出"动作"面板，在"动作"面板中设置脚本语言，"脚本窗口"中显示的效果如图 11-31 所示。设置好动作脚本后，关闭"动作"面板。在"动作脚本"图层的第 1 帧上显示出一个标记"a"。

（12）用鼠标右键单击"库"面板中的声音文件"06.mp3"，在弹出的菜单中选择"属性"命令，弹出"声音属性"对话框，单击对话框下方的"高级"按钮，勾选"为 ActionScript 导出"复选框，"在帧 1 中导出"复选框也随之被选中，在"标识符"选项的文本框中输入"one"，如图 11-32 所示，单击"确定"按钮。控制声音开关及音量效果制作完成，按 Ctrl+Enter 组合键即可查看效果。

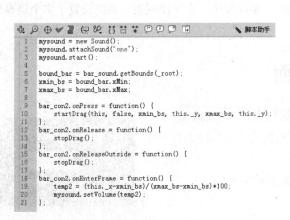

图 11-31

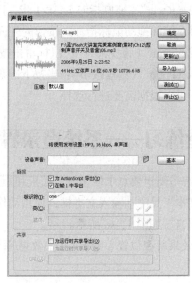

图 11-32

11.3　按钮事件

按钮是交互式动画的常用控制方式，可以利用按钮来控制和影响动画的播放，实现页面的链接、场景的跳转等功能。

将"库"面板中的按钮元件拖曳到舞台窗口中，如图 11-33 所示。选中按钮元件，选择"窗口 > 动作"命令，弹出"动作"面板，在面板中单击"将新项目添加到脚本中"按钮，在弹出的菜单中选择"全局函数 > 影片剪辑控制 > on"命令，如图 11-34 所示。

在"脚本窗口"中显示出选择的脚本语言，在下拉列表中列出了多种按钮事件，如图 11-35 所示。

图 11-33	图 11-34	图 11-35

"press"（按下）：按钮被鼠标按下的事件。

"release"（弹起）：按钮被按下后，弹起时的动作，即鼠标按键被松开时的事件。

"releaseOutside"（在按钮外放开）：将按钮按下后，移动鼠标的光标到按钮外面，然后再松开鼠标的事件。

"rollOver"（指针经过）：鼠标光标经过目标按钮上的事件。

"rollOut"（指针离开）：鼠标光标进入目标按钮，然后再离开的事件。

"dragOver"（拖曳指向）：第 1 步，用鼠标选中按钮，并按住鼠标左键不放；第 2 步，继续按住鼠标左键并拖动鼠标指针到按钮的外面；第 3 步，将鼠标指针再拖回到按钮上。

"dragOut"（拖曳离开）：鼠标单击按钮后，按住鼠标左键不放，然后拖离按钮的事件。

"keyPress"（键盘按下）：当按下键盘时，事件发生。在下拉列表中系统设置了多个键盘按键名称，可以根据需要进行选择。

课堂练习——系统登录界面

【练习知识要点】使用颜色面板和矩形工具绘制按钮效果；使用文本工具添加输入文本框；使用动作面板为按钮元件添加脚本语言，如图 11-36 所示。

【效果所在位置】光盘/Ch11/效果/系统登录界面.fla。

图 11-36

课后习题——动态按钮

【习题知识要点】使用矩形工具和属性面板绘制出线条图形；使用任意变形工具改变图形的形状效果；使用文本工具添加文字效果，如图 11-37 所示。

【效果所在位置】光盘/Ch11/效果/动态按钮.fla。

图 11-37

第12章

组件与行为

在 Flash CS4 中，系统预先设定了组件、行为、幻灯片等功能来协助用户制作动画，以提高制作效率。本章主要讲解了组件、行为、幻灯片的分类及使用方法。通过这些内容的学习，可以了解并掌握如何应用系统自带的功能，以事半功倍地完成动画制作。

课堂学习目标

- 掌握组件的设置、分类与应用
- 掌握行为的应用
- 掌握幻灯片的应用方法和技巧

12.1 组件

组件是一些复杂的带有可定义参数的影片剪辑符号。一个组件就是一段影片剪辑，其中所带的参数由用户在创作 Flash 影片时进行设置，其中所带的动作脚本 API 供用户在运行时自定义组件。组件旨在让开发人员重用和共享代码，封装复杂功能，让用户在没有"动作脚本"时也能使用和自定义这些功能。

12.1.1 设置组件

选择"窗口 > 组件"命令，弹出"组件"面板，如图 12-1 所示。Flash CS4 提供了两类组件，包括用于创建界面的 User Interface 类组件和控制视频播放的 Video 组件。

可以在"组件"面板中选中要使用的组件，将其直接拖曳到舞台窗口中，如图 12-2 所示。

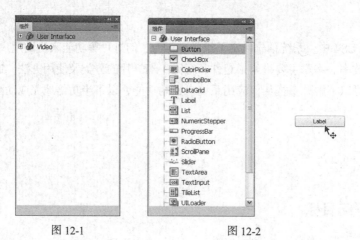

图 12-1   图 12-2

在舞台窗口中选中组件，如图 12-3 所示，按 Shift+F7 组合键，弹出"组件检查器"面板，如图 12-4 所示。可以在参数值上单击，在数值框中输入数值，如图 12-5 所示，也可以在其下拉列表中选择相应的选项，如图 12-6 所示。

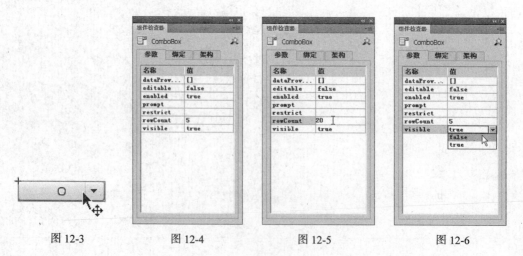

图 12-3   图 12-4   图 12-5   图 12-6

12.1.2 组件分类与应用

下面将介绍几种典型组件的参数设置与应用。

1．Button 组件

Button 组件□ 是一个可调整大小的矩形用户界面按钮。可以给按钮添加一个自定义图标。也可以将按钮的行为从按下改为切换。在单击切换按钮后，它将保持按下状态，直到再次单击时才会返回到弹起状态。可以在应用程序中启用或者禁用按钮。在禁用状态下，按钮不接收鼠标或键盘输入。

在"组件"面板中，将 Button 组件□ 拖曳到舞台窗口中，如图 12-7 所示。

在"组件检查器"面板中，显示出组件的参数，如图 12-8 所示。

图 12-7   图 12-8

"emphasized"选项：设置组件是否加重显示。

"enabled"选项：设置组件是否为激活状态。

"label"选项：设置组件上显示的文字，默认状态下为"Button"。

"labelPlacement"选项：确定组件上的文字相对于图标的方向。

"selected"选项：如果"toggle"参数值为"true"，则该参数指定组件是处于按下状态"true"还是释放状态"false"。

"toggle"选项：将组件转变为切换开关。如果参数值为"true"，那么按钮在按下后保持按下状态，直到再次按下时才返回到弹起状态；如果参数值为"false"，那么按钮的行为与普通按钮相同。

"visible"选项：设置组件的可见性。

2．CheckBox 组件

复选框是一个可以选中或取消选中的方框。可以在应用程序中启用或者禁用复选框。如果复选框已启用，用户单击它或者它的名称，复选框会出现对号标记☑显示为按下状态。如果用户在复选框或其名称上按下鼠标后，将鼠标指针移动到复选框或其名称的边界区域之外，那么复选框没有被按下，也不会出现对号标记☑。如果复选框被禁用，它会显示其禁用状态，而不响应用户的交互操作。在禁用状态下，按钮不接收鼠标或键盘输入。

在"组件"面板中，将 CheckBox 组件 ☑ 拖曳到舞台窗口中，如图 12-9 所示。

在"组件检查器"面板中，显示出组件的参数，如图 12-10 所示。

"enabled"选项：设置组件是否为激活状态。

"label"选项：设置组件的名称，默认状态下为"Label"。

"labelPlacement"选项：设置名称相对于组件的位置，默认状态下，名称在组件的右侧。

"selected"选项：将组件的初始值设为选中"true"或取消选中"false"。

"visible"选项：设置组件的可见性。

下面将介绍 CheckBox 组件 ☑ 的应用。

将 CheckBox 组件 ☑ 拖曳到舞台窗口中，选择"组件检查器"面板，在"label"选项的文本框中输入"语文成绩"，如图 12-11 所示，组件的名称也随之改变，如图 12-12 所示。

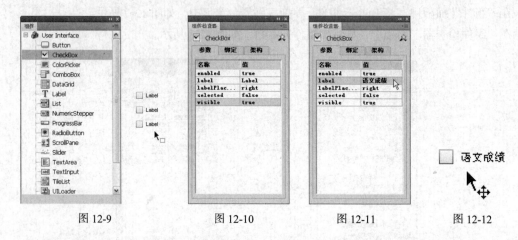

图 12-9　　　　　　　图 12-10　　　　　　　图 12-11　　　　　　　图 12-12

用相同的方法再制作两个组件，如图 12-13 所示。按 Ctrl+Enter 组合键测试影片，可以随意勾选多个复选框，如图 12-14 所示。

在"labelPlacement"选项中可以选择名称相对于复选框的位置，如果选择"left"，那么名称在复选框的左侧，如图 12-15 所示。

如果将"语文成绩"组件的"selected"选项设定为"true"，那么"语文成绩"复选框的初始状态为被选中，如图 12-16 所示。

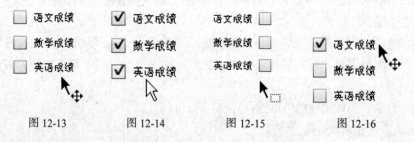

图 12-13　　　　　　　图 12-14　　　　　　　图 12-15　　　　　　　图 12-16

3. ComboBox 组件

ComboBox 组件 可以向 Flash 影片中添加可滚动的单选下拉列表。组合框可以是静态的，也可以是可编辑的。使用静态组合框，用户可以从下拉列表中作出一项选择。使用可编辑的组合框，用户可以在列表顶部的文本框中直接输入文本，也可以从下拉列表中选择一项。如果下拉列表超出文档底部，该列表将会向上打开，而不是向下。

在"组件"面板中，将 ComboBox 组件 拖曳到舞台窗口中，如图 12-17 所示。

在"组件检查器"面板中，显示出组件的参数，如图 12-18 所示。

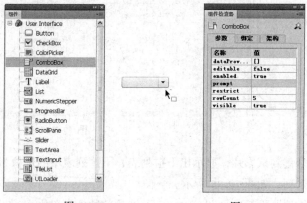

图 12-17　　　　　　　　　　　　　　图 12-18

"dataProvider"选项：设置下拉列表中显示的内容。

"editable"选项：设置组件为可编辑的"true"还是静态的"false"。

"enabled"选项：设置组件是否为激活状态。

"prompt"选项：设置组件的初始显示内容。

"restrict"选项：设置限定的范围。

"rowCount"选项：设置在组件下拉列表中不使用滚动条的话，一次最多可显示的项目数。

"visible"选项：设置组件的可见性。

下面将介绍 ComboBox 组件 的应用。

将 ComboBox 组件 拖曳到舞台窗口中，选择"组件检查器"面板，单击"dataProvider"选项，右侧出现"放大镜"按钮，单击按钮，弹出"值"对话框，如图 12-19 所示，在对话框中单击"加号"按钮，单击值，输入第一个要显示的值文字"一年级"，如图 12-20 所示。

用相同的方法添加多个值，如图 12-21 所示。

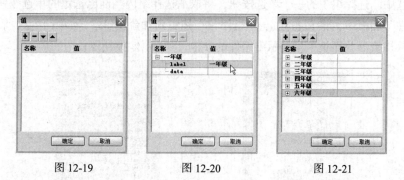

图 12-19　　　　　　　图 12-20　　　　　　　图 12-21

如果想删除一个值，可以先选中这个值，再单击"减号"按钮 进行删除。

如果想改变值的顺序，可以单击"向下箭头"按钮 或"向上箭头"按钮 进行调序。例如，要将值"六年级"向上移动，可以先选中它（被选中的值，显示出灰色长条），再单击"向上箭头"按钮 3 次，值"六年级"就移动到了值"三年级"的上方，如图 12-22、图 12-23 所示。

设置好值后，单击"确定"按钮，"组件检查器"面板的显示如图 12-24 所示。

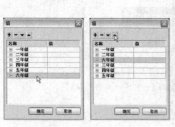

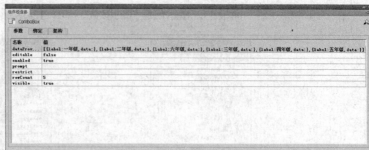

图 12-22　　　图 12-23　　　　　　　　　图 12-24

按 Ctrl+Enter 组合键测试影片，显示出下拉列表，下拉列表中的选项为刚才设置好的值，可以拖曳滚动条来查看选项，如图 12-25 所示。

如果在"组件检查器"面板中将"rowCount"选项的数值设置为"9"，如图 12-26 所示，表示下拉列表不使用滚动条的话，一次最多可显示的项目数为 9。按 Ctrl+Enter 组合键测试影片，显示出的下拉列表没有滚动条，列表中的全部选项为可见，如图 12-27 所示。

图 12-25　　　　　　图 12-26　　　　　　图 12-27

4．RadioButton 组件

RadioButton 组件 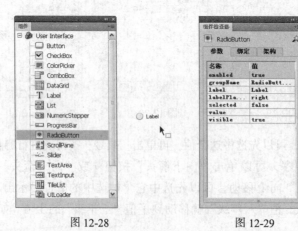 是单选按钮。使用该组件可以强制用户只能选择一组选项中的一项。RadioButton 组件 必须用于至少有两个 RadioButton 实例的组。在任何选定的时刻，都只有一个组成员被选中。选择组中的一个单选按钮，将取消选择组内当前已选定的单选按钮。

在"组件"面板中，将 RadioButton 组件 拖曳到舞台窗口中，如图 12-28 所示。

在"组件检查器"面板中，显示出组件的参数，如图 12-29 所示。

图 12-28　　　　　　　　　图 12-29

"enabled"选项：设置组件是否为激活状态。

"groupName"选项：单选按钮的组名称，默认状态下为"RadioButtonGroup"。

"label"选项：设置单选按钮的名称，默认状态下为"Label"。

"labelPlacement"选项：设置名称相对于单选按钮的位置，默认状态下，名称在单选按钮的右侧。

"selected"选项：设置单选按钮初始状态下，是处于选中状态"true"还是未选中状态"false"。

"value"选项：设置在初始状态下，组件中显示的数值。

"visible"选项：设置组件的可见性。

5. ScrollPane 组件

ScrollPane 组件 能够在一个可滚动区域中显示影片剪辑、JPEG 文件和 SWF 文件。可以让滚动条在一个有限的区域中显示图像。可以显示从本地位置或网络加载的内容。

ScrollPane 组件 既可以显示含有大量内容的区域，又不会占用大量的舞台空间。该组件只能显示影片剪辑，不能应用于文字。

在"组件"面板中，将 ScrollPane 组件 拖曳到舞台窗口中，如图 12-30 所示。

在"组件检查器"面板中，显示出组件的参数，如图 12-31 所示。

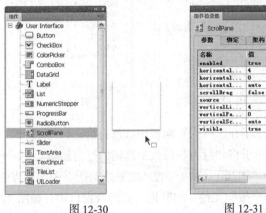

图 12-30　　　　　　　　　　　图 12-31

"enabled"选项：设置组件是否为激活状态。

"horizontalLineScrollSize"选项：设置每次按下箭头时水平滚动条移动多少个单位，其默认值为 4。

"horizontalPageScrollSize"选项：设置每次按滚动条轨道时水平滚动条移动多少个单位，其默认值为 0。

"horizontalScrollSizePolicy"选项：设置是否显示水平滚动条。

选择"auto"时，可以根据电影剪辑与滚动窗口的相对大小来决定是否显示水平滚动条。在电影剪辑水平尺寸超出滚动窗口的宽度时会自动出现滚动条；选择"on"时，无论电影剪辑与滚动窗口的大小如何都显示水平滚动条；选择"off"时，无论电影剪辑与滚动窗口的大小如何都不显示水平滚动条。

"scrollDrag"选项：设置是否允许用户使用鼠标拖曳滚动窗口中的对象。选择"true"时，用户可以不通过滚动条而使用鼠标直接拖曳窗口中的对象。

"source"选项：一个要转换为对象的字符串，它表示源的实例名。

"verticalLineScrollSize"选项：设置每次按下箭头时垂直滚动条移动多少个单位，其默认值为 4。

"verticalPageScrollSize"选项：设置每次按滚动条轨道时垂直滚动条移动多少个单位，其默认值为 0。

"verticalScrollSizePolicy"选项：设置是否显示垂直滚动条。其用法与"horizontalScrollSizePolicy"相同。

"visible"选项：设置组件的可见性。

12.2 行为

除了应用自定义的动作脚本，还可以应用行为控制文档中的影片剪辑和图形实例。行为是程序员预先编写好的动作脚本，用户可以根据自身需要来灵活运用脚本代码。

选择"窗口 > 行为"命令，弹出"行为"面板，如图 12-32 所示。单击面板左上方的"添加行为"按钮 ，弹出下拉菜单，如图 12-33 所示。可以从菜单中显示的 6 个方面应用行为。

图 12-32

图 12-33

"添加行为"按钮 ：用于在"行为"面板中添加行为。

"删除行为"按钮 ：用于将"行为"面板中选定的行为删除。

在"行为"面板上方的"图层 1：帧 1"表示的是当前所在图层和当前所在帧。

在"库"面板中创建一个按钮元件，将其拖曳到舞台窗口中，如图 12-34 所示。选中按钮元件，单击"行为"面板中的"添加行为"按钮 ，在弹出的菜单中选择"Web > 转到 Web 页"命令，如图 12-35 所示。

弹出"转到 URL"对话框，如图 12-36 所示。

图 12-34

图 12-35

图 12-36

"URL"选项：其文本框中可以设置要链接的 URL 地址。

"打开方式"选项中各选项的含义如下。

"_self"：在同一窗口中打开链接。

"_parent"：在父窗口中打开链接。

"_blank"：在一个新窗口中打开链接。

"_top"：在最上层窗口中打开链接。

设置好后单击"确定"按钮，动作脚本被添加到"行为"面板中，如图 12-37 所示。

当运行按钮动画时，单击按钮则打开网页浏览器，自动链接到刚才输入的 URL 地址上。

图 12-37

12.3　幻灯片

在 Flash 中，用户可以创建 2 种不同的基于屏幕的文档：Flash 幻灯片演示文稿和 Flash 表单应用程序。

Flash 幻灯片演示文稿使用幻灯屏幕作为默认屏幕类型，适用于表现顺序内容，如幻灯片或多媒体演示文稿。Flash 表单应用程序使用表单屏幕作为默认屏幕类型，适用于表现基于表单的非线性应用程序。但是，可以在任何基于屏幕的文档中混用幻灯片屏幕和表单屏幕，以便同时利用两者的优点，并在演示文稿或应用程序中创建更加复杂的结构。

12.3.1　了解结构和层次

1. 创建幻灯片

选择"文件 > 新建"命令，在弹出的"新建文档"对话框中选择"Flash 幻灯片演示文稿"选项，如图 12-38 所示。

Flash 幻灯片演示文稿的默认工作界面如图 12-39 所示。时间轴呈折叠状态。工作界面的左侧是一个显示幻灯片文稿结构的面板。在面板的默认状态下包含一个最高层屏幕（默认名称为"演示文稿"）和一个子屏幕（默认名称为"幻灯片 1"）。

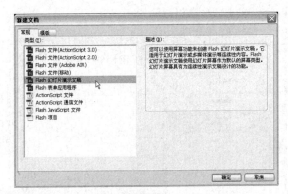

图 12-38

图 12-39

最高层屏幕是向文档中添加所有内容的容器，它包含所有其他的屏幕。可以将内容放置在最高层屏幕中，但不能删除或移动它。

在最高层屏幕下面添加的都是子屏幕，子屏幕中还可以再嵌套子屏幕。包含一个子屏幕的屏幕是父屏幕。子屏幕继承了父屏幕中的显示内容和行为，并且可以在动作脚本中应用目标路径从一个屏幕向另一个屏幕传递消息。

屏幕并不出现在"库"面板中，所以不能创建屏幕的实例。

2. 设置幻灯片

用鼠标右键单击屏幕名称，弹出的菜单如图 12-40 所示。

"插入屏幕"命令：用于插入新的屏幕。

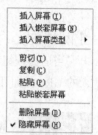

用鼠标右键单击"幻灯片 1"，在弹出的菜单中选择"插入屏幕"命令，可以插入"幻灯片 2"。"幻灯片 2"与"幻灯片 1"位于相同的级别，都是最高层屏幕"演示文稿"的子屏幕，而最高层屏幕"演示文稿"为"幻灯片 2"与"幻灯片 1"的父屏幕，如图 12-41、图 12-42 所示。

图 12-40

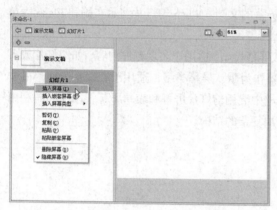

图 12-41

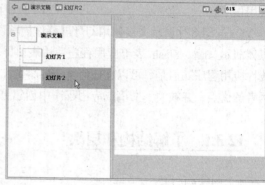

图 12-42

"插入嵌套屏幕"命令：用于插入新的嵌套屏幕。

用鼠标右键单击"幻灯片 2"，在弹出的菜单中选择"插入嵌套屏幕"命令，插入"幻灯片 2"。"幻灯片 2"与"幻灯片 1"位于不同的级别。"幻灯片 2"是"幻灯片 1"的子屏幕，而"幻灯片 1"是"幻灯片 2"的父屏幕，如图 12-43、图 12-44 所示。

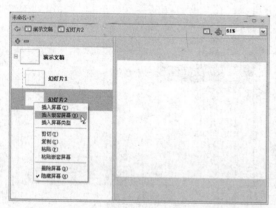

图 12-43

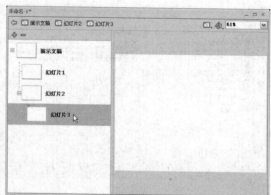

图 12-44

"插入屏幕类型"命令：用于选择插入屏幕的类型，其中包含 3 种类型，如图 12-45 所示。

⊙ "幻灯片"：插入一个新的幻灯片屏幕。

⊙ "表单"：插入一个新的表单。

⊙ "保存的模版"：插入保存的模版。

"剪切"命令：用于剪切当前选中的屏幕。

"复制"命令：用于复制当前选中的屏幕。

"粘贴"命令：将复制好的屏幕进行粘贴，粘贴好的屏幕与原来屏幕为同一级别。

例如，复制"幻灯片 1"，选择"粘贴"命令，显示出"幻灯片 1_ 副本"，它与"幻灯片 1"之间为同一级别，兄弟屏幕的关系，如图 12-46 所示。

图 12-45

"粘贴嵌套屏幕"命令：将复制好的屏幕进行粘贴，粘贴好的屏幕是原来屏幕的子屏幕。

例如，复制"幻灯片 1"，选择"粘贴嵌套屏幕"命令，显示出"幻灯片 1_ 副本"，它与"幻灯片 1"之间为不同级别，它是"幻灯片 1"的子屏幕，如图 12-47 所示。

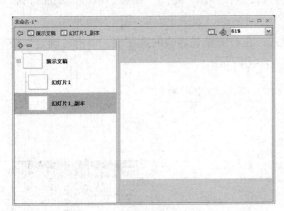

图 12-46　　　　　　　　　　　　　　　　图 12-47

"删除屏幕"命令：删除当前选中的屏幕。

"隐藏屏幕"命令：隐藏当前选中屏幕上的所有图形。

3. 幻灯片属性

选中幻灯片屏幕，按 Shift+F7 组合键，弹出"组件检查器"面板，如图 12-48 所示。

图 12-48

"autoKeyNav"：设置幻灯片是否使用默认的键盘操作来控制跳转到下一张或上一张幻灯片。选择"true"时，按键盘上方向键中的"向右键"或空格键，将跳转到下一张幻灯片；按键盘上方向键中的"向左键"，将跳转到上一张幻灯片。选择"false"时，将不使用默认的键盘操作。"inherit"是系统默认的状态，选择此选项将继承父屏幕中的设置。

"autoLoad"：选择"true"时，设置为自动加载内容。选择"false"时，直到 Loader.load（）方法被调用后，指定内容才能被加载。

"contentPath"： Loader.load（）方法被调用时，被加载文件的绝对或相对路径。在加载内容时，相对路径必须指向 SWF 文件，URL 必须定位于当前 SWF 文件存放位置的同一个子目录中。

"overlayChildren"：设置在回放时，子屏幕是否在父屏幕上相互覆盖。选择"true"时，子屏幕将相互覆盖。选择"false"时，出现一个子屏幕则前一个子屏幕消失。

"playHidden"：设置幻灯片在显示之后，处于隐藏状态时是否继续播放。选择"true"时，幻灯片将继续播放。选择"false"时，幻灯片将停止播放，再次显示时会从第 1 帧重新开始播放。

 屏幕名中不能包含空格。

12.3.2　添加转变样式

在屏幕与屏幕之间直接转换，会显得有些生硬，可以为屏幕添加转变样式，使屏幕产生淡入淡出、滑入、飞翔、旋转等效果。

选择要添加样式的屏幕，选择"窗口 > 行为"命令，弹出"行为"面板。单击"添加行为"按钮，选择"屏幕 > 过渡"命令，弹出"转变"对话框，如图 12-49、图 12-50 所示。

拖动对话框左侧的滚动条，选择要添加的样式，在右侧设置相应的选项值，单击"确定"按钮，在"行为"面板中出现设置好的样式，如图 12-51 所示。

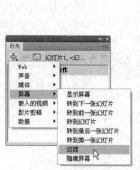
图 12-49

图 12-50

图 12-51

在"行为"面板中再制作相同的事件，单击"reveal"，在下拉列表中选择事件（hide），如图 12-52、图 12-53、图 12-54 所示。

图 12-52

图 12-53

图 12-54

"reveal"表示在进入屏幕时应用样式。"hide"表示在移出屏幕时应用样式。

12.3.3 课堂案例——幻灯片课件

【案例学习目标】使用幻灯片制作古代诗词大赏效果。

【案例知识要点】使用任意变形工具旋转图片的角度；使用文本工具添加文字；使用行为面板加载事件，效果如图 12-55 所示。

【效果所在位置】光盘/Ch12/效果/幻灯片课件.fla。

图 12-55

1．导入素材

（1）选择"文件 > 新建"命令，在弹出的"新建文档"对话框中选择"Flash 幻灯片演示文稿"选项，单击"确定"按钮，进入幻灯片舞台窗口。在舞台窗口左侧的"结构"面板中选中屏幕"演示文稿"，如图 12-56 所示。选择"文件 > 导入 > 导入到舞台"命令，弹出"导入"对话框，选择"Ch12 > 素材 > 幻灯片课件 > 01"文件，单击"打开"按钮，文件被导入到舞台窗口中，将图片设置在舞台窗口的正中位置，效果如图 12-57 所示。

（2）在"结构"面板中选中屏幕"幻灯片 1"，选择"文件 > 导入 > 导入到舞台"命令，在弹出的对话框中选择"Ch12 > 素材 > 幻灯片课件 > 02"文件，单击"打开"按钮，文件被导入到舞台窗口中。选中图片，选择"任意变形"工具，将"02"旋转为水平方向，效果如图 12-58 所示。

图 12-56

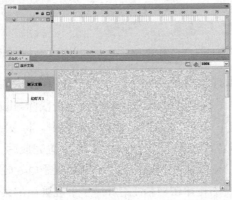

图 12-57

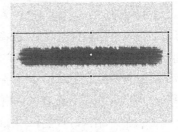

图 12-58

2．添加文字效果

（1）选择"文本"工具，在文本"属性"面板中进行设置，在"02"图片上输入需要的白色文字，效果如图 12-59 所示。在"结构"面板中，用鼠标右键单击屏幕"幻灯片 1"，在弹出的菜单中选择"插入屏幕"命令，插入屏幕"幻灯片 2"，如图 12-60 所示。

（2）选择"窗口 > 库"命令，弹出"库"面板，将面板中的"02"图片拖曳到屏幕"幻灯片 2"的舞台窗口中，效果如图 12-61 所示。选择"文本"工具，在文本"属性"面板中进行设置，在"02"图片上输入需要的白色文字。输入后选中文字，在文本"属性"面板中选择"段落"选项组，在"方向"选项的下拉列表中选择"垂直，从左向右"，将文字修改为垂直方向，效果如图 12-62 所示。

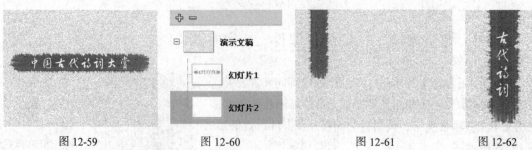

图 12-59   图 12-60   图 12-61   图 12-62

（3）选择"文本"工具 T，在文本"属性"面板中进行设置，在舞台窗口的右上方输入需要的黑色文字，选中文字，在文本"属性"面板中选择"段落"选项组，在"方向"选项的下拉列表中选择"水平"，文字效果如图 12-63 所示。在"结构"面板中，用鼠标右键单击屏幕"幻灯片2"，在弹出的菜单中选择"插入嵌套屏幕"命令，插入屏幕"幻灯片3"，如图 12-64 所示。

（4）选择"文件 > 导入 > 导入到舞台"命令，在弹出的对话框中选择"Ch12 > 素材 > 幻灯片课件 > 03"文件，单击"打开"按钮，文件被导入到舞台窗口中，将图片移动到舞台窗口中并调整大小，效果如图 12-65 所示。

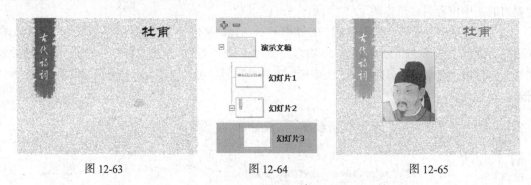

图 12-63   图 12-64   图 12-65

（5）打开"Ch12 > 素材 > 幻灯片课件 > 文本"文件，选中杜甫的简介文字进行复制，回到 Flash 软件的舞台窗口中。选择"文本"工具 T，在舞台窗口单击鼠标，出现输入光标，按 Ctrl+V 组合键，粘贴刚才复制的文字，选中文字，在文本"属性"面板中，将文字字体设为"方正隶二简体"，文字大小设为 15，文字颜色设为深灰色（#333333）。设置完成后，文字效果如图 12-66 所示。将文字移动到图片的右侧，"幻灯片3"制作完成，效果如图 12-67 所示。

（6）在"结构"面板中，用鼠标右键单击屏幕"幻灯片3"，在弹出的菜单中选择"插入屏幕"命令，插入屏幕"幻灯片4"（"幻灯片4"是"幻灯片3"的兄弟屏幕）。选择"文件 > 导入 > 导入到舞台"命令，在弹出的对话框中选择"Ch12 > 素材 > 幻灯片课件 > 04"文件，单击"打开"按钮，文件被导入到舞台窗口中，将图片移动到舞台窗口中并调整大小，效果如图 12-68 所示。

图 12-66   图 12-67   图 12-68

（7）在配套光盘的文本文档中复制诗词"滕王亭子"并粘贴到舞台窗口中，在文本"属性"面板中，将文字字体设为"方正隶二简体"，文字大小设为20，文字颜色设为深灰色（#333333），单击"居中对齐"按钮 ，文字效果如图12-69所示。选择"文本"工具 ，选取"滕王亭子"文字，在文本"属性"面板中，将文字大小设为25，效果如图12-70所示。

（8）选择"文本"工具 ，选取需要的文字，在文本"属性"面板中选择"段落"选项组，将"行距"选项设为5，文字效果如图12-71所示。将文字移动到图片的左侧，"幻灯片4"制作完成，效果如图12-72所示。

（9）在"结构"面板中，用鼠标右键单击屏幕"幻灯片4"，在弹出的菜单中选择"插入屏幕"命令，插入屏幕"幻灯片5"。在"幻灯片5"的舞台窗口中导入"05"图片并调整大小。在配套光盘的文本文档中复制诗词"立春"粘贴到舞台窗口中，用制作"幻灯片4"舞台窗口中的文字，对"幻灯片5"舞台窗口中的文字进行编辑，效果如图12-73所示。

图 12-69　　　　　　图 12-70　　　　　　图 12-71

图 12-72

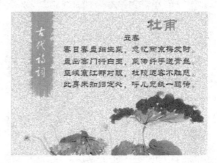

图 12-73

3．制作过渡效果

（1）选择"库"面板，在面板中新建按钮元件"元件1"。进入按钮元件的舞台窗口，选中"时间轴"面板中的"弹起"帧，选择"矩形"工具 ，在工具箱中将笔触颜色设为黑色，填充颜色设为白色，在矩形工具"属性"面板中，将"矩形边角半径"选项均设为5，在舞台窗口中绘制一个圆角矩形。选择"文本"工具 ，在圆角矩形框中输入需要的黑色文字，效果如图12-74所示。

（2）用鼠标右键单击"时间轴"面板中的"指针"帧，在弹出的菜单中选择"插入空白关键帧"命令，插入一个空白的关键帧。用与步骤（1）中相同的方法，再次绘制圆角矩形并输入文字，并要保持制作的图形位置与"弹起"帧中的图形位置相同，如图12-75所示。

（3）在"结构"面板中选中"幻灯片1"，将"库"面板中的按钮元件拖曳到舞台窗口的右下方，如图12-76所示。

图 12-74　　　　　　　图 12-75　　　　　　　　　　　图 12-76

（4）选择"窗口 > 行为"命令，弹出"行为"面板。单击面板上方的"添加行为"按钮 ，在弹出的菜单中选择"屏幕 > 过渡"命令，弹出"转变"对话框，在对话框左侧的样式列表中选择"淡入/淡出"，其他选项为默认值，如图 12-77 所示，单击"确定"按钮，"行为"面板中加载了以上事件，如图 12-78 所示。

（5）在"结构"面板中选中"幻灯片 2"，在"行为"面板上单击"添加行为"按钮 ，在弹出的菜单中选择"屏幕 > 过渡"命令，弹出"转变"对话框，在对话框左侧的样式列表中选择"遮帘"，其他选项为默认值，单击"确定"按钮，"行为"面板中加载上了事件，如图 12-79 所示，单击"事件"选项下方的"reveal"，在下拉列表中选择"revealChild"（选择此选项，则"幻灯片 2"中所包含的子屏幕都应用这种样式），如图 12-80 所示。幻灯片课件制作完成，按 Ctrl+Enter 组合键即可查看动画效果，如图 12-81 所示。

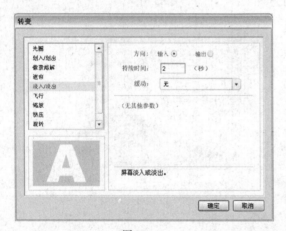

图 12-77　　　　　　　　　　　　图 12-78　　　　　　图 12-79

图 12-80　　　　　　　　　　図 12-81

课堂练习——美食知识问答

【练习知识要点】使用 CheckBox 组件和 Button 组件制作美食知识问答效果；使用文本工具添加输入文本框制作答案效果；使用动作面板为组件添加脚本语言，如图 12-82 所示。

【效果所在位置】光盘/Ch12/效果/美食知识问答.fla。

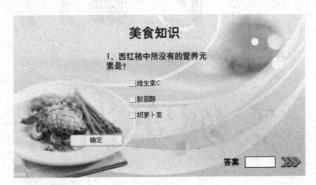

图 12-82

课后习题——乐器知识课件

【习题知识要点】使用文本工具添加说明文字；使用过渡命令制作遮帘效果；使用矩形工具绘制按钮，如图 12-83 所示。

【效果所在位置】光盘/Ch12/效果/乐器知识课件.fla。

图 12-83

下 篇

案例实训篇

第13章
标志设计

标志代表着企业的形象和文化，以及企业的服务水平、管理机制和综合实力。标志动画可以在动态视觉上为企业进行形象推广。本章将主要介绍 Flash 标志动画中标志的导入以及动画的制作方法，同时学习如何应用不同的颜色设置和动画方式来更准确地诠释企业的精神。

课堂学习目标

- 了解标志设计的概念
- 了解标志设计的功能
- 掌握标志动画的设计思路
- 掌握标志动画的制作方法和技巧

13.1 标志设计概述

在科学技术飞速发展的今天，印刷、摄影、设计和图像的传达作用越来越重要，这种非语言传送的发展具有了和语言传送相抗衡的竞争力量。标志，则是其中一种独特的传达方式。

标志，是表明事物特征的记号。它以单纯、显著、易识别的物象、图形或文字符号为直观语言，除标示什么、代替什么之外，还具有表达意义、情感和指令行动等作用。

标志具有功用性、识别性、显著性、多样性、艺术性、准确性等特点，其效果如图 13-1 所示。

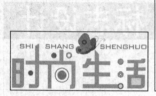   

图 13-1

13.2 网络公司网页标志

13.2.1 案例分析

本例是为航克斯网络公司制作网页标志，航克斯网络公司是一家专业的网络服务公司，公司致力于为个人、企业提供基于 Internet 的全套解决方案——从最基本的网页设计及制作和企业网站的策化、建设、维护、推广，到域名的注册、虚拟主机的建置和 Internet 规划设计等，全力为客户缔造个性化的网络空间，为企业提供良好的发展空间。其网页标志的设计要简洁大气、稳重，同时符合网络公司的特征，能融入行业的理念和特色。

在设计制作过程中，把标志定位为文字型标志，充分利用网络公司的名称——航克斯作为品牌名称。在字体设计上进行变形，通过字体表现出向上、进取的企业形象。通过动感的背景图设计表现新技术的前沿性，通过蓝色系的同类色变化表现出稳重、智慧的企业理念。

本例将使用文本工具输入标志名称；使用钢笔工具添加画笔效果；使用属性面板改变元件的颜色，使标志产生阴影效果。

13.2.2 案例设计

本案例的设计流程如图 13-2 所示。

添加文字

编辑文字

改变元件颜色

最终效果

图 13-2

13.2.3 案例制作

1. 输入文字

（1）选择"文件 > 新建"命令，在弹出的"新建文档"对话框中选择"Flash 文件"选项，单击"确定"按钮，进入新建文档舞台窗口。按 Ctrl+F3 组合键，弹出文档"属性"面板，单击面板中的"编辑"按钮 编辑... ，弹出"文档属性"对话框，将"宽度"选项设为 500，"高度"选项设为 350，将"背景颜色"选项设为灰色（#CCCCCC），单击"确定"按钮，改变舞台窗口的大小。

（2）调出"库"面板，单击"库"面板下方的"新建元件"按钮 ，弹出"创建新元件"对话框，在"名称"选项的文本框中输入"标志"，在"类型"选项的下拉列表中选择"图形"选项，单击"确定"按钮，新建图形元件"标志"，如图 13-3 所示，舞台窗口也随之转换为图形元件的舞台窗口。

（3）将"图层 1"重新命名为"文字"。选择"文本"工具 T ，在文本"属性"面板中进行设置，在舞台窗口中输入需要的白色文字，效果如图 13-4 所示。选中文字，按两次 Ctrl+B 组合键将文字打散，效果如图 13-5 所示。

图 13-3

图 13-4

图 13-5

2. 添加画笔

（1）单击"时间轴"面板下方的"新建图层"按钮 ，创建新图层并将其命名为"钢笔绘制"。选择"钢笔"工具 ，在钢笔"属性"面板中，将笔触颜色设为黑色，在"航"字的左上方单击鼠标，设置起始点，如图 13-6 所示，在空白处单击鼠标，设置第 2 个节点，按住鼠标不放，向上拖曳控制手柄，调节控制手柄改变路径的弯度，效果如图 13-7 所示。使用相同的方法，应用"钢笔"工具 ☑ 绘制出如图 13-8 所示的边线效果。

图 13-6　　　　　图 13-7　　　　　图 13-8

（2）在工具箱的下方将填充色设为白色。选择"颜料桶"工具 ☑，在工具箱下方的"空隙大小"选项组中选择"不封闭空隙"选项 ☑，在边线内部单击鼠标，填充图形，如图 13-9 所示。选择"选择"工具 ☑，双击边线将其选中，如图 13-10 所示，按 Delete 键将其删除。使用相同的方法，在"斯"字的下方绘制图形，效果如图 13-11 所示。

图 13-9　　　　　图 13-10　　　　　图 13-11

（3）选择"选择"工具 ☑，在"克"字的上方拖曳出一个矩形，如图 13-12 所示。按 Delete 键将其删除，效果如图 13-13 所示。按住 Shift 键的同时，选中"克"字下方和"斯"左下方的笔画，按 Delete 键将其删除，效果如图 13-14 所示。

图 13-12　　　　　图 13-13　　　　　图 13-14

（4）单击"时间轴"面板下方的"新建图层"按钮 ☑，创建新图层并将其命名为"线条绘制"。选择"椭圆"工具 ☑，在工具箱中将笔触颜色设为无，填充色设为白色，按住 Shift 键的同时绘制圆形，效果如图 13-15 所示。

（5）选择"线条"工具 ☑，在线条工具"属性"面板中将笔触颜色设为白色，其他选项的设置如图 13-16 所示。在"克"字的左下方绘制出一条斜线，效果如图 13-17 所示。

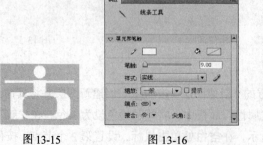

图 13-15　　　　　图 13-16　　　　　图 13-17

（6）在线条工具"属性"面板中的"端点"选项下拉列表中选择"方形"，在"接合"选项的下拉列表中选择"尖角"，如图 13-18 所示。在"克"字的右下方绘制直线，效果如图 13-19 所示。

图 13-18   图 13-19

（7）选择"选择"工具，选中"航"字里边的点，如图 13-20 所示。按 Ctrl+G 组合键，将其组合，按 Ctrl+T 组合键，调出"变形"面板，在面板中进行设置，如图 13-21 所示，效果如图 13-22 所示。

图 13-20   图 13-21   图 13-22

3. 制作标志

（1）单击"时间轴"面板下方的"场景 1"图标，进入"场景 1"的舞台窗口。将"图层 1"重命名为"底图"。按 Ctrl+R 组合键，在弹出的"导入"对话框中选择"Ch13 > 素材 > 网络公司网页标志 > 01"文件，单击"打开"按钮，图片被导入到舞台窗口中，效果如图 13-23 所示。

（2）单击"时间轴"面板下方的"新建图层"按钮，创建新图层并将其命名为"标志"。将"库"面板中的图形"标志"拖曳到舞台窗口中，效果如图 13-24 所示。

图 13-23   图 13-24

（3）调出"变形"面板，单击面板下方的"复制选区和变形"按钮，复制元件。在图形"属性"面板中的"样式"选项下拉列表中选择"色调"，各选项的设置如图 13-25 所示，舞台效果如图 13-26 所示。

（4）按 Ctrl+↓组合键，将文字向下移一层，按 6 次键盘上的向下键，将文字向下移动，使文字产生阴影效果。网络公司网页标志效果绘制完成，如图 13-27 所示。

图 13-25　　　　　　　　　图 13-26　　　　　　　　图 13-27

13.3　化妆品公司网页标志

13.3.1　案例分析

本例是为蔻朵堂化妆品公司设计制作的网页标志，蔻朵堂化妆品公司的产品主要针对的客户是热衷于护肤、美容，致力于让自己变得更青春美好的女性。在网页标志设计上希望能表现出青春的气息和活力，创造出青春奇迹。

在设计思路上，我们从公司的品牌名称入手，对"蔻朵堂"的文字进行了精心的变形设计和处理，文字设计后的风格和品牌定位紧密结合，充分表现了青春女性的活泼和生活气息。标志颜色采用粉色、白色为基调，通过色彩来体现出甜美、温柔的青春女性气质。

本例将使用文本工具输入标志名称；使用套索工具删除多余的笔画；使用椭圆工具和变形面板制作花形图案；使用属性面板设置笔触样式，制作底图图案效果。

13.3.2　案例设计

本案例的设计流程如图 13-28 所示。

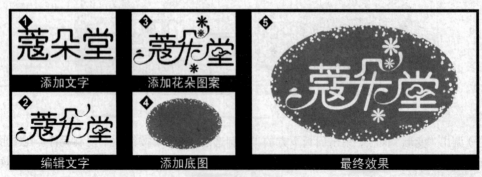

图 13-28

13.3.3　案例制作

1．输入文字

（1）选择"文件 > 新建"命令，在弹出的"新建文档"对话框中选择"Flash 文件"选项，单击"确定"按钮，进入新建文档舞台窗口。按 Ctrl+F3 组合键，弹出文档"属性"面板，单击面板中的"编辑"按钮 编辑...，弹出"文档属性"对话框，将舞台窗口的宽设为 550，高设为 340，单击"确定"按钮，改变舞台窗口的大小。

（2）按 Ctrl+L 组合键，调出"库"面板，在"库"面板下方单击"新建元件"按钮，弹出"创建新元件"对话框，在"名称"选项的文本框中输入"标志"，在"类型"选项的下拉列表中选择"图形"，单击"确定"按钮，新建图形元件"标志"，如图 13-29 所示，舞台窗口也随之转换为图形元件的舞台窗口。

（3）将"图层 1"重新命名为"文字"。选择"文本"工具，在文本"属性"面板中进行设置，在舞台窗口中输入需要的黑色文字，效果如图 13-30 所示。选中文字，按两次 Ctrl+B 组合键，将文字打散。框选中"朵、堂"两个字，将其向上、向下、向右移动，效果如图 13-31 所示。

图 13-29　　　　　　　　图 13-30　　　　　　　　　图 13-31

2．删除笔画

（1）选择"套索"工具，选中工具箱下方的"多边形模式"按钮，圈选"蔻"字右下角的笔画，如图 13-32 所示，按 Delete 键将其删除，效果如图 13-33 所示。

（2）选择"选择"工具，在"朵"字的中部拖曳出一个矩形，如图 13-34 所示。按 Delete 键将其删除，效果如图 13-35 所示。用相同的方法删除其他文字笔画，制作出如图 13-36 所示的效果。

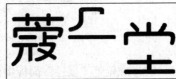

图 13-32　　　　　图 13-33　　　　　图 13-34　　　　　图 13-35　　　　　图 13-36

3. 钢笔绘制路径

（1）单击"时间轴"面板下方的"新建图层"按钮 ，创建新图层并将其命名为"钢笔绘制"。选择"钢笔"工具 ，在钢笔"属性"面板中，将笔触颜色设为黑色，在"蔻"字的左下角单击鼠标，设置起始点，如图 13-37 所示，在左侧的空白处单击，设置第 2 个节点，按住鼠标不放，向上拖曳控制手柄，调节控制手柄改变路径的弯度，效果如图 13-38 所示。

（2）使用相同的方法，应用"钢笔"工具 绘制出边线效果，如图 13-39 所示。在工具箱的下方将填充色设为黑色，选择"颜料桶"工具 ，在边线内部单击鼠标填充图形，效果如图 13-40 所示。

图 13-37

图 13-38

图 13-39

图 13-40

（3）选择"选择"工具 ，双击边线，将其选中，如图 13-41 所示，按 Delete 键将其删除。使用相同的方法绘制其他图形，效果如图 13-42 所示。

图 13-41

图 13-42

4. 铅笔绘制

（1）单击"时间轴"面板下方的"新建图层"按钮 ，创建新图层并将其命名为"画笔修改"。选择"铅笔"工具 ，在铅笔"属性"面板中将"笔触颜色"选项设为黑色，其他选项的设置如图 13-43 所示。在工具箱的下方"铅笔模式"选项组的下拉列表中选择"平滑"选项。在"蔻"字的下方绘制出一条曲线，效果如图 13-44 所示。

图 13-43

图 13-44

（2）在铅笔"属性"面板中，将"笔触高度"选项设为 5.5，如图 13-45 所示。在"堂"字的中间绘制云朵边线，如图 13-46 所示。

（3）选择"线条"工具 ，拖曳鼠标绘制直线，如图 13-47 所示。再次在"朵"字的下方绘制出一条斜线，效果如图 13-48 所示。

图 13-45

图 13-46

图 13-47

图 13-48

5. 添加花朵图案

（1）选择"椭圆"工具 ，在工具箱中将笔触颜色设为无，填充色设为黑色，在舞台窗口中绘制出一个垂直椭圆形。选中椭圆，在形状"属性"面板中将"宽"选项设为 10，"高"选项设为 22，取消对图形的选取，效果如图 13-49 所示。

（2）选择"部分选取"工具 ，在椭圆形的外边线上单击，出现多个节点，如图 13-50 所示。单击需要的节点，按 Delete 键将其删除，效果如图 13-51 所示。使用相同的方法，删除其他节点，如图 13-52 所示。

图 13-49

图 13-50

图 13-51

图 13-52

（3）选择"任意变形"工具 ，单击图形，出现控制点，将中心点移动到如图 13-53 所示的位置，按 Ctrl+T 组合键，弹出"变形"面板，单击"复制选区和变形"按钮 ，复制出一个图形，将"旋转"选项设为 45，如图 13-54 所示，图形效果如图 13-55 所示。

（4）再单击"复制选区和变形"按钮 6 次，复制出 6 个图形，效果如图 13-56 所示。

图 13-53

图 13-54

图 13-55

图 13-56

（5）选择"选择"工具 ，拖曳图形到"朵"字的右上角，效果如图 13-57 所示。按住 Alt 键，用鼠标选中图形，并拖曳到"朵"字的下方，复制当前选中的图形，选择"任意变形"工具 ，将其缩小，效果如图 13-58 所示。用相同的方法再次复制图形并缩小，效果如图 13-59 所示。

图 13-57　　　　　　图 13-58　　　　　　图 13-59

6. 添加底图

（1）单击"时间轴"面板下方的"场景 1"图标 场景 1，进入"场景 1"的舞台窗口。选择"椭圆"工具，在椭圆"属性"面板中将"笔触颜色"选项设为白色，"填充颜色"选项设为洋红色（#EF2A6F），其他选项的设置如图 13-60 所示。在舞台窗口中绘制椭圆形，效果如图 13-61 所示。

图 13-60　　　　　　　　　图 13-61

（2）将"库"面板中的元件"标志"拖曳到舞台窗口中，效果如图 13-62 所示。选中图形元件，选择图形"属性"面板，在"样式"选项的下拉列表中选择"色调"，将颜色设为白色，如图 13-63 所示，舞台窗口中的效果如图 13-64 所示。化妆品公司网页标志效果制作完成，按 Ctrl+Enter 组合键即可查看效果。

图 13-62　　　　　　图 13-63　　　　　　图 13-64

13.4　传统装饰图案网页标志

13.4.1　案例分析

本例是为凤舞传统装饰图案网设计制作的走光标志效果，凤舞传统装饰图案网是专业的中国传统装饰图案素材网，网站提供了大量的传统装饰图案的素材和知识讲解，是一家文化知识型网站。在网页的标志设计上希望能表现出图案的典型性和艺术特色，也希望和凤舞的名字联系起来。

在设计构想上，我们选择了中国传统装饰图案中的代表性图案——凤、祥云和水纹。在文字上我们选择了用中国传统书法来表现凤舞两个字。还以底图的变色和文字的变色营造出走光的文字动画效果。

本例将使用属性面板改变元件的颜色；使用遮罩层命令制作文字遮罩效果；使用将线条转换为填充命令制作将线条转换为图形效果。

13.4.2　案例设计

本案例的设计流程如图 13-65 所示。

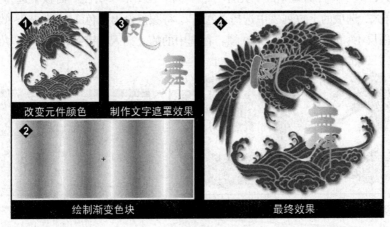

图 13-65

13.4.3　案例制作

1．制作变色效果

（1）选择"文件 > 新建"命令，在弹出的"新建文档"对话框中选择"Flash 文件"选项，单击"确定"按钮，进入新建文档舞台窗口。按 Ctrl+F3 组合键，弹出文档"属性"面板，单击面板中的"编辑"按钮 编辑... ，弹出"文档属性"对话框，将"宽度"选项设为 350，"高度"选项设为 350，单击"确定"按钮，改变舞台窗口的大小。

（2）选择"文件 > 导入 > 导入到库"命令，在弹出的"导入到库"对话框中选择"Ch13 > 素材> 传统装饰图案网页标志 >01"文件，单击"打开"按钮，文件被导入到"库"面板中，如图 13-66 所示。

（3）在"库"面板下方单击"新建元件"按钮，弹出"创建新元件"对话框，在"名称"选项的文本框中输入"纹样变色"，在"类型"选项的下拉列表中选择"影片剪辑"，单击"确定"按钮，新建影片剪辑元件"纹样变色"，如图 13-67 所示，舞台窗口也随之转换为影片剪辑元件的舞台窗口。

图 13-66   图 13-67

（4）将"库"面板中的图形元件"元件 1"拖曳到舞台窗口中，效果如图 13-68 所示。选择"选择"工具 ，选中舞台窗口中的"元件 1"实例，在图形"属性"面板中选择"色彩效果"选项组，在"样式"选项的下拉列表中选择"色调"，将颜色设为绿色（#006666），效果如图 13-69所示。选中"图层 1"的第 15 帧和第 30 帧，在选中的帧上插入关键帧，如图 13-70 所示。

图 13-68   图 13-69   图 13-70

（5）选中第 15 帧，在图形"属性"面板中选择"色彩效果"选项组，在"样式"选项的下拉列表中选择"色调"，将颜色设为蓝色（#006699），如图 13-71 所示，舞台窗口中的效果如图13-72 所示。

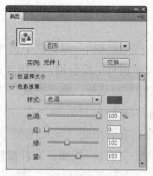

图 13-71   图 13-72

（6）分别在"图层 1"的第 1 帧和第 15 帧上单击鼠标右键，在弹出的菜单中选择"创建传统补间"命令，在第 1 帧到第 15 帧、第 15 帧到第 30 帧之间生成传统动作补间动画，效果如图 13-73所示。

（7）在"库"面板下方单击"新建元件"按钮，弹出"创建新元件"对话框，在"名称"选项的文本框中输入"渐变色"，在"类型"选项的下拉列表中选择"图形"选项，单击"确定"按钮，新建图形元件"渐变色"，如图 13-74 所示，舞台窗口也随之转换为图形元件的舞台窗口。

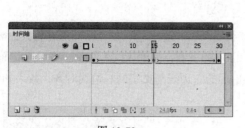

图 13-73　　　　　　　　　　　　　　　　　　图 13-74

（8）选择"窗口 > 颜色"命令，弹出"颜色"面板，将笔触颜色设为无，选择"填充色"按钮，在"类型"选项的下拉列表中选择"线性"，在色带上将渐变色设为从白色渐变到橘红色（#FF6600），再从橘红色渐变到白色，共设置 4 个白色控制点，4 个橘红色控制点，如图 13-75 所示。选择"矩形"工具，在舞台窗口中绘制一个矩形，选择"选择"工具，选中矩形，在形状"属性"面板中将矩形的"宽度"设为 535，"高度"设为 225，效果如图 13-76 所示。

（9）在"库"面板下方单击"新建元件"按钮，弹出"创建新元件"对话框，在"名称"选项的文本框中输入"文字动"，在"类型"选项的下拉列表中选择"影片剪辑"，单击"确定"按钮，新建影片剪辑元件"文字动"，如图 13-77 所示，舞台窗口也随之转换为影片剪辑元件的舞台窗口。为了便于观看，将背景色设为黑色。

图 13-75　　　　　　　　　　图 13-76　　　　　　　　　　图 13-77

2．制作文字变色效果

（1）将"图层 1"重新命名为"填充字"。选择"文本"工具，在文本"属性"面板中进行设置，分别在舞台窗口中输入需要的白色文字，效果如图 13-78 所示。选择"选择"工具，按住 Shift 键的同时，将两个文字同时选取，按 Ctrl+B 组合键，将文字打散，如图 13-79 所示。选中"填充字"图层的第 75 帧，按 F5 键，在该帧上插入普通帧，如图 13-80 所示。

167

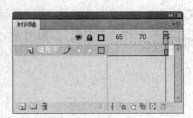

图 13-78　　　　　　　图 13-79　　　　　　　　　图 13-80

（2）单击"时间轴"面板下方的"新建图层"按钮，创建新图层并将其命名为"渐变色 1"，将"渐变色 1"图层拖曳到"填充字"图层的下方，如图 13-81 所示。将"库"面板中的图形元件"渐变色"拖曳到舞台窗口中，将渐变矩形的右边线与文字的右边线对齐，效果如图 13-82 所示。

图 13-81　　　　　　　　　　　　图 13-82

（3）选中图层"渐变色 1"的第 75 帧，按 F6 键，在该帧上插入关键帧，如图 13-83 所示。在第 75 帧的舞台窗口中，将渐变矩形的左边线与文字的左边线对齐，效果如图 13-84 所示。用鼠标右键单击"渐变色 1"图层的第 1 帧，在弹出的菜单中选择"创建传统补间"命令，在第 1 帧和第 75 帧之间生成传统动作补间动画，如图 13-85 所示。

图 13-83　　　　　　　　图 13-84　　　　　　　　图 13-85

（4）用鼠标右键单击"填充字"图层的图层名称，在弹出的菜单中选择"遮罩层"命令，将"填充字"图层设为遮罩的层，"渐变色 1"图层设为被遮罩的层，如图 13-86 所示。设置好遮罩层后，第 1 帧中的文字效果如图 13-87 所示。单击"填充字"图层右边的锁状图标，将"填充字"图层解锁。

（5）选择"墨水瓶"工具，在工具箱中将笔触颜色设为红色（#FF0000），用鼠标在文字的边线上单击，勾画出文字的轮廓，效果如图 13-88 所示。选择"选择"工具，按住 Shift 键的同时，用鼠标双击轮廓线选中所有的红色轮廓线，如图 13-89 所示。

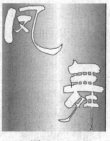

图 13-86　　　　　　　　图 13-87　　　　　　　　图 13-88　　　　　　　　图 13-89

（6）在形状"属性"面板中选择"填充和笔触"选项组，将"笔触"选项设为 1.3，按 Ctrl+X 组合键，将轮廓线剪切到剪粘板上。单击"时间轴"面板下方的"新建图层"按钮，创建新图层并将其命名为"轮廓字"。选择"编辑 > 粘贴到当前位置"命令，将剪切的轮廓线粘贴到"轮廓字"图层中，并与剪切之前的位置相同，效果如图 13-90 所示。

（7）选择"选择"工具，选中轮廓线，选择"修改 > 形状 > 将线条转换为填充"命令，将轮廓线转换为填充，效果如图 13-91 所示。将"填充字"图层重新锁定。单击"时间轴"面板下方的"新建图层"按钮，创建新图层并将其命名为"渐变色 2"，并将该图层拖曳到"轮廓字"图层的下方，如图 13-92 所示。

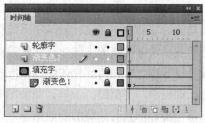

图 13-90　　　　　　　　　　图 13-91　　　　　　　　　　图 13-92

（8）将"库"面板中的图形元件"渐变色"拖曳到图层"渐变色 2"的舞台窗口中。选择"任意变形"工具，旋转矩形的角度，效果如图 13-93 所示。单击图层"渐变色 2"的第 75 帧，按 F6 键，在该帧上插入关键帧。在第 75 帧中将矩形向下拖曳，效果如图 13-94 所示。

（9）用鼠标右键单击图层"渐变色 2"的第 1 帧，在弹出的菜单中选择"创建传统补间"命令，在第 1 帧和第 75 帧之间生成传统动作补间动画。用鼠标右键单击"轮廓字"图层的图层名称，在弹出的菜单中选择"遮罩层"命令，将"轮廓字"图层设为遮罩的层，"渐变色 2"图层设为被遮罩的层，效果如图 13-95 所示。舞台窗口中的文字效果如图 13-96 所示。将背景颜色恢复为白色。

图 13-93　　　　　　　图 13-94　　　　　　　图 13-95　　　　　　　图 13-96

（10）单击"时间轴"面板下方的"场景 1"图标，进入"场景 1"的舞台窗口。将"库"

面板中的影片剪辑元件"纹样变色"拖曳到舞台窗口中，效果如图 13-97 所示。将影片剪辑元件"文字动"拖曳到舞台窗口中，效果如图 13-98 所示。传统装饰图案网页标志制作完成，按 Ctrl+Enter 组合键即可查看效果。

图 13-97 图 13-98

13.5 商业中心信息系统图标

13.5.1 案例分析

本例是为一家商业中心设计的信息系统图标，商业中心希望通过信息系统图标的提示来说明不同月份商业活动或销售的主题，达到传播商业信息、活跃商业活动的作用。

在设计过程中，首先将信息按钮制作成透明立体的玻璃质感，再根据商业活动主题设计出简洁的图标，如电池、手电筒、手机、花朵图案、音乐符号、飞机、树叶、弯曲的箭头和卡通英文字母等，每个图标都具有独特的商业信息。

本例将使用矩形工具绘制底图效果；使用颜色面板和颜料桶工具制作高光效果；使用文本工具添加月份效果；使用矩形工具、线条工具、椭圆工具、钢笔工具、多角星形工具添加图案效果。

13.5.2 案例设计

本案例的设计流程如图 13-99 所示。

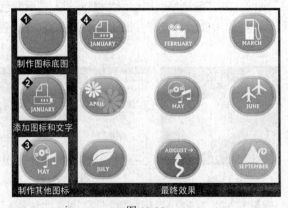

图 13-99

13.5.3 案例制作

1. 制作底图效果

（1）选择"文件 > 新建"命令，在弹出的"新建文档"对话框中选择"Flash 文件"选项，单击"确定"按钮，进入新建文档舞台窗口。按 Ctrl+F3 组合键，弹出"文档属性"对话框，将"宽度"选项设为 400，"高度"选项设为 300，单击"确定"按钮，改变舞台窗口的大小。

（2）按 Ctrl+L 组合键，弹出"库"面板，在"库"面板下方单击"新建元件"按钮，弹出"创建新元件"对话框，在"名称"选项的文本框中输入"JANUARY"，在"类型"选项的下拉列表中选择"图形"，单击"确定"按钮，新建一个图形元件"JANUARY"，舞台窗口也随之转换为图形元件的舞台窗口。

（3）将"图层 1"重新命名为"底"，如图 13-100 所示。选择"矩形"工具，在矩形"属性"面板中将"笔触颜色"选项设为黑色，其他选项的设置如图 13-101 所示，在舞台窗口中绘制出一个圆角矩形，效果如图 13-102 所示。

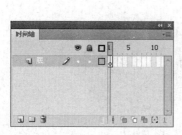

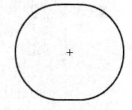

| 图 13-100 | 图 13-101 | 图 13-102 |

（4）选择"窗口 > 颜色"命令，弹出"颜色"面板，在"类型"选项的下拉列表中选择"放射状"，选中色带上左侧的控制点，将其设为灰白色（#FFFBFF），选中色带上右侧的控制点，将其设为浅灰色（#BDBABD），如图 13-103 所示。

（5）选择"颜料桶"工具，在图形的内部单击鼠标，如图 13-104 所示，选择"选择"工具，将圆角矩形的外边线选中，按 Delete 键将其删除，如图 13-105 所示。

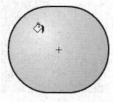

| 图 13-103 | 图 13-104 | 图 13-105 |

（6）单击"时间轴"面板下方的"新建图层"按钮，创建新图层并将其命名为"色块"，如

图 13-106 所示。选择"底"图层，按 Ctrl+C 组合键复制图形，选择"色块"图层，按 Ctrl+Shift+V 组合键，将复制的图形原位粘贴到当前位置，将其设为深蓝色（#378EC8），按 Ctrl+T 组合键，弹出"变形"面板，在面板中进行设置，如图 13-107 所示，按 Enter 键确认，效果如图 13-108 所示。

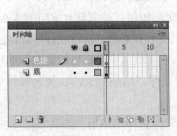

图 13-106   图 13-107   图 13-108

（7）单击"时间轴"面板下方的"新建图层"按钮，创建新图层并将其命名为"高光"，如图 13-109 所示。选择"钢笔"工具，在钢笔"属性"面板中，将"笔触高度"选项设为 0.1，在舞台窗口中绘制出一个图形，如图 13-110 所示。

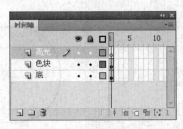

图 13-109   图 13-110

（8）选择"颜色"面板，在"类型"选项的下拉列表中选择"线性"，选中色带上左侧的控制点，将其设为白色，选中色带上右侧的控制点，将其设为白色，在"Alpha"选项中将其不透明度设为 2%，如图 13-111 所示。选择"颜料桶"工具，在图形中从左上方向右下方拖曳渐变色，如图 13-112 所示，松开鼠标，选择"选择"工具，单击图形的外边线，按 Delete 键将其删除，效果如图 13-113 所示。

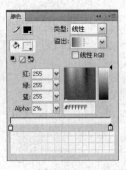

图 13-111   图 13-112   图 13-113

（9）单击"时间轴"面板下方的"新建图层"按钮，创建新图层并将其命名为"透明块"。

选择"色块"图层，按 Ctrl+C 组合键复制图形，选择"透明块"图层，按 Ctrl+Shift+V 组合键，将复制的图形粘贴到当前位置。在"变形"面板中进行设置，如图 13-114 所示，按 Enter 键确认。

（10）选择"颜色"面板，在"类型"选项的下拉列表中选择"线性"，选中色带上左侧的控制点，将其设为白色，在"Alpha"选项中将其不透明度设为 50%；选中色带上右侧的控制点，将其设为白色，在"Alpha"选项中将其不透明度设为 50%，如图 13-115 所示。选择"颜料桶"工具，在图形中从上方向下方拖曳渐变色，如图 13-116 所示，松开鼠标，选择"选择"工具，将图形拖曳到适当的位置，效果如图 13-117 所示。

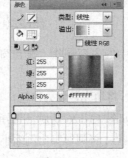

图 13-114　　　　　图 13-115　　　　　图 13-116　　　　　图 13-117

2．添加图案和文字

（1）单击"时间轴"面板下方的"新建图层"按钮，创建新图层并将其命名为"图案"。选择"矩形"工具，在矩形"属性"面板中，将"笔触颜色"选项设为白色，其他选项的设置如图 13-118 所示。

（2）在舞台窗口中绘制出一个矩形边线，效果如图 13-119 所示。将填充色设为白色，笔触色设为无，分别绘制矩形，效果如图 13-120 所示。选择"线条"工具，在线条"属性"面板中将"笔触高度"选项设为 1.5，按住 Shift 键的同时，在舞台窗口中绘制多条直线和斜线，效果如图 13-121 所示。

（3）选择"文本"工具，在文本"属性"面板中进行设置，在舞台窗口中输入需要的英文，效果如图 13-122 所示。

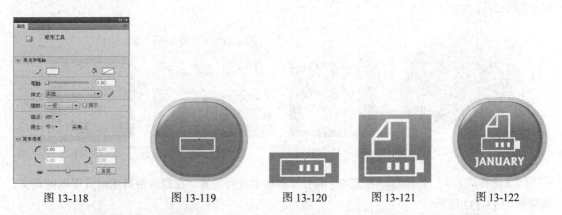

图 13-118　　　　　图 13-119　　　　　图 13-120　　　　　图 13-121　　　　　图 13-122

3．应用椭圆、矩形添加图案

（1）在"库"面板中，在图形元件"JANUARY"上单击鼠标右键，在弹出的菜单中选择"直接复制元件"命令，在弹出的对话框中进行设置，如图 13-123 所示，单击"确定"按钮，新建图形元件"FEBRUARY"。

（2）双击图形元件"FEBRUARY"，进入到图形元件舞台窗口中，在"时间轴"面板中，选择"色块"图层，选中图形，将图形的填充色设为绿色（#83B03E），效果如图 13-124 所示。

图 13-123

图 13-124

（3）选择"图案"图层，按 Delete 键将图层中的内容删除，舞台窗口中的效果如图 13-125 所示。

（4）选中"图案"图层，选择"椭圆"工具○，将填充色设为白色，笔触颜色设为白色，按住 Shift 键的同时，在舞台窗口中绘制一个圆形，效果如图 13-126 所示。选择"任意变形"工具，按住 Shift+Alt 组合键的同时，向内拖曳右上角的控制点，将圆形等比例缩小，效果如图 13-127 所示。

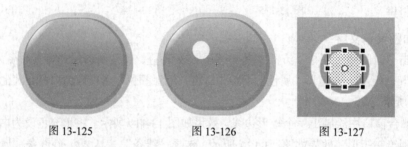

图 13-125   图 13-126   图 13-127

（5）用相同的方法，再绘制出如图 13-128 所示的图形。选择"矩形"工具，将笔触颜色设为无，在图形的下方绘制矩形，效果如图 13-129 所示。

（6）选择"多角星形"工具○，在多角星形"属性"面板中单击"选项"按钮，在弹出的"工具设置"对话框中进行设置，如图 13-130 所示，单击"确定"按钮，在舞台窗口中绘制图形，效果如图 13-131 所示。

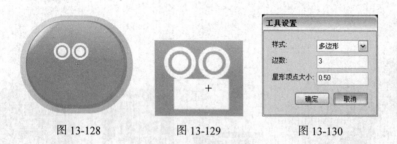

图 13-128   图 13-129   图 13-130   图 13-131

（7）选择"文本"工具，在文本"属性"面板中进行设置，在舞台窗口中输入需要的英文，效果如图 13-132 所示。

（8）用（1）的制作方法复制图形元件，如图 13-133 所示，单击"确定"按钮，新建图形元件，双击该图形元件，进入到舞台窗口中。在"时间轴"面板中，将"图案"图层中的内容删除，将"色块"图层中的图形设为紫色（#9F74A5），效果如图 13-134 所示。

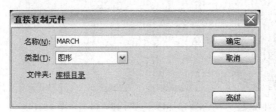

图 13-132　　　　　　　　　　　图 13-133　　　　　　　　　　　图 13-134

（9）选中"图案"图层，选择"矩形"工具▢，将笔触颜色设为无，填充色设为白色，在舞台窗口中绘制矩形，效果如图 13-135 所示。将填充色设为黑色，按住 Shift 键的同时，在白色矩形的上方绘制一个正方形，效果如图 13-136 所示。

（10）选择"选择"工具▸，将黑色正方形删除，效果如图 13-137 所示。选择"铅笔"工具✎，在工具箱下方的"铅笔模式"选项组中选择"平滑"模式 S。在铅笔"属性"面板中，将"笔触颜色"选项设为白色，"笔触高度"选项设为 1.5，在舞台窗口中绘制一条曲线，效果如图13-138 所示。

（11）选择"文本"工具 T，在文本"属性"面板中进行设置，在舞台窗口中输入需要的英文，效果如图 13-139 所示。

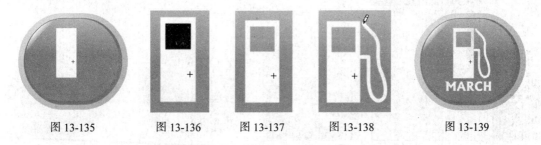

图 13-135　　　　图 13-136　　　　图 13-137　　　　图 13-138　　　　图 13-139

4．应用变形面板制作花朵图案

（1）用上述所讲的方法复制图形元件，如图 13-140 所示，单击"确定"按钮，新建图形元件，双击该图形元件，进入到舞台窗口中。

（2）在"时间轴"面板中，将"图案"图层中的内容删除，将"色块"图层中的图形设为灰色（#808488），效果如图 13-141 所示。

图 13-140　　　　　　　　　　　图 13-141

（3）选中"图案"图层，选择"椭圆"工具◯，在工具箱中将笔触颜色设为无，将填充色设为白色，在舞台窗口中绘制一个椭圆形，效果如图 13-142 所示。选择"部分选取"工具▸，在图形的外边线单击，出现多个节点，如图 13-143 所示。选中需要的节点，如图 13-144 所示，按 Delete 键将其删除，效果如图 13-145 所示，使用相同的方法删除需要的节点，效果如图13-146 所示。

图 13-142   图 13-143   图 13-144   图 13-145   图 13-146

（4）选择"任意变形"工具 ，选中图形，图形周围出现 8 个控制点，将中心点移动到如图 13-147 所示的位置。单击"重制选区和变形"按钮 ，复制图形，将"旋转"选项设为 35，如图 13-148 所示，在舞台窗口中复制的图形被旋转。

（5）单击 8 次"重制选区和变形"按钮 ，复制出 8 个图形，效果如图 13-149 所示。

（6）选择"选择"工具 ，按住 Shift 键，将复制的图形全部选中，按住 Alt 键的同时，向右下方拖曳当前选中的图形，复制图形。调出"颜色"面板，将"Alpha"选项设为 30，选择"任意变形"工具 ，调整其大小，效果如图 13-150 所示。

（7）选择"文本"工具 T，在文本"属性"面板中进行设置，在舞台窗口中输入需要的英文，效果如图 13-151 所示。

图 13-147   图 13-148   图 13-149   图 13-150   图 13-151

5. 应用任意变形工具和直线工具

（1）用上述所讲的方法复制图形元件，如图 13-152 所示，单击"确定"按钮，新建图形元件，双击该图形元件，进入到舞台窗口中。

（2）在"时间轴"面板中，将"图案"图层中的内容删除，将"色块"图层中的图形设为紫红色（#C1679A），效果如图 13-153 所示。

（3）选中"图案"图层，选择"椭圆"工具 ，在工具箱中将笔触颜色设为白色，填充色设为无，在椭圆"属性"面板中，将"笔触高度"选项设为 1，按住 Shift 键的同时，在舞台窗口中绘制一个圆形边线，如图 13-154 所示。

（4）在椭圆"属性"面板中，将"笔触高度"选项设为 3，按住 Shift 键的同时，绘制圆形边线，效果如图 13-155 所示。分别选中两个圆形边线，按 Ctrl+G 组合键组合图形。

图 13-152   图 13-153   图 13-154   图 13-155

（5）选择"矩形"工具 ，在工具箱中将笔触颜色设为无，填充色设为白色，分别在舞台窗口中绘制 3 个矩形，效果如图 13-156 所示。

（6）选择"任意变形"工具 ，按住 Shift 键的同时，将 3 个矩形同时选中，图形周围出现 8 个控制点，效果如图 13-157 所示。在工具箱中选中"扭曲"按钮 ，按住 Shift 键的同时，向上拖曳右下角控制点到适当的位置，如图 13-158 所示，松开鼠标，按 Ctrl+G 组合键，组合图形，在场景中的任意地方单击，控制点消失，效果如图 13-159 所示。

　　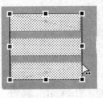　

图 13-156　　　　　图 13-157　　　　　图 13-158　　　　　图 13-159

（7）选择"任意变形"工具 ，选中扭曲后的图形，图形的周围出现 8 个控制点，将中心点移到如图 13-160 所示的位置。选择"选择"工具 ，在"变形"面板中单击"重制选区和变形"按钮 ，复制图形，将"旋转"选项设为 180，舞台窗口中的效果如图 13-161 所示。

（8）将两个图形同时选中，在"变形"面板中将"旋转"选项设为 – 15，按 Enter 键确认，效果如图 13-162 所示。

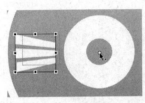　　　　　　

图 13-160　　　　　　　　　图 13-161　　　　　　　　　图 13-162

（9）选择"线条"工具 ，在线条"属性"面板中将"笔触颜色"选项设为白色，"笔触高度"选项设为 0.25，在舞台窗口中绘制出如图 13-163 所示的边线效果。选择"颜料桶"工具 ，在工具箱中将填充色设为白色，在图形内部单击鼠标填充颜色，并将边线删除，效果如图 13-164 所示。

（10）选择"椭圆"工具 ，在工具箱中将笔触颜色设为无，在舞台窗口中分别绘制两个椭圆形，如图 13-165 所示。选择"文本"工具 ，在文本"属性"面板中进行设置，在舞台窗口中输入需要的英文，效果如图 13-166 所示。

图 13-163　　　　　图 13-164　　　　　图 13-165　　　　　图 13-166

（11）用上述所讲的方法复制图形元件，如图 13-167 所示，单击"确定"按钮，新建图形元件，双击该图形元件，进入到舞台窗口中。

（12）在"时间轴"面板中，将"图案"图层中的内容删除，将"色块"图层中的图形设为浅褐色（#A29477），效果如图 13-168 所示。

图 13-167   图 13-168

（13）选择"线条"工具，在线条"属性"面板中将"笔触颜色"选项设为白色，"笔触高度"选项设为 0.25，在舞台窗口中绘制出如图 13-169 所示的边线效果。选择"颜料桶"工具，在工具箱中将填充色设为白色，在图形内部单击鼠标填充颜色，并将边线删除，效果如图 13-170 所示。

（14）选择"选择"工具，选中白色图形，按住 Alt 键的同时，向右上方拖曳复制当前选中的图形。选择"文本"工具，在文本"属性"面板中进行设置，在舞台窗口中输入需要的英文，效果如图 13-171 所示。

图 13-169   图 13-170   图 13-171

6. 应用钢笔工具、多角星形工具和铅笔工具

（1）用上述所讲的方法复制图形元件，如图 13-172 所示，单击"确定"按钮，新建图形元件，双击该图形元件，进入到舞台窗口中。

（2）在"时间轴"面板中，将"图案"图层中的内容删除，将"色块"图层中的图形设为蓝绿色（#21A3A2），效果如图 13-173 所示。

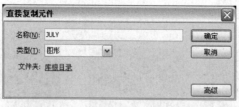

图 13-172   图 13-173

（3）选中"图案"图层，选择"钢笔"工具，在钢笔"属性"面板，将"笔触高度"选项设为 0.25，在舞台窗口中绘制出如图 13-174 所示的边线效果。

（4）选择"颜料桶"工具，在工具箱中将填充色设为白色，在边线内部单击鼠标填充颜色，选择"选择"工具 ⬆，双击边线将边线全部选中，按 Delete 键将其删除，效果如图 13-175 所示。

（5）选择"文本"工具 T，在文本"属性"面板中进行设置，在舞台窗口中输入需要的英文，效果如图 13-176 所示。

图 13-174　　　　　　　　　图 13-175　　　　　　　　　图 13-176

（6）用上述所讲的方法复制图形元件，如图 13-177 所示，单击"确定"按钮，新建图形元件，双击该图形元件，进入到舞台窗口中。

（7）在"时间轴"面板中，将"图案"图层中的内容删除，将"色块"图层中的图形设为橘红色（#D8360E），效果如图 13-178 所示。

（8）选中"图案"图层，选择"多角星形"工具 ⬡，在多角星形"属性"面板中单击"选项"按钮，在弹出的"工具设置"对话框中进行设置，如图 13-179 所示，单击"确定"按钮，将填充色设为白色，笔触颜色设为无，在舞台窗口中绘制图形，效果如图 13-180 所示。

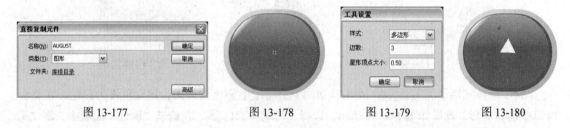

图 13-177　　　　　　　图 13-178　　　　　　　图 13-179　　　　　　　图 13-180

（9）选择"铅笔"工具 ✏，在铅笔"属性"面板中，将"笔触颜色"选项设为白色，"笔触高度"选项设为 4，在舞台窗口中绘制出一条曲线，效果如图 13-181 所示。选择"线条"工具 ＼，在线条"属性"面板中将"笔触高度"选项设为 1.2，在舞台窗口中绘制箭头效果，效果如图 13-182 所示。

（10）选择"文本"工具 T，在文本"属性"面板中进行设置，在舞台窗口中输入需要的英文，效果如图 13-183 所示。

图 13-181　　　　　　　　图 13-182　　　　　　　　图 13-183

（11）用上述所讲的方法复制图形元件，如图 13-184 所示，单击"确定"按钮，新建图形元件，双击该图形元件，进入到舞台窗口中。

（12）在"时间轴"面板中，将"图案"图层中的内容删除，将"色块"图层中的图形设为黄色（#C5B529），效果如图 13-185 所示。

图 13-184　　　　　　　　　　　图 13-185

（13）选中"图案"图层，选择"多角星形"工具 ⬡，在工具箱中将笔触设为无，填充色设为白色，在舞台窗口中绘制三角形，如图 13-186 所示。按住 Alt 键的同时，用鼠标选中图形并向下拖曳，可复制当前选中的图形，将其填充色设为黑色，如图 13-187 所示。将黑色图形删除，效果如图 13-188 所示。将相剪后的图形选中，按 Ctrl+G 组合键将其组合。

图 13-186　　　　　　　　图 13-187　　　　　　　　图 13-188

（14）选择"矩形"工具 ▭，在工具箱的下方将笔触颜色设为无，填充色设为白色，在舞台窗口中绘制矩形，效果如图 13-189 所示。选择"铅笔"工具 ✏，在铅笔"属性"面板中，将"笔触高度"选项设为 2.5，在舞台窗口中绘制出一条曲线，效果如图 13-190 所示。

（15）选择"文本"工具 T，在文本"属性"面板中进行设置，在舞台窗口中输入需要的英文，效果如图 13-191 所示。

图 13-189　　　　　　　　图 13-190　　　　　　　　图 13-191

（16）单击"时间轴"面板下方的"场景 1"图标 🎬 场景 1，进入"场景 1"舞台窗口，将"库"面板中的所有图形元件拖曳到舞台窗口中，效果如图 13-192 所示。

（17）选中如图 13-193 所示的图形元件，按 Ctrl+K 组合键，弹出"对齐"面板，在面板中分别单击"垂直中齐"按钮 ▯、"水平居中分布"按钮 ▮，如图 13-194 所示，舞台窗口中的效果如图 13-195 所示。使用相同的方法对齐其他图形元件，商业中心信息系统图标绘制完成，效果如图 13-196 所示。

图 13-192

图 13-193

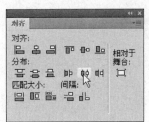

图 13-194

图 13-195

图 13-196

课堂练习——设计公司标志

【练习知识要点】使用矩形工具和颜色面板制作文字变形效果。使用墨水瓶工具勾画文字的轮廓，如图 13-197 所示。

【效果所在位置】光盘/Ch13/效果/设计公司标志.fla。

图 13-197

课后习题——商业项目标志

【习题知识要点】使用矩形工具绘制矩形。使用颜色面板为矩形添加渐变效果。使用线条工具绘制直线效果，如图 13-198 所示。

【效果所在位置】光盘/Ch13/效果/商业项目标志.fla。

图 13-198

第14章
贺卡设计

　　用 Flash CS4 软件制作的贺卡在网络上应用广泛，设计精美的 Flash 贺卡可以传递温馨的祝福，带给大家无限的欢乐。本章以多个类别的贺卡为例，为读者讲解贺卡的设计方法和制作技巧，读者通过学习要能够独立地制作出自己喜爱的贺卡。

课堂学习目标

- 了解贺卡的功能
- 了解贺卡的类别
- 掌握贺卡的设计思路
- 掌握贺卡的制作方法和技巧

14.1 贺卡设计概述

传递一张贺卡的网页链接，收卡人在收到这个链接地址后，只需点击就可以打开贺卡图片。贺卡的种类很多，有静态图片的，也有动画的，甚至还有带美妙音乐的，如图 14-1 所示。发送电子贺卡其实是件很容易的事，而且大部分是免费的。

图 14-1

14.2 圣诞节贺卡

14.2.1 案例分析

圣诞节已经成为一个全世界人民都喜欢的节日。在这个节日里，大家交换礼物，邮寄圣诞贺卡。本例将设计制作圣诞节电子贺卡，贺卡要表现出圣诞节的重要元素，表达出欢快温馨的节日气氛。

红色与白色相映成趣的圣诞老人是圣诞节活动中最受欢迎的人物。在设计过程中，通过软件对圣诞老人进行有趣的动画设计，目的是活跃贺卡的气氛。再通过舞台、礼物和祝福语等元素充分体现出圣诞节的欢庆和喜悦。

本例将使用任意变形工具旋转图形的角度；使用椭圆工具和颜色面板制作透明圆效果；使用逐帧动画制作圣诞老人动画效果；使用属性面板调整图形的颜色。

14.2.2 案例设计

本案例的设计流程如图 14-2 所示。

制作圣诞老人动画

制作舞台光

制作开场动画

添加祝福语

最终效果

图 14-2

14.2.3 案例制作

1.制作铃铛晃动效果

（1）选择"文件 > 新建"命令，在弹出的"新建文档"对话框中选择"Flash 文件"选项，单击"确定"按钮，进入新建文档舞台窗口。按 Ctrl+F3 组合键，弹出文档"属性"面板，单击面板中的"编辑"按钮 编辑...，弹出"文档属性"对话框，将舞台窗口的宽设为 500，高设为384，"背景颜色"选项设为粉色（#FFCFFF），单击"确定"按钮，改变舞台窗口的大小。

（2）选择"文件 > 导入 > 导入到库"命令，在弹出的"导入到库"对话框中选择"Ch14 >素材 > 圣诞节贺卡 > 01、02、03、04、05、06、07、08、09、10"文件，单击"打开"按钮，文件被导入到库面板中。

（3）选择"窗口 > 库"命令，弹出"库"面板，单击面板下方的"新建元件"按钮，弹出"创建新元件"对话框，在"名称"选项的文本框中输入"铃铛动"，在"类型"选项下拉列表中选择"影片剪辑"选项，单击"确定"按钮，新建影片剪辑元件"铃铛动"，舞台窗口也随之转换为影片剪辑的舞台窗口。

（4）将"库"面板中的图形"元件3"拖曳到舞台窗口中，效果如图 14-3 所示。选择"任意变形"工具，在图形的周围出现控制点，将中心点移动到适当的位置，如图 14-4 所示。选择"选择"工具，选中"图层 1"的第 15 帧、第 30 帧、第 45 帧、第 60 帧，按 F6 键，在选中的帧上插入关键帧，如图 14-5 所示。

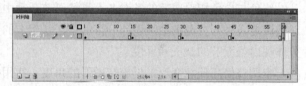

图 14-3　　　　　图 14-4　　　　　　　　　　　　　　　　图 14-5

（5）选中"图层 1"的第 1 帧，调出"变形"面板，将"旋转"选项设为 – 35，如图 14-6 所示，按 Enter 键，图形逆时针旋转 35°，效果如图 14-7 所示。选中第 30 帧，在"变形"面板中将"旋转"选项设为 35，按 Enter 键，图形顺时针旋转 35°，如图 14-8 所示。

图 14-6　　　　　　　图 14-7　　　　　　图 14-8

（6）选中第 60 帧，在"变形"面板中将"旋转"选项设为 – 35，按 Enter 键，图形逆时针旋转 35°。用鼠标右键分别单击"图层 1"的第 1 帧、第 15 帧、第 30 帧、第 45 帧，在弹出的菜单中选择"创建传统补间"命令，生成动作补间动画，效果如图 14-9 所示。

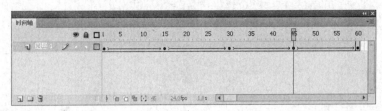

图 14-9

2．制作圆动画效果

（1）单击"库"面板下方的"新建元件"按钮，弹出"创建新元件"对话框，在"名称"选项的文本框中输入"圆"，在"类型"选项下拉列表中选择"图形"选项，单击"确定"按钮，新建图形元件"圆"，如图 14-10 所示。舞台窗口也随之转换为图形元件的舞台窗口。

（2）调出"颜色"面板，将笔触颜色设为无，选中"填充颜色"按钮，在"类型"选项的下拉列表中选择"放射状"，将左侧的控制点设为白色，并向右拖曳，在"Alpha"选项中将不透明度选项设为 0%；将右侧的控制点设为白色，在"Alpha"选项中将不透明度选项设为 50%，如图 14-11 所示。

（3）选择"椭圆"工具，选中工具箱下方的"对象绘制"按钮，按住 Shift 键的同时绘制圆形。选中圆形，在"属性"面板中，将"宽度"和"高度"选项均设为 74，图形效果如图 14-12 所示。

（4）选择"椭圆"工具，将填充色设为白色，按住 Shift 键的同时绘制圆形。选中圆形，在"属性"面板中，将"宽度"和"高度"选项均设为 50，如图 14-13 所示。在"颜色"面板中的"类型"选项下拉列表中选择"线性"，将控制点全部设为白色，将左侧控制点的"Alpha"选项设为 0%，右侧控制点的"Alpha"选项设为 100%，如图 14-14 所示。

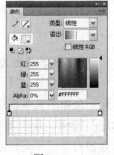

图 14-10　　　　　　图 14-11　　　　　　图 14-12　　　　　　图 14-13　　　　　　图 14-14

（5）选择"颜料桶"工具，从白色圆形的右下方向左上方拖曳渐变色，如图 14-15 所示，松开鼠标，效果如图 14-16 所示。选择"选择"工具，选中圆形，在"变形"面板中单击"复制选区和变形"按钮，复制图形，将"缩放宽度"和"缩放高度"选项均设为 70，"旋转"选项设为 180，如图 14-17 所示。拖曳复制出的图形到适当的位置，效果如图 14-18 所示。

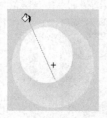

图 14-15

图 14-16

图 14-17

图 14-18

（6）单击"库"面板下方的"新建元件"按钮🔲，弹出"创建新元件"对话框，在"名称"选项的文本框中输入"圆动"，在"类型"选项下拉列表中选择"影片剪辑"选项，单击"确定"按钮，新建影片剪辑元件"圆动"，舞台窗口也随之转换为影片剪辑的舞台窗口。将"库"面板中的图形"圆"拖曳到舞台窗口中，选中"图层 1"的第 40 帧、第 80 帧，在选中的帧上按 F6 键，插入关键帧，如图 14-19 所示。

（7）选中第 40 帧，在舞台窗口中选中"圆"实例，在"变形"面板中，将"缩放宽度"和"缩放高度"选项均设为 150，如图 14-20 所示，按 Enter 键，实例变大，效果如图 14-21 所示。分别用鼠标右键单击"图层 1"的第 1 帧、第 40 帧，在弹出的菜单中选择"创建传统补间"命令，生成动作补间动画。

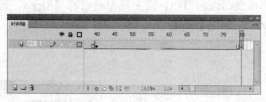

图 14-19

图 14-20

图 14-21

3. 制作舞台光和圣诞老人动画效果

（1）单击"库"面板下方的"新建元件"按钮🔲，弹出"创建新元件"对话框，在"名称"选项的文本框中输入"舞台光"，在"类型"选项下拉列表中选择"图形"选项，单击"确定"按钮，新建图形元件"舞台光"，如图 14-22 所示，舞台窗口也随之转换为图形元件的舞台窗口。

（2）选择"文件 > 导入 > 导入到舞台"命令，在弹出的"导入"对话框中选择"Ch14 > 素材 > 圣诞节贺卡 >11"文件，单击"打开"按钮，文件被导入到舞台窗口中，如图 14-23 所示。单击"新建元件"按钮🔲，新建影片剪辑元件"舞台光动"，如图 14-24 所示。将"库"面板中的图形"舞台光"拖曳到舞台窗口中，选择"任意变形"工具▦，在实例的周围出现控制点，将中心点移动到下方中间控制点上，效果如图 14-25 所示。

图 14-22　　　　　　图 14-23　　　　　　图 14-24　　　　　　图 14-25

（3）选择"选择"工具 ，选中"图层 1"的第 10 帧、第 20 帧，按 F6 键，在选中的帧上插入关键帧，如图 14-26 所示。选中第 10 帧，在舞台窗口中选择实例，在"变形"面板中，将"缩放宽度"和"缩放高度"选项均设为 110，如图 14-27 所示。分别用鼠标右键单击"图层 1"的第 1 帧、第 10 帧，在弹出的菜单中选择"创建传统补间"命令，生成动作补间动画。

（4）单击"新建元件"按钮 ，新建影片剪辑元件"圣诞老人"。将"库"面板中的图形"元件 7"和"元件 8"拖曳到舞台窗口中，效果如图 14-28 所示。选中"图层 1"的第 6 帧，插入关键帧，选中第 10 帧，插入普通帧，效果如图 14-29 所示。

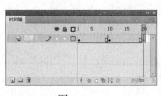

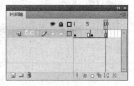

图 14-26　　　　　　图 14-27　　　　　　图 14-28　　　　　　图 14-29

（5）选中第 6 帧，在舞台窗口中选中"元件 7"实例，按两次键盘上的向下键，移动图形的位置，如图 14-30 所示。单击"时间轴"面板下方的"新建图层"按钮，新建"图层 2"，再次拖曳"库"面板中的图形"元件 7"和"元件 8"到舞台窗口中。单击"图层 2"的图层名称，将图形全部选中，在图形"属性"面板中的"样式"选项下拉列表中选择"色调"，将颜色设为白色，如图 14-31 所示，舞台效果如图 14-32 所示。

图 14-30　　　　　　图 14-31　　　　　　图 14-32

（6）将"图层 2"拖曳到"图层 1"的下方。选择"任意变形"工具 ，等比例放大"图层 2"中的图形，效果如图 14-33 所示。

（7）单击"新建元件"按钮 ，新建图形元件"字 1"。选择"文本"工具 ，在文本"属性"面板中进行设置，在舞台窗口中输入需要的橘红色（#FF6600）文字，如图 14-34 所示。选择"选择"工具 ，选中文字，按住 Alt 键的同时，向右上方拖曳文字，将复制出的文字填充色设为黄色（#FFFF00），效果如图 14-35 所示。

图 14-33　　　　　　　　图 14-34　　　　　　　　图 14-35

（8）用相同的方法，制作图形元件"字 1"、"字 2"，如图 14-36 所示。单击"新建元件"按钮 ，新建图形元件"字 4"。选择"文本"工具 ，在文本"属性"面板中进行设置，在舞台窗口中输入需要的橘红色（#FF6600）英文，选择"选择"工具 ，选中英文，按住 Alt 键的同时，向右上方拖曳英文，复制英文并调整大小，文字效果如图 14-37 所示。

（9）选择"刷子"工具 ，在工具箱中将填充色设为白色，在工具箱下方的"刷子大小"选项中将笔刷设为第 2 个，将"刷子形状"选项设为第 1 个，在舞台窗口的文字上绘制积雪效果，如图 14-38 所示。

 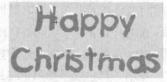

图 14-36　　　　　　　　图 14-37　　　　　　　　图 14-38

4．制作动画效果

（1）单击"时间轴"面板下方的"场景 1"图标 ，进入"场景 1"的舞台窗口。将"图层 1"重命名为"舞台光"，选中"舞台光"图层的第 168 帧，按 F5 键，插入普通帧。选中第 132 帧，插入关键帧，将"库"面板中的影片剪辑元件"舞台光动"向舞台窗口拖曳 3 次，并应用"任意变形"工具 调整大小和适当的角度，效果如图 14-39 所示。

（2）选择左侧的"舞台光动"实例，在影片剪辑"属性"面板中的"样式"选项下拉列表中选择"色调"，各选项的设置如图 14-40 所示。选择右侧的"舞台光动"实例，在影片剪辑"属性"

面板中的"样式"选项下拉列表中选择"色调"，各选项的设置如图 14-41 所示，舞台效果如图 14-42 所示。

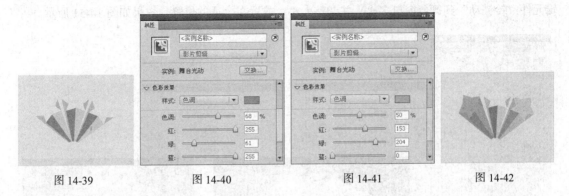

图 14-39　　　　　图 14-40　　　　　图 14-41　　　　　图 14-42

（3）在"时间轴"面板中创建新图层并将其命名为"舞台"，选中"舞台"图层的第 91 帧，在该帧上插入关键帧，将"库"面板中的图形"元件 5"拖曳到舞台窗口的下方，并调整大小，效果如图 14-43 所示。选中"舞台"图层的第 132 帧，插入关键帧，将图形"元件 5"垂直向上拖曳，效果如图 14-44 所示。用鼠标右键单击"舞台"图层的第 91 帧，在弹出的菜单中选择"创建传统补间"命令，生成动作补间动画，如图 14-45 所示。

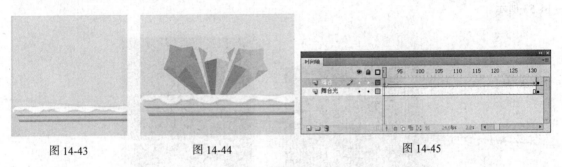

图 14-43　　　　　图 14-44　　　　　　　　图 14-45

（4）在"时间轴"面板中创建新图层并将其命名为"圣诞礼品"，将"库"面板中的"元件 4"拖曳到舞台窗口的下方，如图 14-46 所示。分别选中"圣诞礼品"图层的第 91 帧、第 132 帧，在选中的帧上插入关键帧。选中第 132 帧，在舞台窗口中选择"元件 4"实例，将其等比例缩小并向下拖曳，效果如图 14-47 所示。用鼠标右键单击"圣诞礼品"图层的第 91 帧，在弹出的菜单中选择"创建传统补间"命令，生成动作补间动画。

（5）在"时间轴"面板中创建新图层并将其命名为"上帘"，将播放头拖曳到第 1 帧处，将"库"面板中的图形"元件 1"拖曳到舞台窗口的上方，如图 14-48 所示。

图 14-46　　　　　图 14-47　　　　　图 14-48

（6）将"库"面板中的影片剪辑元件"铃铛动"拖曳到舞台窗口中，调出"变形"面板，在面板中进行设置，如图 14-49 所示，舞台效果如图 14-50 所示。再次拖曳"库"面板中的影片剪辑元件"铃铛动"到舞台窗口多次，并调整大小，放置在合适的位置，效果如图 14-51 所示。

图 14-49   图 14-50   图 14-51

（7）在"时间轴"面板中创建新图层并将其命名为"幕布"，将"库"面板中的图形"元件 2"拖曳到舞台窗口中，如图 14-52 所示。分别选中"幕布"图层的第 45 帧、第 91 帧，在选中的帧上插入关键帧，选中"幕布"图层的第 91 帧，在舞台窗口中选择实例，将其垂直向上拖曳，如图 14-53 所示。

图 14-52   图 14-53

（8）拖曳"幕布"图层到"上帘"图层的下方，并用鼠标右键单击"幕布"图层的第 45 帧，在弹出的菜单中选择"创建传统补间"命令，生成动作补间动画，如图 14-54 所示。在"上帘"图层的上方创建新图层并将其命名为"圣诞老人"，选中"圣诞老人"图层的第 132 帧，插入关键帧，将"库"面板中的影片剪辑元件"圣诞老人"拖曳到舞台窗口的右侧，效果如图 14-55 所示。

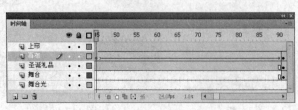

图 14-54   图 14-55

（9）在"时间轴"面板中创建新图层并将其命名为"透明圆"，将"库"面板中的影片剪辑"圆动"向舞台窗口拖曳多次，并分别调整大小，效果如图 14-56 所示。在"时间轴"面板中创建新图层并将其命名为"圆盘"，选中"圆盘"图层的第 45 帧，在该帧上插入关键帧，将"库"面板中的"元件 6"拖曳到舞台窗口中，并调整其大小，效果如图 14-57 所示。

图 14-56　　　　　　　　　　　　　　　图 14-57

（10）选中"圆盘"图层的第 91 帧，插入关键帧，在舞台窗口中将其垂直向下拖曳，效果如图 14-58 所示。用鼠标右键单击"圆盘"图层的第 45 帧，在弹出的菜单中选择"创建传统补间"命令，生成动作补间动画。将"圆盘"图层拖曳到"舞台"图层的下方，如图 14-59 所示。

图 14-58　　　　　　　　　　　　　　　图 14-59

（11）在"时间轴"面板中创建新图层并将其命名为"礼物"，选中"礼物"图层的第 132 帧，插入关键帧，如图 14-60 所示。将"库"面板中的图形"元件 9"拖曳到舞台窗口中，选择"任意变形"工具，调整图形大小，效果如图 14-61 所示。

（12）分别选中"礼物"图层的第 157 帧、第 168 帧，在选中的帧上插入关键帧。选中"礼物"图层的第 157 帧，在舞台窗口中选中"元件 9"实例，在舞台窗口中移动图形的位置并调整大小，如图 14-62 所示。选中"礼物"图层的第 168 帧，在舞台窗口中选中"元件 9"实例，在舞台窗口中移动图形的位置并调整大小，如图 14-63 所示。分别用鼠标右键单击"礼物"图层的第 132 帧、第 157 帧，在弹出的菜单中选择"创建传统补间"命令，生成动作补间动画。

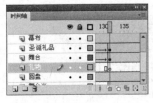

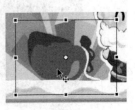

图 14-60　　　　　　图 14-61　　　　　　图 14-62　　　　　　图 14-63

（13）在"透明圆"图层的上方创建新图层并将其命名为"字1"。将"库"面板中的图形"字1"拖曳到舞台窗口的下方，如图14-64所示。分别选中"字1"图层的第17帧、第32帧、第45帧，在选中的帧上插入关键帧。选中第1帧，在舞台窗口中选中"字1"实例，在图形"属性"面板中的"样式"选项下拉列表中选择"Alpha"，将其数值设为0，如图14-65所示，文字效果如图14-66所示。

图 14-64

图 14-65

图 14-66

（14）选中"字1"图层的第45帧，在舞台窗口中选择"字1"实例，将其向舞台左外侧水平拖曳，效果如图14-67所示。分别用鼠标右键单击"字1"图层的第1帧、第32帧，在弹出的菜单中选择"创建传统补间"命令，生成动作补间动画，如图14-68所示。

图 14-67

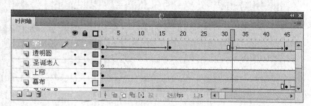
图 14-68

（15）单击"时间轴"面板下方的"新建图层"按钮，创建新图层并将其命名为"字2"，选中"字2"图层的第45帧，插入关键帧，将"库"面板中的"字2"拖曳到舞台窗口中，如图14-69所示。分别选中"字2"图层的第63帧、第87帧、第99帧，在选中的帧上插入关键帧。选中"字2"图层的第45帧，在舞台窗口中选中"字2"实例，将其垂直向下拖曳，如图14-70所示。

图 14-69

图 14-70

（16）选中"字 2"图层的第 99 帧，在舞台窗口中选中"字 2"实例，在图形"属性"面板中的"样式"选项下拉列表中选择"Alpha"，将其数值设为 0，如图 14-71 所示。分别用鼠标右键单击"字 2"图层的第 45 帧、第 87 帧，在弹出的菜单中选择"创建传统补间"命令，生成动作补间动画，如图 14-72 所示。

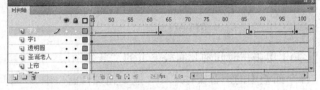

图 14-71　　　　　　　　　　　　　　　　图 14-72

（17）单击"时间轴"面板下方的"新建图层"按钮，创建新图层并将其命名为"字 3"，选中"字 3"图层的第 100 帧，插入关键帧，将"库"面板中的"字 3"拖曳到舞台窗口中，如图 14-73 所示。分别选中"字 3"图层的第 117 帧、第 137 帧、第 149 帧，在选中的帧上插入关键帧。选中"字 3"图层的第 100 帧，在舞台窗口中选中"字 3"实例，在图形"属性"面板中的"样式"选项下拉列表中选择"Alpha"，将其数值设为 0，如图 14-74 所示。

图 14-73　　　　　　　　　　　　　　　　图 14-74

（18）选中"字 3"图层的第 149 帧，在舞台窗口中选中"字 3"实例，将其垂直向下拖曳，如图 14-75 所示。分别用鼠标右键单击"字 3"图层的第 100 帧、第 137 帧，在弹出的菜单中选择"创建传统补间"命令，生成动作补间动画，如图 14-76 所示。

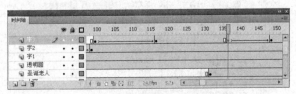

图 14-75　　　　　　　　　　　　　　　　图 14-76

（19）单击"时间轴"面板下方的"新建图层"按钮，创建新图层并将其命名为"字 4"，选中"字 4"图层的第 149 帧，插入关键帧，将"库"面板中的图形"字 4"拖曳到舞台窗口中，并调整大小，效果如图 14-77 所示。选中"字 4"图层的第 168 帧，插入关键帧，选中"字 4"图层的第 149 帧，在舞台窗口中选中"字 4"实例，将其等比放大。用鼠标右键单击"字 4"图层的第 149 帧，在弹出的菜单中选择"创建传统补间"命令，生成动作补间动画，如图 14-78 所示。

图 14-77　　　　　　　　　　　　　　　图 14-78

（20）单击"时间轴"面板下方的"新建图层"按钮，创建新图层并将其命名为"音乐"，将"库"面板中的声音文件"10"拖曳到舞台窗口中，"时间轴"面板如图 14-79 所示。选中"音乐"图层的第 1 帧，在帧"属性"面板中，选择"声音"选项组，在"同步"选项中选择"事件"，将"声音循环"选项设为"循环"。创建新图层并将其命名为"动作脚本"，选中"动作脚本"图层的第 168 帧，在该帧上插入关键帧，如图 14-80 所示。

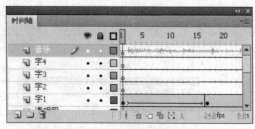

图 14-79　　　　　　　　　　　　　　　图 14-80

（21）在"动作"面板（其快捷键为 F9）的左上方下拉列表中选择"ActionScript 1.0 & 2.0"，单击"将新项目添加到脚本中"按钮，在弹出的菜单中选择"全局函数 > 时间轴控制 > stop"命令，如图 14-81 所示，在"脚本窗口"中显示出选择的脚本语言，如图 14-82 所示。设置好动作脚本后，关闭"动作"面板。在"动作脚本"图层的第 168 帧上显示出一个标记"a"。圣诞节贺卡制作完成，按 Ctrl+Enter 组合键即可查看效果。

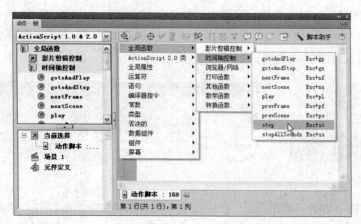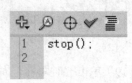

图 14-81　　　　　　　　　　　　　　　图 14-82

14.3　端午节贺卡

14.3.1　案例分析

农历五月初五为"端午节"，是我国的传统节日。这一天必不可少的活动有：吃粽子、赛龙舟、挂菖蒲和艾叶、喝雄黄酒等。端午节电子贺卡要体现出传统节日的特色和民俗风味。

在设计制作过程中，先制作出江水和船的动画，再制作出竹子晃动的动画来烘托端午节的气氛，通过粽子的出场动画效果和祝福语动画的运用体现端午节贺卡的设计主题。贺卡四周的传统装饰纹样体现出这个节日的历史和文化魅力。

本例将使用铅笔工具和颜料桶工具绘制小船倒影效果；使用任意变形工具制作图形动画效果；使用文本工具添加文字效果。

14.3.2　案例设计

本案例的设计流程如图 14-83 所示。

制作小船游动效果　　　制作竹子晃动效果

添加粽子图片　　　添加祝福语　　　最终效果

图 14-83

14.3.3　案例制作

1．制作小船倒影动画

（1）选择"文件 > 新建"命令，在弹出的"新建文档"对话框中选择"Flash 文件"选项，单击"确定"按钮，进入新建文档舞台窗口。按 Ctrl+F3 组合键，弹出文档"属性"面板，单击面板中的"编辑"按钮 编辑... ，弹出"文档属性"对话框，将舞台窗口的宽设为 520，高设为 400，单击"确定"按钮，改变舞台窗口的大小。将"FPS"选项设为 12。

（2）选择"文件 > 导入 > 导入到库"命令，在弹出的"导入到库"对话框中选择"Ch14 > 素材 > 端午节贺卡 > 01、02、03、04、05、06、07、08"文件，单击"打开"按钮，文件被导入到库面板中。

（3）按 Ctrl+L 组合键，调出"库"面板，在"库"面板下方单击"新建元件"按钮■，弹出"创建新元件"对话框，在"名称"选项的文本框中输入"小船动"，在"类型"选项的下拉列表中选择"影片剪辑"选项，单击"确定"按钮，新建影片剪辑"小船动"，如图 14-84 所示，舞台窗口也随之转换为影片剪辑的舞台窗口。将"图层 1"重命名为"小船"，在"库"面板中将图形"元件 6"拖曳到舞台窗口中，效果如图 14-85 所示。选中"小船"图层的第 4 帧，在该帧上插入普通帧，如图 14-86 所示。

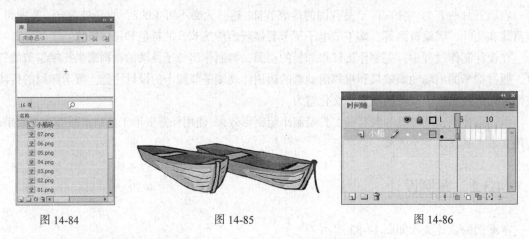

图 14-84 图 14-85 图 14-86

（4）单击"时间轴"面板下方的"新建图层"按钮■，创建新图层并将其命名为"倒影"。选择"铅笔"工具■，将笔触颜色设为黑色，在工具箱下方的"铅笔模式"选项组中选择"平滑"模式，在小船的下方绘制一条封闭的曲线，如图 14-87 所示。

（5）选择"颜料桶"工具■，将填充色设为墨绿色（#666600），在工具箱下方的"空隙大小"选项组中选择"封闭大空隙"模式■，调出"颜色"面板，将"Alpha"选项设为 30%，选中"倒影"图层的第 1 帧，用鼠标在封闭的曲线中单击，填充颜色，选择"选择"工具■，将边线删除，如图 14-88 所示。

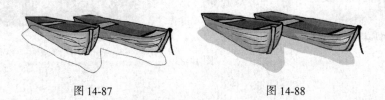

图 14-87 图 14-88

（6）选中"倒影"图层的第 3 帧，按 F6 键，在该帧上插入关键帧，如图 14-89 所示。选择"任意变形"工具■，在舞台窗口中的图形上出现控制框，向下拖曳控制框下方中间的控制点，如图 14-90 所示。在"时间轴"面板中，拖曳"倒影"图层到"小船"图层的下方，如图 14-91 所示。

 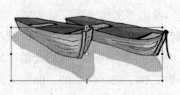 

图 14-89 图 14-90 图 14-91

2．制作动画 1

（1）单击"时间轴"面板下方的"场景 1"图标 ，进入"场景 1"的舞台窗口。将"图层 1"重命名为"背景图"。将"库"面板中的位图"01"文件拖曳到舞台窗口中，如图 14-92 所示。单击"背景图"图层的第 136 帧，在该帧上插入普通帧。

（2）单击"时间轴"面板下方的"新建图层"按钮 ，创建新图层并将其命名为"竹子 1"。将"库"面板中的图形"元件 3"拖曳到舞台窗口的左侧，并调整其大小，效果如图 14-93 所示。选中"竹子 1"图层的第 20 帧，按 F6 键，在该帧上插入关键帧，选中第 41 帧，按 F7 键，在该帧上插入空白关键帧。

图 14-92　　　　　　　　　　　　　　　图 14-93

（3）选择"竹子 1"图层的第 1 帧，在舞台窗口中将"元件 3"实例向左拖曳，效果如图 14-94 所示。用鼠标右键单击第 1 帧，在弹出的菜单中选择"创建传统补间"命令，在第 1 帧到第 20 帧之间生成动作补间动画。

（4）单击"时间轴"面板下方的"新建图层"按钮 ，创建新图层并将其命名为"粽子 1"。将"库"面板中的图形"元件 4"拖曳到舞台窗口的右下方，并调整其大小，效果如图 14-95 所示。

（5）选中"粽子 1"图层的第 20 帧，按 F6 键，在该帧上插入关键帧，选中第 41 帧，按 F7 键，在该帧上插入空白关键帧。选中第 1 帧，在舞台窗口中将粽子向下拖曳，效果如图 14-96 所示。用鼠标右键单击第 1 帧，在弹出的菜单中选择"创建传统补间"命令，在第 1 帧到第 20 帧之间生成动作补间动画。

图 14-94　　　　　　　　　　图 14-95　　　　　　　　　图 14-96

3．制作动画 2

（1）单击"时间轴"面板下方的"新建图层"按钮 ，创建新图层并将其命名为"风景"。选中第 41 帧，按 F6 键，在该帧上插入关键帧，将"库"面板中的图形"元件 5"拖曳到舞台窗口中，调出"对齐"面板，单击"右对齐"按钮 ，将图形右对齐显示，效果如图 14-97 所示。

（2）在"风景"图层的第 80 帧上按 F6 键，在该帧上插入关键帧，在舞台窗口中，单击"左对齐"按钮▤，将图形左对齐显示，在第 41 帧处单击鼠标右键，在弹出的菜单中选择"创建传统补间"命令，在第 41 帧到第 80 帧之间生成动作补间动画。在第 101 帧处按 F7 键，插入空白关键帧，效果如图 14-98 所示。

图 14-97　　　　　　　　　　　　　　　　图 14-98

（3）单击"时间轴"面板下方的"新建图层"按钮▣，创建新图层并将其命名为"小船"。分别在第 41 帧、第 101 帧插入关键帧。选中第 41 帧，将"库"面板中的影片剪辑"小船动"拖曳到舞台窗口中并调整其大小，效果如图 14-99 所示。

（4）单击"时间轴"面板下方的"新建图层"按钮▣，创建新图层并将其命名为"竹子 2"。分别在第 41 帧、第 101 帧插入关键帧。选中第 41 帧，将"库"面板中的图形"元件 3"拖曳到舞台窗口中，选择"修改 > 变形 > 水平翻转"命令，将其水平翻转，效果如图 14-100 所示。

图 14-99　　　　　　　　　　　　　　　　图 14-100

（5）选择"任意变形"工具▨，图形的周围出现控制点，移动中心点到如图 14-101 所示的位置。选择"选择"工具▸，在"竹子 2"图层的第 50 帧、第 60 帧、第 70 帧、第 80 帧、第 90 帧、第 100 帧上插入关键帧，如图 14-102 所示。

　　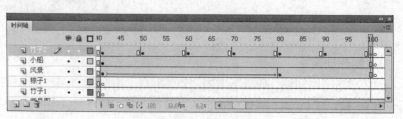

图 14-101　　　　　　　　　　　　　　图 14-102

（6）选中"竹子 2"图层的第 50 帧，在"变形"面板中进行设置，如图 14-103 所示。用相同的方法，设置第 70 帧、第 90 帧。分别在第 40 帧、第 50 帧、第 60 帧、第 70 帧、第 80 帧、第 90 帧上单击鼠标右键，在弹出的菜单中选择"创建传统补间"命令，生成动作补间动画，效果如图 14-104 所示。

图 14-103

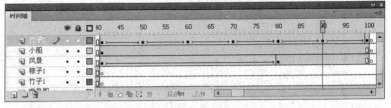

图 14-104

（7）单击"时间轴"面板下方的"新建图层"按钮 ，创建新图层并将其命名为"粽子 2"。在第 101 帧插入关键帧，将"库"面板中的图形"元件 7"拖曳到舞台窗口中，效果如图 14-105 所示。在 136 帧上插入关键帧。

（8）选中"粽子 2"图层的第 101 帧，在舞台窗口中选中"元件 7"实例，在"属性"面板的"样式"下拉列表中选择"Alpha"，将其数值设为 0，如图 14-106 所示，舞台窗口中的效果如图 14-107 所示。用鼠标右键单击第 101 帧，在弹出的菜单中选择"创建传统补间"命令，生成动作补间动画，如图 14-108 所示。

图 14-105

图 14-106

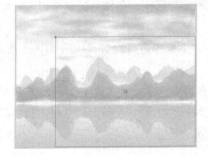

图 14-107

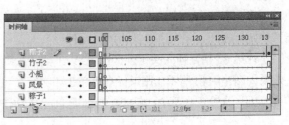

图 14-108

4．制作文字动画

（1）单击"时间轴"面板下方的"新建图层"按钮 ，创建新图层并将其命名为"文字 1"。将播放头放置到第 1 帧处，选择"文本"工具 ，在文本"属性"面板中进行设置，在舞台窗口中输入需要的文字，效果如图 14-109 所示。

（2）将文字选中，按 F8 键，在弹出的"转换为元件"对话框中进行设置，如图 14-110 所示，单击"确定"按钮，将文字转换为图形元件。

（3）在第 20 帧上插入关键帧，在第 41 帧上插入空白关键帧。选中第 1 帧，在舞台窗口中选中元件"文字 1"，拖曳到舞台窗口的右上方，效果如图 14-111 所示。

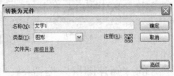
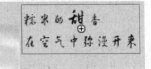

| 图 14-109 | 图 14-110 | 图 14-111 |

（4）用鼠标右键单击"文字 1"图层的第 1 帧，在弹出的菜单中选择"创建传统补间"命令，在第 1 帧到第 20 帧之间生成动作补间动画。单击"时间轴"面板下方的"新建图层"按钮 ，创建新图层并将其命名为"文字 2"，在第 41 帧、第 101 帧上插入关键帧，如图 14-112 所示。

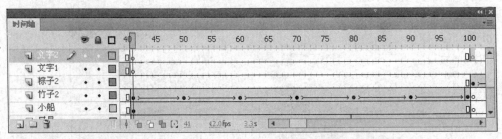

图 14-112

（5）选中"文字 2"图层的第 41 帧，选择"文本"工具 ，在文本"属性"面板中单击"方向"选项右侧的按钮，在弹出的列表中选择"垂直，从右向左"选项，在舞台窗口中输入需要的文字，效果如图 14-113 所示。

（6）将文字选中，按 F8 键，在弹出的"转换为元件"对话框中进行设置，如图 14-114 所示，单击"确定"按钮，将文字转换为图形元件。

（7）在第 60 帧处插入关键帧，选中第 41 帧，在舞台窗口中选中元件"文字 2"，将其向左拖曳，效果如图 14-115 所示。用鼠标右键单击"文字 2"图层的第 41 帧，在弹出的菜单中选择"创建传统补间"命令，在第 41 帧到第 60 帧之间生成动作补间动画。

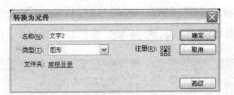

图 14-113　　　　　　　　　　图 14-114　　　　　　　　　　图 14-115

（8）单击"时间轴"面板下方的"新建图层"按钮，创建新图层并将其命名为"文字 3"，在第 101 帧处插入关键帧，选择"文本"工具 T，在文本"属性"面板中进行设置，在舞台窗口中输入需要的绿色（#003300）文字，效果如图 14-116 所示。

（9）将文字选中，按 F8 键，在弹出的"转换为元件"对话框中进行设置，如图 14-117 所示，单击"确定"按钮，将文字转换为图形元件。

（10）在第 136 帧上插入关键帧，选中第 101 帧，在舞台窗口中将元件"文字 3"向上拖曳，如图 14-118 所示。用鼠标右键单击"文字 3"图层的第 101 帧，在弹出的菜单中选择"创建传统补间"命令，在第 101 帧到第 136 帧之间生成动作补间动画。

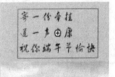

图 14-116　　　　　　　　　　图 14-117　　　　　　　　　　图 14-118

5．添加音乐和动作脚本

（1）单击"时间轴"面板下方的"新建图层"按钮，创建新图层并将其命名为"透明框"。将"库"面板中的位图"02"文件拖曳到舞台窗口中，效果如图 14-119 所示。单击"时间轴"面板下方的"新建图层"按钮，创建新图层并将其命名为"音乐"。将"库"面板中的声音文件"08"拖曳到舞台窗口中，"时间轴"面板如图 14-120 所示。

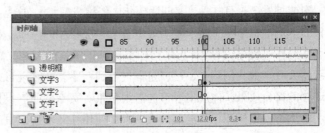

图 14-119　　　　　　　　　　　　图 14-120

（2）单击"时间轴"面板下方的"新建图层"按钮 ，创建新图层并将其命名为"动作脚本"，选中"动作脚本"图层的第 136 帧，在该帧上插入关键帧。选择"窗口 > 动作"命令，弹出"动作"面板，在左上方的下拉列表中选择"Flash Lite 3.0 ActionScript"，单击"将新项目添加到脚本中"按钮 ，在弹出的菜单中选择"全局函数 > 时间轴控制 > stop"命令，如图 14-121 所示。在"脚本窗口"中显示出选择的脚本语言，如图 14-122 所示。

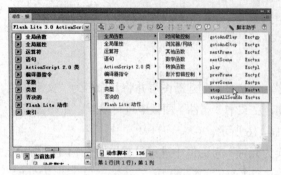

图 14-121   图 14-122

（3）设置好动作脚本后，关闭"动作"控制面板，在图层"动作脚本"的第 136 帧上显示出一个标志"a"，如图 14-123 所示。端午节贺卡制作完成，按 Ctrl+Enter 组合键即可查看效果。

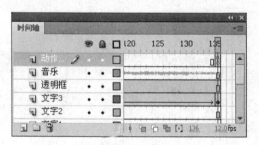

图 14-123

14.4 春节贺卡

14.4.1 案例分析

春节是农历正月初一，又叫阴历年，俗称"过年"。这是我国民间最隆重、最热闹的一个传统节日。本例的春节电子贺卡要表现出春节喜庆祥和的气氛，把吉祥和祝福送给亲友。

在制作过程中，先设计出了财神爷在节日里恭喜大家发财，再制作出大红灯笼和倒贴的福字，表示路人一念福"倒"了，也就是福气"到"了。在表现形式上，由福字动画、灯笼动画、财神爷动画的舞台效果，体现出春节的热闹气氛。贺卡的四周设计出传统吉祥的装饰纹样图案。

本例将使用椭圆工具绘制烛火图形；使用任意变形工具改变图形的大小；使用动作面板设置脚本语言。

14.4.2 案例设计

本案例的设计流程如图 14-124 所示。

制作财神爷动画 制作灯笼动画

制作福字旋转动画

最终效果

图 14-124

14.4.3 案例制作

1. 导入图片并制作财神爷拜年效果

（1）选择"文件 > 新建"命令，在弹出的"新建文档"对话框中选择"Flash 文件"选项，单击"确定"按钮，进入新建文档舞台窗口。按 Ctrl+F3 组合键，弹出文档"属性"面板，单击面板中的"编辑"按钮 编辑...，弹出"文档属性"对话框，将舞台窗口的宽设为 450，高设为 300，"背景颜色"设为红色（#FF0000），单击"确定"按钮，改变舞台窗口的大小。

（2）选择"文件 > 导入 > 导入到库"命令，在弹出的"导入到库"对话框中选择"Ch14 > 素材 > 春节贺卡 >01、02、03、04、05、06、07"文件，单击"打开"按钮，图片被导入到"库"面板中，如图 14-125 所示。

（3）在"库"面板下方单击"新建元件"按钮，弹出"创建新元件"对话框，在"名称"选项的文本框中输入"财神爷动"，在"类型"选项的下拉列表中选择"影片剪辑"，单击"确定"按钮，新建影片剪辑元件"财神爷动"，如图 14-126 所示，舞台窗口也随之转换为影片剪辑元件的舞台窗口。

图 14-125   图 14-126

（4）将"库"面板中的图形元件"元件 3"、"元件 4"拖曳到舞台窗口中，效果如图 14-127 所示。选中"图层 1"的第 15 帧，按 F5 键，在该帧上插入普通帧。选中"图层 1"的第 10 帧，按 F6 键，在该帧上插入关键帧，如图 14-128 所示。选择"任意变形"工具，在舞台窗口中选中"04 元件"实例，按住 Alt 键的同时，选中控制框下方中间的控制点向下拖曳到适当的位置，调整实例的形状，效果如图 14-129 所示。

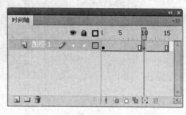

图 14-127   图 14-128   图 14-129

2. 制作文字动画效果

（1）单击"新建元件"按钮，新建影片剪辑元件"文字 1"。选择"文本"工具，在文本"属性"面板中进行设置，在舞台窗口中输入需要的黄色（#FFFF00）文字，效果如图 14-130 所示。

（2）选中"图层 1"的第 2 帧，在该帧上插入关键帧。调出"变形"面板，将"旋转"选项设为 5，如图 14-131 所示，效果如图 14-132 所示。用上述所讲的方法制作影片剪辑元件"文字 2"，输入的文字为"年年有余"，旋转方向为反方向，舞台窗口中的效果如图 14-133 所示。

图 14-130   图 14-131   图 14-132   图 14-133

3. 绘制烛火图形

（1）单击"新建元件"按钮，新建图形元件"烛火"。选择"窗口 > 颜色"命令，弹出"颜色"面板，将填充色设为无，选中"笔触颜色"按钮，在"类型"选项的下拉列表中选择"放射状"，在色带上设置 6 个控制点，将控制点全部设为白色，分别选中色带上的第 1 个、第 3 个、第 4 个、第 6 个控制点，将"Alpha"选项设为 0%，如图 14-134 所示。

（2）选择"椭圆"工具，调出椭圆工具"属性"面板，将"笔触"选项设为 10，在舞台窗口中绘制一个圆环并取消选取状态，效果如图 14-135 所示。在工具箱中将笔触颜色设为黄色

（#FFFF00），将"Alpha"选项设为 100%，填充色设为无，在椭圆工具"属性"面板中，将"笔触"选项设为 3，在舞台窗口中绘制一个椭圆，效果如图 14-136 所示。选择"选择"工具 ，将椭圆变形。选中椭圆，选择"任意变形"工具 ，将其调整到合适的大小并放置到圆环内，效果如图 14-137 所示。

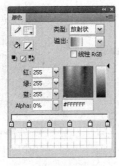

| 图 14-134 | 图 14-135 | 图 14-136 | 图 14-137 |

4．制作灯笼动画效果

（1）单击"新建元件"按钮 ，新建影片剪辑元件"灯笼动"。将"图层 1"重新命名为"灯笼穗"。将"库"面板中的图形元件"元件 6"拖曳到舞台窗口中，效果如图 14-138 所示。

（2）分别选中"灯笼穗"图层的第 13 帧、第 26 帧，在选中的帧上插入关键帧。选中"灯笼穗"图层的第 13 帧，在舞台窗口中选中"灯笼穗"实例，选择"任意变形"工具 ，按住 Alt 键，当鼠标呈双向键头状时，将下端中间的控制点向左拖动，效果如图 14-139 所示。分别用鼠标右键单击"灯笼穗"图层的第 1 帧、第 13 帧，在弹出的菜单中选择"创建传统补间"命令，生成传统动作补间动画，如图 14-140 所示。

| 图 14-138 | 图 14-139 | 图 14-140 |

（3）在"时间轴"面板中创建新图层并将其命名为"灯笼"。将"库"面板中的图形元件"元件 5"拖曳到舞台窗口中，选择"任意变形"工具 ，将其调整到合适的大小并放置到适当的位置，效果如图 14-141 所示。

（4）在"时间轴"面板中创建新图层并将其命名为"烛火"。将"库"面板中的图形元件"烛火"拖曳到舞台窗口中，选择"任意变形"工具 ，将其调整到合适的大小，并放置到灯笼内，调出图形"属性"面板，选择面板下方的"色彩效果"选项组，在"样式"选项的下拉列表中选择"Alpha"，将其值设为 30，舞台窗口中的效果如图 14-142 所示。

（5）分别选中"烛火"图层的第 13 帧、第 26 帧，在选中的帧上插入关键帧。选中"烛火"图层的第 13 帧，在舞台窗口中选中"烛火"实例，选择"任意变形"工具 ，将其适当放大。

分别用鼠标右键单击"烛火"图层的第 1 帧、第 13 帧，在弹出的菜单中选择"创建传统补间"命令，生成动作补间动画，如图 14-143 所示。

（6）单击"新建元件"按钮，新建影片剪辑元件"灯笼动 2"。将"库"面板中的影片剪辑元件"灯笼动"向舞台窗口中拖曳 2 次，并放置到合适的位置，效果如图 14-144 所示。

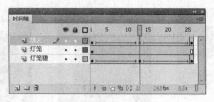

图 14-141   图 14-142   图 14-143   图 14-144

5．在场景中确定各实例的位置

（1）单击"时间轴"面板下方的"场景 1"图标，进入"场景 1"的舞台窗口。将"图层 1"重新命名为"背景图"。将"库"面板中的图形"元件 1"拖曳到舞台窗口中，效果如图 14-145 所示。选中"背景图"图层的第 98 帧，在该帧上插入普通帧。在"时间轴"面板中创建新图层并将其命名为"福字"。将"库"面板中的图形"元件 7"拖曳到舞台窗口的右外侧，选择"任意变形"工具，将其适当调整大小，效果如图 14-146 所示。

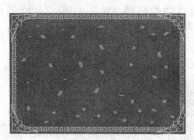

图 14-145   图 14-146

（2）选中"福字"图层的第 20 帧，在该帧上插入关键帧，在舞台窗口中选中"元件 7"实例，按住 Shift 键的同时，将其水平拖曳到舞台窗口中间，效果如图 14-147 所示。用鼠标右键单击"福字"图层的第 1 帧，在弹出的菜单中选择"创建传统补间"命令，生成传统动作补间动画，如图 14-148 所示。在帧"属性"面板中选择"补间"选项组，在"旋转"选项的下拉列表中选择"顺时针"。

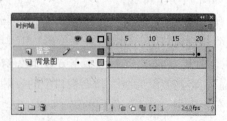

图 14-147   图 14-148

（3）选中"福字"图层的第 34 帧，在该帧上插入关键帧，在舞台窗口中选中"元件 7"实例，选择"任意变形"工具，将其倒转，效果如图 14-149 所示。用鼠标右键单击"福字"图层的第 20 帧，在弹出的菜单中选择"创建传统补间"命令，生成动作补间动画。

（4）在"时间轴"面板中创建新图层并将其命名为"灯笼"。选中"灯笼"图层的第 39 帧，在该帧上插入关键帧。将"库"面板中的影片剪辑元件"灯笼动 2"拖曳到舞台窗口中，选择"任意变形"工具，将其调整到合适的大小并放置到舞台窗口上方，效果如图 14-150 所示。

图 14-149　　　　　　　　　　图 14-150

（5）选中"灯笼"图层的第 54 帧，在该帧上插入关键帧，在舞台窗口中选中"灯笼动 2"实例，按住 Shift 键的同时，将其竖直拖曳到舞台窗口中，效果如图 14-151 所示。用鼠标右键单击"灯笼"图层的第 39 帧，在弹出的菜单中选择"创建传统补间"命令，生成动作补间动画。

（6）在"时间轴"面板中创建新图层并将其命名为"财神爷"。选中"财神爷"图层的第 67 帧，在该帧上插入关键帧。将"库"面板中的影片剪辑元件"财神爷动"拖曳到舞台窗口中，效果如图 14-152 所示。

图 14-151　　　　　　　　　　图 14-152

（7）选中"财神爷"图层的第 78 帧，插入关键帧。在舞台窗口中选中"财神爷动"实例，按住 Shift 键的同时，水平向右拖曳到适当的位置，效果如图 14-153 所示。分别选中"财神爷"图层的第 88 帧、第 98 帧，在选中的帧上插入关键帧。

（8）选中"财神爷"图层的第 88 帧，在舞台窗口中选中"财神爷动"实例，选择"任意变形"工具，按住 Shift 键的同时，将其等比例放大，效果如图 14-154 所示。分别用鼠标右键单击"财神爷"图层的第 67 帧、第 78 帧、第 88 帧，在弹出的菜单中选择"创建传统补间"命令，生成动作补间动画。

图 14-153

图 14-154

（9）在"时间轴"面板中创建新图层并将其命名为"文字 1"。选中"文字 1"图层的第 18 帧，在该帧上插入关键帧。将"库"面板中的影片剪辑元件"文字 1"拖曳到舞台窗口左外侧偏上的位置，效果如图 14-155 所示。选中"文字 1"图层的第 31 帧，在该帧上插入关键帧，在舞台窗口中选中"文字 1"实例，按住 Shift 键的同时，将其水平拖曳到舞台窗口中"元件 7"实例的左侧，效果如图 14-156 所示。

图 14-155

图 14-156

（10）选中"文字 1"图层的第 47 帧，在该帧上插入关键帧，在舞台窗口中选中"文字 1"实例，按住 Shift 键的同时，将其稍向右水平拖曳，效果如图 14-157 所示。选中"文字 1"图层的第 61 帧，在该帧上插入关键帧，在舞台窗口中选中"文字 1"实例，按住 Shift 键的同时，将其水平拖曳到舞台窗口的右外侧，效果如图 14-158 所示。

图 14-157

图 14-158

（11）分别用鼠标右键单击"文字 1"图层的第 18 帧、第 31 帧、第 47 帧，在弹出的菜单中选择"创建传统补间"命令，生成动作补间动画，如图 14-159 所示。在"时间轴"面板中创建新图层并将其命名为"文字 2"。

（12）用上述所讲的方法对"文字 2"实例从舞台窗口右外侧的偏下位置到左外侧的偏下位置进行操作，"时间轴"面板中的效果如图 14-160 所示。

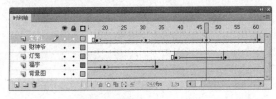
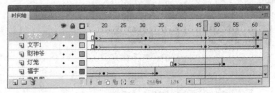

图 14-159   图 14-160

（13）在"时间轴"面板中创建新图层并将其命名为"声音"，如图 14-161 所示。将"库"面板中的声音文件"02"拖曳到舞台窗口中。在"时间轴"面板中创建新图层并将其命名为"动作脚本"。选中"动作脚本"图层的第 98 帧，在该帧上插入关键帧，如图 14-162 所示。

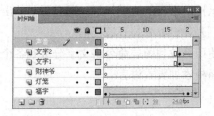

图 14-161   图 14-162

（14）选择"窗口 > 动作"命令，弹出"动作"面板，在面板的左上方将脚本语言版本设置为"Action Script 1.0 & 2.0"，在面板中单击"将新项目添加到脚本中"按钮，在弹出的菜单中依次选择"全局函数 > 时间轴控制 > stop"命令，如图 14-163 所示。在"脚本窗口"中显示出选择的脚本语言，如图 14-164 所示。设置好动作脚本后，关闭"动作"面板。在"动作脚本"图层的第 98 帧上显示出一个标记"a"，如图 14-165 所示。春节贺卡效果制作完成，按 Ctrl+Enter 组合键即可查看效果，如图 14-166 所示。

图 14-163   图 14-164

图 14-165   图 14-166

209

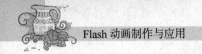

14.5 生日贺卡

14.5.1 案例分析

每个人在一年之中总有一天是属于自己的节日，那就是生日。每到这一天，我们都会接到家人和朋友各种形式的祝福，其中就包括生日贺卡。生日电子贺卡的设计要表现出生日的温馨和真诚的祝愿。

在设计制作过程中，通过彩虹的出场动画烘托出生日的浪漫气氛。通过蛋糕的出场动画表现生日的主题和意义。通过祝福文字的出场动画，表现出浓浓的真情祝福。

本例将使用遮罩命令制作彩虹遮罩动画；使用分散到图层命令将文字分散到各个图层；使用椭圆工具和颜色面板制作烛光效果；使用动作面板添加脚本语言。

14.5.2 案例设计

本案例的设计流程如图 14-167 所示。

图 14-167

14.5.3 案例制作

1. 导入素材并制作遮罩效果

（1）选择"文件 > 新建"命令，在弹出的"新建文档"对话框中选择"Flash 文件"选项，单击"确定"按钮，进入新建文档舞台窗口。按 Ctrl+F3 组合键，弹出文档"属性"面板，单击面板中的"编辑"按钮 编辑... ，弹出"文档属性"对话框，将背景颜色设为淡蓝色（#ADF2FE）。

（2）选择"文件 > 导入 > 导入到库"命令，在弹出的"导入到库"对话框中选择"Ch14 > 素材 > 生日贺卡 > 01、02、03、04、05、06"文件，单击"打开"按钮，图片被导入到"库"面板中，如图 14-168 所示。在"库"面板中新建影片剪辑元件"遮罩"，如图 14-169 所示，舞台窗口也随之转换为影片剪辑元件的舞台窗口。

图 14-168

图 14-169

（3）在"时间轴"面板中将"图层 1"重命名为"底图"。将"库"面板中的元件"01"拖曳到舞台窗口中，效果如图 14-170 所示。选中"底图"的第 45 帧，按 F5 键，在该帧上插入普通帧。新建图层并将其命名为"铅笔"。将"库"面板中的元件"02"，拖曳到舞台窗口中，效果如图 14-171 所示。

图 14-170

图 14-171

（4）在"时间轴"面板中选中"铅笔"图层的第 45 帧，在该帧上插入关键帧。在舞台窗口中选中实例"02"向右拖曳，效果如图 14-172 所示。选中"铅笔"图层的第 1 帧，单击鼠标右键，在弹出的菜单中选择"创建传统补间"命令，生成动作补间动画，如图 14-173 所示。

图 14-172

图 14-173

（5）在"时间轴"面板中新建图层并将其命名为"遮罩条"。选择"矩形"工具，在工具箱的下方将填充色设为蓝绿色（#65FFFF），笔触颜色设为无，在舞台窗口中绘制一个矩形，如图 14-174 所示。在"时间轴"面板中选中"遮罩条"图层的第 45 帧，在该帧上插入关键帧。选择"任意变形"工具，选中矩形，在矩形周围出现控制点，选中矩形右侧中间的控制点向右拖曳到适当的位置，改变矩形的长度，效果如图 14-175 所示。

图 14-174

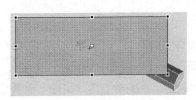
图 14-175

（6）选中"遮罩条"图层的第 1 帧，单击鼠标右键，在弹出的菜单中选择"创建补间形状"命令，生成形状补间动画，如图 14-176 所示。将"遮罩条"图层拖曳到"铅笔"图层的下方。在"遮罩条"图层上单击鼠标右键，在弹出的菜单中选择"遮罩"命令，图层效果如图 14-177 所示，舞台窗口中的效果如图 14-178 所示。

图 14-176

图 14-177

图 14-178

2．制作白云上下移动效果

（1）在"库"面板中新建影片剪辑元件"白云动"，如图 14-179 所示，舞台窗口也随之转换为影片剪辑元件的舞台窗口。将"库"面板中的元件"04"拖曳到舞台窗口中，效果如图 14-180 所示。

（2）分别选中"图层 1"的第 15 帧和第 30 帧，按 F6 键，插入关键帧，如图 14-181 所示。

图 14-179

图 14-180

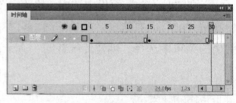
图 14-181

（3）选中"图层 1"的第 15 帧，在舞台窗口中选中实例"04"，将其向上拖曳到适当的位置，效果如图 14-182 所示。分别选中"图层 1"的第 1 帧和第 15 帧，单击鼠标右键，在弹出的菜单中选择"创建传统补间"命令，生成动作补间动画，效果如图 14-183 所示。

图 14-182

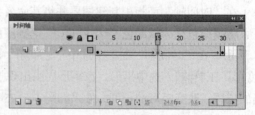
图 14-183

3．制作文字动画

（1）在"库"面板中新建图形元件"文字"，舞台窗口也随之转换为图形元件的舞台窗口。选择"文本"工具 T，在文本工具"属性"面板中进行设置，在舞台窗口中输入需要的白色英文，效果如图 14-184 所示。

（2）在"库"面板中新建影片剪辑元件"文字动画"，舞台窗口也随之转换为影片剪辑元件的舞台窗口。将"库"面板中的图形元件"文字"拖曳到舞台窗口中，按两次 Ctrl+B 组合键，将英文打散，效果如图 14-185 所示。

（3）选择"修改 > 时间轴 > 分散到图层"命令，将字母分散到各个图层中，效果如图 14-186 所示。在"时间轴"面板中选中"图层 1"，将其拖曳到面板下方的"删除"按钮💼上进行删除。

图 14-184

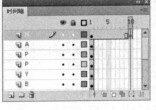

图 14-185

图 14-186

（4）在舞台窗口中选中字母"H"，按 Ctrl+B 组合键，将字母打散，如图 14-187 所示。在"时间轴"面板中选中"H"图层的第 10 帧，按 F6 键，插入关键帧，如图 14-188 所示。选中"H"图层的第 1 帧，选择"任意变形"工具，在舞台窗口中调整字母"H"的大小和位置，效果如图 14-189 所示。

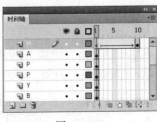

图 14-187

图 14-188

图 14-189

（5）选中"H"图层的第 1 帧，单击鼠标右键，在弹出的菜单中选择"创建补间形状"命令，生成形状补间动画，如图 14-190 所示。在舞台窗口中选中字母"A"，按 Ctrl+B 组合键，将字母打散。选中"A"图层中的第 10 帧，按 F6 键，插入关键帧，如图 14-191 所示。

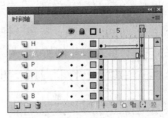

图 14-190

图 14-191

（6）选中"A"图层的第 1 帧，在舞台窗口中改变字母"A"的大小和位置，效果如图 14-192 所示。选中"A"图层的第 1 帧，单击鼠标右键，在弹出的菜单中选择"创建补间形状"命令，生成形状补间动画，如图 14-193 所示。

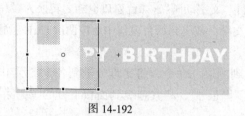

图 14-192

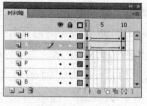

图 14-193

（7）用相同的方法制作出其他字母，图层效果如图 14-194 所示，舞台窗口中的效果如图 14-195 所示。

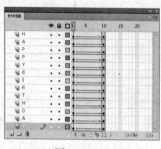

图 14-194

图 14-195

4．制作烛光动画

（1）在"库"面板中新建图形元件"烛光"，舞台窗口也随之转换为图形元件的舞台窗口。选择"窗口 > 颜色"命令，弹出"颜色"面板，选中"笔触颜色"选项，将笔触颜色设为无，选中"填充颜色"选项，在"类型"选项的下拉列表中选择"放射状"，在色带上设置 3 个控制点，选中色带上两侧的控制点，将其设为红色（#E30202），在"Alpha"选项中将两侧控制点的不透明度设为 0%，选中色带上中间的控制点，将其设为黄色（#D0FF11），其不透明度设置为 100%，如图 14-196 所示。

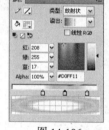

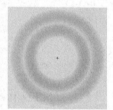

（2）选择"椭圆"工具，按住 Alt+Shift 组合键的同时，在舞台窗口中绘制一个圆坏，效果如图 14-197 所示。

图 14-196　　　　图 14-197

（3）在"库"面板中新建影片剪辑元件"烛光动"，舞台窗口也随之转换为影片剪辑元件的舞台窗口。将"库"面板中的图形元件"烛光"拖曳到舞台窗口中。选中"图层 1"的第 12 帧和第 25 帧，按 F6 键，插入关键帧，如图 14-198 所示。

（4）选中"图层 1"的第 12 帧，选择"任意变形"工具，在舞台窗口中选中"烛光"实例，按住 Shift 键的同时，将其等比例放大。分别用鼠标右键单击"图层 1"的第 1 帧和第 12 帧，在弹出的菜单中选择"创建传统补间"命令，生成动作补间动画，如图 14-199 所示。

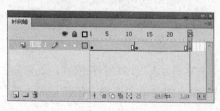

图 14-198

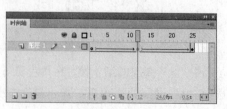

图 14-199

5．制作烛火动画

（1）在"库"面板中新建图形元件"烛火"，舞台窗口也随之转换为图形元件的舞台窗口。选择"钢笔"工具，在舞台窗口中绘制一条闭合的轮廓线，选择"颜料桶"工具，在工具箱的下方将"填充颜色"设为白色，在轮廓线内单击鼠标，填充边线。选择"选择"工具，选中轮廓线并将其删除，效果如图 14-200 所示。

（2）选中图形，按住 Alt 键的同时向外拖曳图形，将其复制，在工具箱的下方将填充色设为橙色（#FF9900），复制出的图形被填充为橙色。选择"任意变形"工具，将橙色图形缩小并放置到白色图形内，效果如图 14-201 所示。

（3）在"库"面板中新建影片剪辑元件"烛火动"，舞台窗口也随之转换为影片剪辑元件的舞台窗口。将"库"面板中的图形元件"烛火"拖曳到舞台窗口中，如图 14-202 所示。选中"图层 1"的第 10 帧，按 F5 键，在该帧上插入普通帧。选中第 6 帧，按 F6 键，在该帧上插入关键帧。在舞台窗口中选中"烛火"实例，调出"变形"面板，点选"倾斜"单选项，将"垂直倾斜"选项设为 180，如图 14-203 所示，舞台窗口中的效果如图 14-204 所示。

图 14-200　　　图 14-201　　　图 14-202　　　　　图 14-203　　　　　图 14-204

6．制作彩虹遮罩效果

（1）单击"时间轴"面板下方的"场景 1"图标，进入"场景 1"的舞台窗口。将"图层 1"重新命名为"标题遮罩"。将"库"面板中的影片剪辑元件"遮罩"拖曳到舞台窗口中，效果如图 14-205 所示。选中"标题遮罩"图层的第 45 帧，在该帧上插入普通帧，效果如图 14-206 所示。

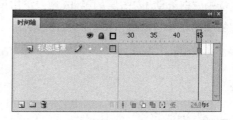

图 14-205　　　　　　　　　　图 14-206

（2）在"时间轴"面板中创建新图层并将其命名为"彩虹"。选中"彩虹"图层的第 59 帧，按 F6 键，在该帧上插入关键帧。将"库"面板中的元件"03"拖曳到舞台窗口中并调整大小，效果如图 14-207 所示。选中"彩虹"图层的第 110 帧，按 F5 键，在该帧上插入普通帧，如图 14-208 所示。

图 14-207 图 14-208

（3）在"时间轴"面板中创建新图层并将其命名为"圆形遮罩"。选中"圆形遮罩"图层的第 59 帧，按 F6 键，在该帧上插入关键帧。选择"椭圆"工具 ，在工具箱的下方将填充色设为淡蓝色（#CDFFFF），笔触颜色设为无。按住 Shift 键的同时，在舞台窗口的左下方绘制一个圆形，效果如图 14-209 所示。

（4）选中"圆形遮罩"图层的第 80 帧，按 F6 键，在该帧上插入关键帧。在舞台窗口中选中圆形将其拖曳到舞台窗口的右上方，效果如图 14-210 所示。

（5）选中"圆形遮罩"图层的第 59 帧，单击鼠标右键，在弹出的菜单中选择"创建补间形状"命令，生成形状补间动画。在"圆形遮罩"图层上单击鼠标右键，在弹出的菜单中选择"遮罩"命令，图层效果如图 14-211 所示，舞台窗口中的效果如图 14-212 所示。

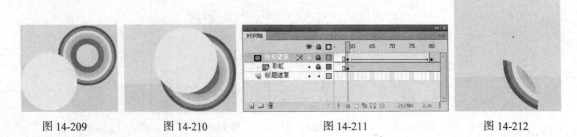

图 14-209 图 14-210 图 14-211 图 14-212

7. 制作白云动画

（1）在"时间轴"面板中创建新图层并将其命名为"白云动 1"。选中"白云动 1"图层的第 46 帧，按 F6 键，在该帧上插入关键帧。将"库"面板中的影片剪辑元件"白云动"拖曳到舞台窗口的左下方，效果如图 14-213 所示。选中"白云动 1"图层的第 59 帧，按 F6 键，在该帧上插入关键帧。在舞台窗口中选中影片剪辑实例"白云动"，将其向上拖曳到适当的位置，效果如图 14-214 所示。选中"白云动 1"图层的第 46 帧，单击鼠标右键，在弹出的菜单中选择"创建传统补间"命令，生成动作补间动画，如图 14-215 所示。

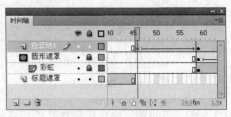

图 14-213 图 14-214 图 14-215

（2）在"时间轴"面板中创建新图层并将其命名为"白云动 2"。选中"白云动 2"图层的第 55 帧，按 F6 键，在该帧上插入关键帧。将"库"面板中的影片剪辑元件"白云动"拖曳到舞台窗口的右下方，效果如图 14-216 所示。选中"白云动 2"图层的第 59 帧，按 F6 键，在该帧上插入关键帧。在舞台窗口中选中影片剪辑实例"白云动"，将其向上拖曳到适当的位置，效果如图14-217 所示。选中"白云动 2"图层的第 55 帧，单击鼠标右键，在弹出的菜单中选择"创建传统补间"命令，生成动作补间动画。将"白云动 2"图层拖曳到"白云动 1"图层的下方。

图 14-216　　　　　　　　　　　图 14-217

8. 制作蛋糕动画

（1）在"时间轴"面板中创建新图层并将其命名为"烛光"。选中"烛光"图层的第 110 帧，按 F6 键，在该帧上插入关键帧。将"库"面板中的影片剪辑元件"烛光动"，分别向舞台窗口中拖曳 3 次，效果如图 14-218 所示。选中"烛光"图层的第 110 帧，同时选中舞台窗口中的实例"烛光动"，在影片剪辑"属性"面板中选择"色彩效果"选项组，在"样式"选项的下拉列表中选择"Alpha"，将其值设为 69，如图 14-219 所示，舞台窗口中的效果如图 14-220 所示。

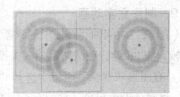

图 14-218　　　　　　　　　图 14-219　　　　　　　　　图 14-220

（2）在"时间轴"面板中创建新图层并将其命名为"蛋糕"。选中"蛋糕"图层的第 80 帧，按 F6 键，在该帧上插入关键帧。将"库"面板中的元件"元件 5"，拖曳到舞台窗口中，效果如图 14-221 所示。分别选中"蛋糕"图层的第 85 帧和第 90 帧，按 F6 键，插入关键帧，如图 14-222 所示。

图 14-221　　　　　　　　　　　图 14-222

（3）选中"蛋糕"图层的第 85 帧，在舞台窗口中选中实例"元件 5"，将其向上拖曳到适当的位置，如图 14-223 所示。选中"蛋糕"图层的第 90 帧，在舞台窗口中选中实例"元件 5"，将其向下拖曳到适当的位置，效果如图 14-224 所示。分别用鼠标右键单击"蛋糕"图层的第 80 帧和第 85 帧，在弹出的菜单中选择"创建传统补间"命令，生成动作补间动画，如图 14-225 所示。

（4）在"时间轴"面板中创建新图层并将其命名为"烛火"。选中"烛火"图层的第 110 帧，按 F6 键，在该帧上插入关键帧。将"库"面板中的影片剪辑"烛火动"，分别拖曳到舞台窗口中 3 次，效果如图 14-226 所示。

图 14-223

图 14-224

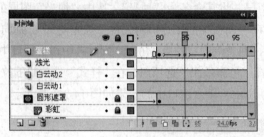

图 14-225

图 14-226

9. 制作文字动画

（1）在"时间轴"面板中创建新图层并将其命名为"深色文字"。选中"深色文字"图层的第 110 帧，按 F6 键，在该帧上插入关键帧。将"库"面板中的图形元件"文字"拖曳到舞台窗口的上方。在图形"属性"面板中选择"色彩效果"选项组，在"样式"选项的下拉列表中选择"色调"，将颜色设为褐色（#996666），如图 14-227 所示，舞台窗口中的效果如图 14-228 所示。

图 14-227

图 14-228

（2）在"时间轴"面板中创建新图层并将其命名为"文字动"。选中"文字动"图层的第 99 帧，按 F6 键，在该帧上插入关键帧。将"库"面板中的图形元件"文字"拖曳到舞台窗口的上方。在图形"属性"面板中选择"色彩效果"选项组，在"样式"选项的下拉列表中选择"Alpha"，将其值设为 47，如图 14-229 所示，舞台窗口中的效果如图 14-230 所示。选中"文字动"图层的第 110 帧，按 F6 键，在该帧上插入关键帧，如图 14-231 所示。

图 14-229　　　　　　　　　　　图 14-230　　　　　　　　　　　图 14-231

（3）选中"文字动"图层的第 99 帧，在舞台窗口中选中实例"文字"，选择"任意变形"工具 ，将文字放大并调整其位置，效果如图 14-232 所示。用鼠标右键单击"文字动"图层的第 99 帧，在弹出的菜单中选择"创建传统补间"命令，生成动作补间动画，如图 14-233 所示。

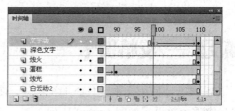

图 14-232　　　　　　　　　　　　　　　图 14-233

（4）在"时间轴"面板中创建新图层并将其命名为"文字"。选中"文字"图层的第 99 帧，按 F6 键，在该帧上插入关键帧。将"库"面板中的图形元件"文字"拖曳到舞台窗口，效果如图 14-234 所示。在"时间轴"面板中创建新图层并将其命名为"文字动画"。选中"文字动画"图层的第 99 帧，按 F6 键，在该帧上插入关键帧。将"库"面板中的影片剪辑元件"文字动画"拖曳到舞台窗口的上方，效果如图 14-235 所示。按住 Shift 键的同时，选中"文字动画"图层的第 100 帧到 110 帧之间的所有帧，单击鼠标右键，在弹出的菜单中选择"删除帧"命令，将帧删除，效果如图 14-236 所示。

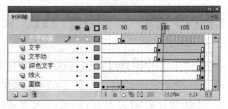

图 14-234　　　　　　　　　　　图 14-235　　　　　　　　　　　图 14-236

（5）在"时间轴"面板中创建新图层并将其命名为"声音"。将"库"面板中的声音文件"06"，拖曳到舞台窗口中。选中"声音"图层的第 1 帧，调出帧"属性"面板，在"声音"选项组中，选择"同步"选项下拉列表中的"事件"，将"声音循环"选项设为"循环"，如图 14-237 所示。

（6）在"时间轴"面板中创建新图层并将其命名为"动作脚本"。选中"动作脚本"图层的第 110 帧，按 F6 键，在该帧上插入关键帧。选择"窗口 > 动作"命令，弹出"动作"面板，在面板的左上方将脚本语言版本设置为"Action Script 1.0 & 2.0"，在面板中单击"将新项目添加到脚本中"按钮 ，在弹出的菜单中依次选择"全局函数 > 时间轴控制 > stop"命令，在"脚本窗口"中显示出选择的脚本语言，如图 14-238 所示。设置好动作脚本后，关闭"动作"面板。在"动作脚本"图层的第 110 帧上显示出一个标记"a"。生日贺卡制作完成，按 Ctrl+Enter 组合键即可查看效果，如图 14-239 所示。

图 14-237

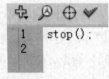
图 14-238

图 14-239

课堂练习——友情贺卡

【练习知识要点】使用文本工具添加祝福语。使用传统补间命令制作动画效果。使用脚本语言设置按扭制作重播效果，如图 14-240 所示。

【效果所在位置】光盘/Ch14/效果/友情贺卡.fla。

图 14-240

课后习题——母亲节贺卡

【习题知识要点】使用传统补间命令制作线条动画效果。使用文本工具添加祝福语。使用喷涂刷工具绘制装饰圆点，如图 14-241 所示。

【效果所在位置】光盘/Ch14/效果/母亲节贺卡.fla。

图 14-241

第15章
电子相册设计

网络电子相册可以用于描述美丽的风景、展现亲密的友情、记录精彩的瞬间。本章以多个主题的电子相册为例，讲解网络电子相册的构思方法和制作技巧，读者通过学习可以掌握制作要点，从而设计制作出精美的网络电子相册。

课堂学习目标

- 了解电子相册的功能
- 了解电子相册的特点
- 掌握电子相册的设计思路
- 掌握电子相册的制作方法
- 掌握电子相册的应用技巧

15.1 电子相册设计概述

电子相册拥有传统相册无法比拟的优越性，具有欣赏方便、交互性强、储存量大、易于保存、欣赏性强、成本低廉等优点。如图 15-1 所示。

图 15-1

15.2 温馨生活相册

15.2.1 案例分析

在我们的生活中，总会有许多的温馨时刻被相机记录下来。我们可以将这些温馨的生活照片制作成电子相册，通过新的艺术和技术手段给这些照片以新的意境。

在设计制作过程中，先设计出符合照片特色的背景图，再设置好照片之间互相切换的顺序，增加电子相册的趣味性。在舞台窗口中更换不同的生活照片，完美表现出生活的精彩瞬间。

本例将使用变形面板改变照片的大小并旋转角度；使用属性面板改变照片的位置；使用动作面板为按钮添加脚本语言。

15.2.2 案例设计

本案例的设计流程如图 15-2 所示。

添加小照片

添加大照片

最终效果

图 15-2

15.2.3　案例制作

1．导入图片并制作小照片按钮

（1）选择"文件 > 新建"命令，在弹出的"新建文档"对话框中选择"Flash 文件"选项，单击"确定"按钮，进入新建文档舞台窗口。按 Ctrl+F3 组合键，弹出文档"属性"面板，单击面板中的"编辑"按钮 编辑... ，在弹出的"文档属性"对话框中进行设置，如图 15-3 所示，单击"确定"按钮，改变舞台窗口的大小。

（2）在"属性"面板中，单击"配置文件"选项右侧的按钮，弹出"发布设置"对话框，选择"播放器"选项下拉列表中的"Flash Player 8"，如图 15-4 所示，单击"确定"按钮。

图 15-3

图 15-4

（3）将"图层 1"重新命名为"背景图"，如图 15-5 所示。选择"文件 > 导入 > 导入到舞台"命令，在弹出的"导入"对话框中选择"Ch15 > 素材 > 温馨生活相册 > 01"文件，单击"打开"按钮，文件被导入到舞台窗口中，效果如图 15-6 所示。选中"背景图"图层的第 75 帧，按 F5 键，在该帧上插入普通帧。

（4）调出"库"面板，在"库"面板下方单击"新建元件"按钮，弹出"创建新元件"对话框，在"名称"选项的文本框中输入"小照片 1"，在"类型"选项的下拉列表中选择"按钮"选项，单击"确定"按钮，新建按钮元件"小照片 1"，如图 15-7 所示，舞台窗口也随之转换为按钮元件的舞台窗口。

图 15-5

图 15-6

图 15-7

（5）选择"文件 > 导入 > 导入到舞台"命令，在弹出的"导入"对话框中选择"Ch15 > 素材 > 温馨生活相册 > 03"文件，单击"打开"按钮，弹出"Adobe Flash CS4"提示对话框，询问是否导入序列中的所有图像，如图 15-8 所示，单击"否"按钮，文件被导入到舞台窗口中，效果如图 15-9 所示。

图 15-8　　　　　　　　　　　　　　　　　　　图 15-9

（6）新建按钮元件"小照片 2"，如图 15-10 所示。舞台窗口也随之转换为按钮元件"小照片 2"的舞台窗口。用步骤 5 中的方法将"Ch15 > 素材 > 温馨生活相册 > 05"文件导入到舞台窗口中，效果如图 15-11 所示。新建按钮元件"小照片 3"，舞台窗口也随之转换为按钮元件"小照片 3"的舞台窗口。

（7）将"Ch15 > 素材 > 温馨生活相册 > 07"文件导入到舞台窗口中，效果如图 15-12 所示。

图 15-10　　　　　　　　图 15-11　　　　　　　　图 15-12

（8）新建按钮元件"小照片 4"，舞台窗口也随之转换为按钮元件"小照片 4"的舞台窗口。将"Ch15 > 素材 > 温馨生活相册 > 09"文件导入到舞台窗口中，效果如图 15-13 所示。新建按钮元件"小照片 5"，舞台窗口也随之转换为按钮元件"小照片 5"的舞台窗口。将"Ch15 > 素材 > 温馨生活相册 > 11"文件导入到舞台窗口中，效果如图 15-14 所示。

图 15-13　　　　　　　　　　图 15-14

（9）单击"库"面板下方的"新建文件夹"按钮 ，创建一个文件夹并将其命名为"照片"，如图 15-15 所示。在"库"面板中选中任意一幅位图图片，按住 Ctrl 键选中所有的位图图片，如图 15-16 所示。将选中的图片拖曳到"照片"文件夹中，如图 15-17 所示。

图 15-15　　　　　　　　图 15-16　　　　　　　　图 15-17

2．在场景中确定小照片的位置

（1）单击"时间轴"面板下方的"场景 1"图标 ，进入"场景 1"的舞台窗口。单击"时间轴"面板下方的"新建图层"按钮 ，创建新图层并将其命名为"小照片"。将"库"面板中的按钮元件"小照片 1"拖曳到舞台窗口中，调出"变形"面板，将"旋转"选项设为 7，如图 15-18 所示。"小照片 1"实例顺时针旋转 7°，在按钮"属性"面板中，将"X"选项设为 8.3，"Y"选项设为 –11，将实例放置在背景图的左上方，效果如图 15-19 所示。

图 15-18　　　　　　　　　　　图 15-19

（2）将"库"面板中的按钮元件"小照片 2"拖曳到舞台窗口中，在"变形"面板中，将"旋转"选项设为 27。"小照片 2"实例顺时针旋转 27°，在按钮"属性"面板中，将"X"选项设为 67.5，"Y"选项设为 207，将实例放置在背景图的左下方，效果如图 15-20 所示。

（3）将"库"面板中的按钮元件"小照片 3"拖曳到舞台窗口中，在按钮"属性"面板中，将"X"选项设为 271，"Y"选项设为 –10.5，将实例放置在背景图的右上方，效果如图 15-21 所示。

（4）将"库"面板中的按钮元件"小照片 4"拖曳到舞台窗口中，在"变形"面板中，将"旋转"选项设为 –8，"小照片 4"实例逆时针旋转 8°，在按钮"属性"面板中，将"X"选项设为 115，"Y"选项设为 121，将实例放置在背景图的中心位置，效果如图 15-22 所示。

图 15-20　　　　　　　　　图 15-21　　　　　　　　　图 15-22

（5）将"库"面板中的按钮元件"小照片 5"拖曳到舞台窗口中，在"变形"面板中，将"旋转"选项设为 – 40，如图 15-23 所示。"小照片 5"实例逆时针旋转 40°，在按钮"属性"面板中，将"X"选项设为 204，"Y"选项设为 374.9，将实例放置在背景图的右下方，效果如图 15-24 所示。

（6）选中"小照片"图层的第 2 帧、第 16 帧、第 29 帧、第 45 帧、第 62 帧，按 F6 键，分别在选中的帧上插入关键帧，如图 15-25 所示。

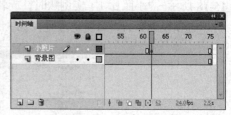

图 15-23　　　　　　　　图 15-24　　　　　　　　　　图 15-25

（7）选中"小照片"图层的第 2 帧，在舞台窗口中选中实例"小照片 1"，按 Delete 键将其删除，效果如图 15-26 所示。选中"小照片"图层的第 16 帧，在舞台窗口中选中实例"小照片 2"，按 Delete 键将其删除，效果如图 15-27 所示。选中"小照片"图层的第 29 帧，在舞台窗口中选中实例"小照片 3"，按 Delete 键将其删除，效果如图 15-28 所示。

图 15-26　　　　　　　　　图 15-27　　　　　　　　　图 15-28

（8）选中"小照片"图层的第 45 帧，在舞台窗口中选中实例"小照片 4"，按 Delete 键将其删除，效果如图 15-29 所示。选中"小照片"图层的第 62 帧，在舞台窗口中选中实例"小照片 5"，按 Delete 键将其删除，效果如图 15-30 所示。

图 15-29　　　　　　　　　　　　　　　图 15-30

3. 输入文字并制作大照片按钮

（1）单击"时间轴"面板下方的"新建图层"按钮，创建新图层并将其命名为"文字"，如图 15-31 所示。选择"文本"工具，在文本"属性"面板中进行设置，在舞台窗口中输入草绿色（#CCCC00）字母"Summer"，将字母放置在背景图的左下角，效果如图 15-32 所示。

（2）在"库"面板下方单击"新建元件"按钮，弹出"创建新元件"对话框，在"名称"选项的文本框中输入"大照片 1"，在"类型"选项的下拉列表中选择"按钮"选项，单击"确定"按钮，新建按钮元件"大照片 1"，如图 15-33 所示，舞台窗口也随之转换为按钮元件的舞台窗口。

图 15-31　　　　　　　　　　图 15-32　　　　　　　　　　图 15-33

（3）选择"文件 > 导入 > 导入到舞台"命令，在弹出的"导入"对话框中选择"Ch15 > 素材 > 温馨生活相册 > 02"文件，单击"打开"按钮，弹出"Adobe Flash CS4"提示对话框，询问是否导入序列中的所有图像，如图 15-34 所示，单击"否"按钮，文件被导入到舞台窗口中，效果如图 15-35 所示。

（4）新建按钮元件"大照片 2"，舞台窗口也随之转换为按钮元件"大照片 2"的舞台窗口。用相同的方法将"Ch15 > 素材 > 温馨生活相册 > 04"文件导入到舞台窗口中，效果如图 15-36 所示。新建按钮元件"大照片 3"，舞台窗口也随之转换为按钮元件"大照片 3"的舞台窗口。将"Ch15 > 素材 > 温馨生活相册 > 06"文件导入到舞台窗口中，效果如图 15-37 所示。

图 15-34　　　　　　　图 15-35　　　　　　图 15-36　　　　　　图 15-37

（5）新建按钮元件"大照片 4"，舞台窗口也随之转换为按钮元件"大照片 4"的舞台窗口。将"Ch15 > 素材 > 温馨生活相册 > 08"文件导入到舞台窗口中，效果如图 15-38 所示。新建按钮元件"大照片 5"，舞台窗口也随之转换为按钮元件"大照片 5"的舞台窗口。将"Ch15 > 素材 > 温馨生活相册 > 10"文件导入到舞台窗口中，效果如图 15-39 所示。按住 Ctrl 键，在"库"面板中选中所有"照片"文件夹以外的位图图片并将其拖曳到"照片"文件夹中，如图 15-40 所示。

  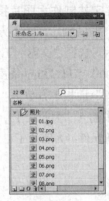

图 15-38　　　　　　　图 15-39　　　　　　图 15-40

4．在场景中确定大照片的位置

（1）单击"时间轴"面板下方的"场景 1"图标，进入"场景 1"的舞台窗口。在"时间轴"面板中创建新图层并将其命名为"大照片 1"。选中"大照片 1"图层的第 2 帧和第 16 帧，按 F6 键，在选中的帧上插入关键帧，如图 15-41 所示。选中第 2 帧，将"库"面板中的按钮元件"大照片 1"拖曳到舞台窗口中。选中实例"大照片 1"，在"变形"面板中单击"约束"按钮，将"缩放宽度"和"缩放高度"的比例分别设为 56，"旋转"选项设为 7，如图 15-42 所示。

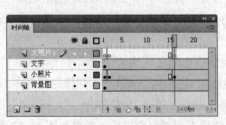 

图 15-41　　　　　　　　　　图 15-42

228

（2）将实例缩小并旋转，在按钮"属性"面板中，将"X"选项设为 8.2，"Y"选项设为 0.6，将实例放置在背景图的左上方，效果如图 15-43 所示。选中"大照片 1"图层的第 8 帧和第 15 帧，按 F6 键，在选中的帧上插入关键帧。

（3）选中第 8 帧，选中舞台窗口中的"大照片 1"实例，在"变形"面板中将"缩放宽度"和"缩放高度"选项分别设为 100，将"旋转"选项设为 0，将实例放置在舞台窗口的中心位置，效果如图 15-44 所示。选中第 9 帧，按 F6 键，在该帧上插入关键帧。用鼠标右键分别单击第 2帧和第 9 帧，在弹出的菜单中选择"创建传统补间"命令，创建传统动作补间动画，如图 15-45所示。

图 15-43

图 15-44

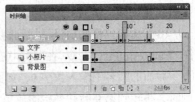

图 15-45

（4）选中"大照片 1"图层的第 8 帧，选择"窗口 > 动作"命令，弹出"动作"面板（其快捷键为 F9）。在面板中单击"将新项目添加到脚本中"按钮 ，在弹出的菜单中选择"全局函数 >时间轴控制 > stop"命令，如图 15-46 所示，在"脚本窗口"中显示出选择的脚本语言，图 15-47所示。设置好动作脚本后，在"大照片 1"图层的第 8 帧上显示出标记"a"。

图 15-46

图 15-47

（5）选中舞台窗口中的"大照片 1"实例元件，在"动作"面板中单击"将新项目添加到脚本中"按钮 ，在弹出的菜单中选择"全局函数 > 影片剪辑控制 > on"命令，如图 15-48所示，在"脚本窗口"中显示出选择的脚本语言，在下拉列表中选择"press"命令，如图 15-49所示。

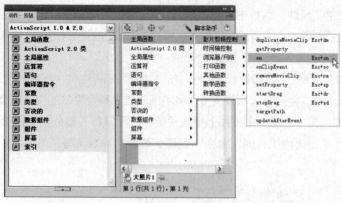

图 15-48　　　　　　　　　　　　　　　　　　　　　图 15-49

（6）脚本语言如图 15-50 所示。将鼠标光标放置在第 1 行脚本语言的最后，按 Enter 键，光标显示到第 2 行，如图 15-51 所示。

（7）单击"将新项目添加到脚本中"按钮，在弹出的菜单中选择"全局函数 > 时间轴控制 > gotoAndPlay"命令，在"脚本窗口"中显示出选择的脚本语言，在第 2 行脚本语言"gotoAndPlay（）"后面的括号中输入数字 9，如图 15-52 所示。（脚本语言表示：当用鼠标单击"大照片 1"实例时，跳转到第 9 帧并开始播放第 9 帧中的动画。）

图 15-50　　　　　　　　　图 15-51　　　　　　　　　图 15-52

（8）在"时间轴"面板中创建新图层并将其命名为"大照片 2"。选中"大照片 2"图层的第 16 帧和第 29 帧，按 F6 键，在选中的帧上插入关键帧，如图 15-53 所示。选中第 16 帧，将"库"面板中的按钮元件"大照片 2"拖曳到舞台窗口中。

（9）选中实例"大照片 2"，在"变形"面板中将"缩放宽度"选项设为 56，"缩放高度"选项也随之转换为 56，"旋转"选项设为 27，将实例缩小并旋转，在按钮"属性"面板中，将"X"选项设为 61，"Y"选项设为 221。将实例放置在背景图的左下方，效果如图 15-54 所示。选中"大照片 2"图层的第 21 帧和第 28 帧，按 F6 键，在选中的帧上插入关键帧，如图 15-55 所示。

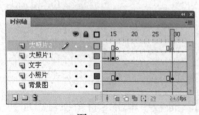

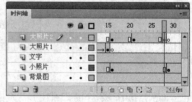

图 15-53　　　　　　　　　图 15-54　　　　　　　　　图 15-55

（10）选中第 21 帧，选中舞台窗口中的"大照片 2"实例，在"变形"面板中将"缩放宽度"和"缩放高度"选项分别设为 100，"旋转"选项设为 0，实例扩大，将实例放置在舞台窗口的中心位置，效果如图 15-56 所示。选中第 22 帧，按 F6 键，在该帧上插入关键帧。用鼠标右键分别单击第 16 帧和第 22 帧，在弹出的菜单中选择"创建传统补间"命令，创建传统动作补间动画。

（11）选中"大照片 2"图层的第 21 帧，按照步骤（4）的方法，在第 21 帧上添加动作脚本，该帧上显示出标记"a"，如图 15-57 所示。选中舞台窗口中的"大照片 2"实例，按照步骤（5）~步骤（7）的方法，在"大照片 2"实例上添加动作脚本，并在脚本语言"gotoAndPlay（）"后面的括号中输入数字 22，如图 15-58 所示。

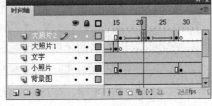

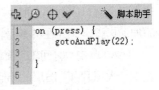

图 15-56　　　　　　　　　　图 15-57　　　　　　　　　　图 15-58

（12）单击"时间轴"面板下方的"新建图层"按钮，创建新图层并将其命名为"大照片 3"。选中"大照片 3"图层的第 29 帧和第 45 帧，按 F6 键，如图 15-59 所示。在选中的帧上插入关键帧。选中第 29 帧，将"库"面板中的按钮元件"大照片 3"拖曳到舞台窗口中。

（13）选中实例"大照片 3"，在"变形"面板中将"缩放宽度"选项设为 56，"缩放高度"选项也随之转换为 56，如图 15-60 所示，将实例缩小。在按钮"属性"面板中，将"X"选项设为273，"Y"选项设为 0，将实例放置在背景图的右上方，效果如图 15-61 所示。选中"大照片 3"图层的第 36 帧和第 44 帧，按 F6 键，在选中的帧上插入关键帧。

图 15-59　　　　　　　　　　图 15-60　　　　　　　　　　图 15-61

（14）选中第 36 帧，选中舞台窗口中的"大照片 3"实例，在"变形"面板中将"缩放宽度"和"缩放高度"选项分别设为 100，如图 15-62 所示，实例扩大。将实例放置在舞台窗口的中心位置，效果如图 15-63 所示。

图 15-62　　　　　　　　　　　图 15-63

（15）选中第 37 帧，按 F6 键，在该帧上插入关键帧。用鼠标右键分别单击第 29 帧和第 37 帧，在弹出的菜单中选择"创建传统补间"命令，创建传统动作补间动画，如图 15-64 所示。选中"大照片 3"图层的第 36 帧，按照步骤（4）的方法，在第 36 帧上添加动作脚本，该帧上显示出标记"a"。选中舞台窗口中的"大照片 3"实例，按照步骤（5）~ 步骤（7）的方法，在"大照片 3"实例上添加动作脚本，并在脚本语言"gotoAndPlay（）"后面的括号中输入数字 37，如图 15-65 所示。

（16）单击"时间轴"面板下方的"新建图层"按钮 ，创建新图层并将其命名为"大照片 4"。选中"大照片 4"图层的第 45 帧和第 62 帧，按 F6 键，在选中的帧上插入关键帧，如图 15-66 所示。选中第 45 帧，将"库"面板中的按钮元件"大照片 4"拖曳到舞台窗口中。

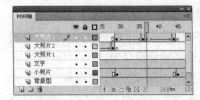

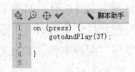

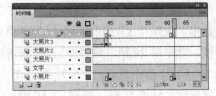

图 15-64　　　　　　　　　图 15-65　　　　　　　　　图 15-66

（17）选中实例"大照片 4"，在"变形"面板中将"缩放宽度"选项设为 56，"缩放高度"选项也随之转换为 56，将"旋转"选项设为 – 8，如图 15-67 所示。将实例缩小并旋转，在按钮"属性"面板中，将"X"选项设为 119，"Y"选项设为 132.2，将实例放置在背景图的中心位置，如图 15-68 所示。选中"大照片 4"图层的第 53 帧和第 61 帧，按 F6 键，在选中的帧上插入关键帧。

（18）选中第 53 帧，选中舞台窗口中的"大照片 4"实例，在"变形"面板中将"缩放宽度"和"缩放高度"选项分别设为 100，"旋转"选项设为 0，实例扩大。将实例放置在舞台窗口的中心位置，效果如图 15-69 所示。选中第 54 帧，按 F6 键，在该帧上插入关键帧。

图 15-67　　　　　　　　　图 15-68　　　　　　　　　图 15-69

（19）用鼠标右键分别单击第 45 帧和第 54 帧，在弹出的菜单中选择"创建传统补间"命令，创建传统动作补间动画，如图 15-70 所示。选中"大照片 4"图层的第 53 帧，按照步骤（4）的方法，在第 53 帧上添加动作脚本，该帧上显示出标记"a"。选中舞台窗口中的"大照片 4"实例，按照步骤（5）~步骤（7）的方法，在"大照片 4"实例上添加动作脚本，并在脚本语言"gotoAndPlay（ ）"后面的括号中输入数字 54，如图 15-71 所示。

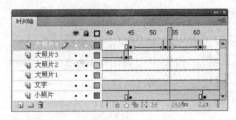

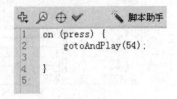

图 15-70　　　　　　　　　　　　　　　　　　图 15-71

（20）单击"时间轴"面板下方的"新建图层"按钮，创建新图层并将其命名为"大照片 5"，如图 15-72 所示。选中"大照片 5"图层的第 62 帧，按 F6 键，在该帧上插入关键帧，如图 15-73 所示。将"库"面板中的按钮元件"大照片 5"拖曳到舞台窗口中。

图 15-72　　　　　　　　　　　　　　　　　　图 15-73

（21）选中实例"大照片 5"，在"变形"面板中将"缩放宽度"选项设为 56，"缩放高度"选项也随之转换为 56，"旋转"选项设为 –40，如图 15-74 所示。将实例缩小并旋转，在按钮"属性"面板中，将"X"选项设为 212，"Y"选项设为 384，将实例放置在背景图的右下方，效果如图 15-75 所示。选中"大照片 5"图层的第 68 帧和第 75 帧，按 F6 键，在选中的帧上插入关键帧。

（22）选中第 68 帧，选中舞台窗口中的"大照片 5"实例，在"变形"面板中将"缩放宽度"和"缩放高度"选项分别设为 100，"旋转"选项设为 0，如图 15-76 所示。实例扩大，将实例放置在舞台窗口的中心位置，效果如图 15-77 所示。选中第 69 帧，按 F6 键，在该帧上插入关键帧。

图 15-74　　　　　　图 15-75　　　　　　　　　图 15-76　　　　　　图 15-77

（23）用鼠标右键分别单击第 62 帧和第 69 帧，在弹出的菜单中选择"创建传统补间"命令，创建传统动作补间动画，如图 15-78 所示。选中"大照片 5"图层的第 68 帧，按照步骤（4）的方法，在第 68 帧上添加动作脚本，该帧上显示出标记"a"。选中舞台窗口中的"大照片 5"实例，按照步骤（5）~步骤（7）的方法，在"大照片 5"实例上添加动作脚本，并在脚本语言"gotoAndPlay（）"后面的括号中输入数字 69，如图 15-79 所示。

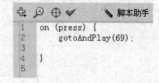

图 15-78　　　　　　　　　图 15-79

（24）单击"时间轴"面板下方的"新建图层"按钮，创建新图层并将其命名为"动作脚本 1"。选中"动作脚本 1"图层的第 2 帧，按 F6 键，在该帧上插入关键帧，如图 15-80 所示。选中第 1 帧，在"动作"面板中单击"将新项目添加到脚本中"按钮，在弹出的菜单中选择"全局函数 > 时间轴控制 > stop"命令，在"脚本窗口"中显示出选择的脚本语言，如图 15-81 所示。设置好动作脚本后，在图层"动作脚本 1"的第 1 帧上显示出一个标记"a"。

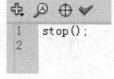

图 15-80　　　　　　　　　图 15-81

5. 添加动作脚本

（1）单击"时间轴"面板下方的"新建图层"按钮，创建新图层并将其命名为"动作脚本 2"。选中"动作脚本 2"图层的第 15 帧，按 F6 键，在该帧上插入关键帧。选中第 15 帧，在"动作"面板中单击"将新项目添加到脚本中"按钮，在弹出的菜单中选择"全局函数 > 时间轴控制 > gotoAndStop"命令，如图 15-82 所示。在"脚本窗口"中显示出选择的脚本语言，在脚本语言"gotoAndStop（）"后面的括号中输入数字 1，如图 15-83 所示。（脚本语言表示：动画跳转到第 1 帧并停留在第 1 帧。）

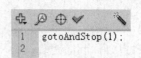

图 15-82　　　　　　　　　图 15-83

（2）用鼠标右键单击"动作脚本 2"图层的第 15 帧，在弹出的菜单中选择"复制帧"命令。用鼠标右键分别单击"动作脚本 2"图层的第 28 帧、第 44 帧、第 61 帧、第 75 帧，在弹出的菜单中选择"粘贴帧"命令，效果如图 15-84 所示。

（3）选中"小照片"图层的第 1 帧，在舞台窗口中选中实例"小照片 1"，在"动作"面板中单击"将新项目添加到脚本中"按钮 ，在弹出的菜单中选择"全局函数 > 影片剪辑控制 > on"命令，在"脚本窗口"中显示出选择的脚本语言，在下拉列表中选择"press"命令，如图 15-85 所示。将鼠标光标放置在第 1 行脚本语言的最后，按 Enter 键，光标显示到第 2 行。

图 15-84

图 15-85

（4）单击"将新项目添加到脚本中"按钮 ，在弹出的菜单中选择"全局函数 > 时间轴控制 > gotoAndPlay"命令，如图 15-86 所示，在"脚本窗口"中显示出选择的脚本语言，在第 2 行脚本语言"gotoAndPlay（ ）"后面的括号中输入数字 2，如图 15-87 所示。（脚本语言表示：当用鼠标单击"小照片 1"实例时，跳转到第 2 帧并开始播放第 2 帧中的动画。）

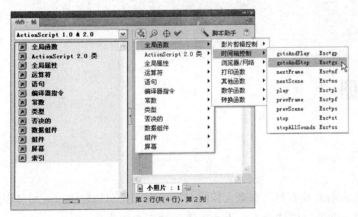

图 15-86

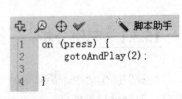

图 15-87

（5）选中"脚本窗口"中的脚本语言，复制脚本语言。选中舞台窗口中的实例"小照片 2"，在"动作"面板的"脚本窗口"中单击鼠标，出现闪动的光标，将复制过的脚本语言粘贴到"脚本窗口"中。在第 2 行脚本语言"gotoAndPlay（ ）"后面的括号中重新输入数字 16，如图 15-88 所示。

（6）选中舞台窗口中的实例"小照片 3"，在"动作"面板的"脚本窗口"中单击鼠标，出现闪动的光标，按 Ctrl+V 组合键，将步骤（3）~ 步骤（4）中复制过的脚本语言粘贴到"脚本窗口"中。在第 2 行脚本语言"gotoAndPlay（ ）"后面的括号中重新输入数字 29，如图 15-89 所示。

（7）选中舞台窗口中的实例"小照片 4"，在"动作"面板的"脚本窗口"中单击鼠标，出现闪动的光标，按 Ctrl+V 组合键，将步骤（3）~步骤（4）中复制过的脚本语言粘贴到"脚本窗口"中。在第 2 行脚本语言"gotoAndPlay（）"后面的括号中重新输入数字 45，如图 15-90 所示。

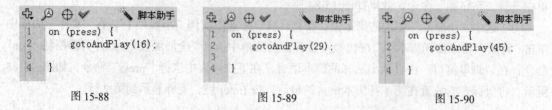

| 图 15-88 | 图 15-89 | 图 15-90 |

（8）选中舞台窗口中的实例"小照片 5"，在"动作"面板的"脚本窗口"中单击鼠标，出现闪动的光标，按 Ctrl+V 组合键，将步骤（3）~步骤（4）中复制过的脚本语言粘贴到"脚本窗口"中。在第 2 行脚本语言"gotoAndPlay（）"后面的括号中重新输入数字 62，如图 15-91 所示。温馨生活相册效果制作完成，按 Ctrl+Enter 组合键即可查看效果，如图 15-92 所示。

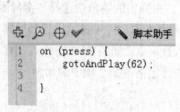

图 15-91

图 15-92

15.3 珍贵亲友相册

15.3.1 案例分析

在我们的生活中，最珍贵的就是亲人和朋友。有亲人和朋友在身边，我们的生活才更加多姿多彩。本例将制作珍贵亲友的相册，要通过温情感人的手法来表达对亲友的爱。

在设计制作过程中，先通过紫色背景图烘托出温情的气氛。再制作出华美的相框效果，在相框中制作出照片的出场动画效果。根据亲友的分类，设计制作出按钮在舞台窗口中的摆放。整个相册力求表现出对亲友的珍爱。

本例将使用动作面板设置脚本语言；使用粘贴到当前位置命令复制按钮图形；使用变形面板改变图片的大小。

15.3.2 案例设计

本案例的设计流程如图 15-93 所示。

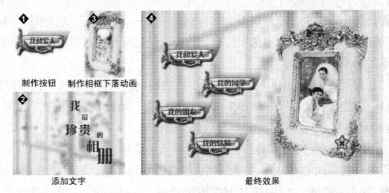

制作按钮　　制作相框下落动画

添加文字　　　　　　　　　　　　　最终效果

图 15-93

15.3.3　案例制作

1. 导入图片并制作按钮

（1）选择"文件 > 新建"命令，在弹出的"新建文档"对话框中选择"Flash 文件"选项，单击"确定"按钮，进入新建文档舞台窗口。按 Ctrl+F3 组合键，弹出文档"属性"面板，单击面板中的"编辑"按钮 编辑... ，弹出"文档属性"对话框，将舞台窗口的宽设为 600，高设为 400，单击"确定"按钮，改变舞台窗口的大小。

（2）在"属性"面板中，单击"配置文件"选项右侧的按钮，弹出"发布设置"对话框，选中"播放器"选项下拉列表中的"Flash Player 8"，如图 15-94 所示，单击"确定"按钮。

（3）选择"文件 > 导入 > 导入到库"命令，在弹出的"导入到库"对话框中选择"Ch15 > 素材 > 珍贵亲友相册 > 01、02、03、04、05、06、07"文件，单击"打开"按钮，文件被导入到"库"面板中，如图 15-95 所示。

（4）用鼠标右键单击"库"面板中的图形元件"元件 1"，在弹出的菜单中选择"属性"，弹出"创建新元件"对话框，在"名称"选项的文本框中输入"按钮"选项，在"类型"选项的下拉列表中选择"按钮"，单击"确定"按钮，将图形元件转换为按钮元件，如图 15-96 所示。

图 15-94

图 15-95

图 15-96

（5）双击"库"面板中的按钮元件"按钮"，舞台窗口随之转换为按钮元件的舞台窗口，选中位图，将其放置到舞台正中央，效果如图 15-97 所示。选中"图层 1"的"指针"帧，按 F6 键，在该帧上插入关键帧，在舞台窗口中选中位图，选择"任意变形"工具，按住 Shift 键将其等比例缩小，效果如图 15-98 所示。

（6）单击"新建元件"按钮，新建按钮元件"我和爱人"。将"库"面板中的位图"04"拖曳到舞台窗口中，选择"文本"工具，在文本"属性"面板中进行设置，在舞台窗口中输入需要的紫色（#990065）文字，并将文字放置到合适的位置，效果如图 15-99 所示。

（7）选中"图层 1"的"指针"帧，在该帧上插入关键帧，在舞台窗口中选中文字，在工具箱中将填充色设为红色（#CC0000），文字颜色也随之改变为红色，效果如图 15-100 所示。

（8）用步骤（6）~步骤（7）的方法制作按钮元件"我的妹妹"、"我的朋友"、"我的同学"，如图 15-101 所示。

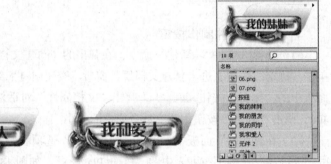

图 15-97　图 15-98　　　　图 15-99　　　　　　　　图 15-100　　　　　　　图 15-101

2. 添加文字并制作相框动画效果

（1）单击"时间轴"面板下方的"场景 1"图标，进入"场景 1"的舞台窗口。将"图层 1"重新命名为"背景"。将"库"面板中的位图"02"拖曳到舞台窗口中，效果如图 15-102 所示。选中"背景"图层的第 94 帧，在该帧上插入普通帧。

（2）选择"文本"工具，在文本"属性"面板中进行设置，在舞台窗口中输入需要的紫色（#663366）文字。选中文字，按 Ctrl+B 组合键将其打散，选择"任意变形"工具，将文字逐个旋转变形，并放置到合适的位置，效果如图 15-103 所示。

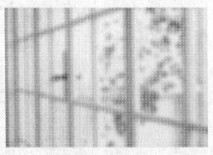　　　　　　　　　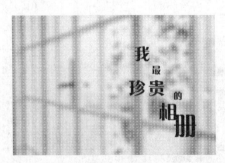

图 15-102　　　　　　　　　　　　　　图 15-103

（3）单击"时间轴"面板下方的"新建图层"按钮，创建新图层并将其命名为"带语言的目录条"。分别将"库"面板中的按钮元件"我和爱人"、"我的同学"、"我的朋友"、"我的妹妹"

拖曳到舞台窗口中。选择"任意变形"工具，将按钮逐个调整到适当的大小，并放置到合适的位置，效果如图 15-104 所示。

（4）在"时间轴"面板中创建新图层并将其命名为"不带语言的目录条"。选中"不带语言的目录条"图层的第 2 帧，在该帧上插入关键帧。单击"带语言的目录条"图层，在舞台窗口中选中所有按钮，选择"编辑 > 复制"命令，将其复制。选中"不带语言的目录条"图层的第 2 帧，选择"编辑 > 粘贴到当前位置"命令，将按钮原位粘贴，效果如图 15-105 所示。

（5）在"时间轴"面板中创建新图层并将其命名为"我和爱人"。选中"我和爱人"图层的第 2 帧，在该帧上插入关键帧。将"库"面板中的图形元件"元件 7"拖曳到舞台窗口的右上方，调出"变形"面板，在面板中进行设置，如图 15-106 所示，效果如图 15-107 所示。

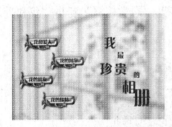
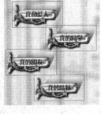

图 15-104 图 15-105 图 15-106 图 15-107

（6）选中"我和爱人"图层的第 15 帧、第 25 帧，在选中的帧上插入关键帧。选中"我和爱人"图层的第 15 帧，在舞台窗口中选中"元件 7"实例，按住 Shift 键将其竖直拖曳到舞台窗口中，效果如图 15-108 所示。

（7）分别用鼠标右键单击"我和爱人"图层的第 2 帧、第 15 帧，在弹出的菜单中选择"创建传统补间"命令，生成动作补间动画，如图 15-109 所示。

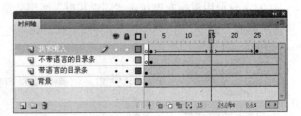

图 15-108 图 15-109

（8）选中"我和爱人"图层的第 25 帧，选择"窗口 > 动作"命令，弹出"动作"面板。在面板中单击"将新项目添加到脚本中"按钮，在弹出的菜单中选择"全局函数 > 时间轴控制 > gotoAndStop"命令，如图 15-110 所示，在脚本语言后面的括号中输入数字"1"，在"脚本窗口"中显示出选择的脚本语言，如图 15-111 所示。设置好动作脚本后，关闭"动作"面板。在"我和爱人"图层的第 25 帧上显示出一个标记"a"。

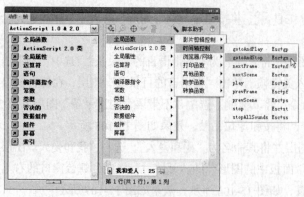

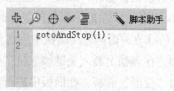

图 15-110 图 15-111

（9）在"时间轴"面板中新建图层并将其命名为"同学相框"。选中"同学相框"图层的第 26 帧插入关键帧。将"库"面板中的图形元件"元件 6"拖曳到舞台窗口中。调出"变形"面板，在面板中进行设置，如图 15-112 所示。选择"选择"工具，拖曳"同学相框"到与"我和爱人相框"重合的位置，效果如图 15-113 所示。

图 15-112 图 15-113

（10）选中"同学相框"图层的第 39 帧、第 48 帧，在选中的帧上插入关键帧。选中"同学相框"图层的第 39 帧，在舞台窗口中选中"同学相框"实例，按住 Shift 键将其竖直拖曳到舞台窗口中，效果如图 15-114 所示。

（11）分别用鼠标右键单击"同学相框"图层的第 26 帧、第 39 帧，在弹出的菜单中选择"创建传统补间"命令，生成传统动作补间动画，如图 15-115 所示。

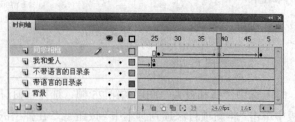

图 15-114 图 15-115

（12）选中"同学相框"图层的第 48 帧，选择"窗口 > 动作"命令，弹出"动作"面板。在面板中单击"将新项目添加到脚本中"按钮，在弹出的菜单中选择"全局函数 > 时间轴控

制 > gotoAndStop"命令，在脚本语言后面的括号中输入数字"1"，在"脚本窗口"中显示出选择的脚本语言，如图 15-116 所示。设置好动作脚本后，关闭"动作"面板。在"同学相框"图层的第 48 帧上显示出一个标记"a"。

（13）在"时间轴"面板中创建 2 个新图层并分别将其命名为"朋友相框"、"妹妹相框"。用步骤（9）~（12）的方法分别对其进行操作，只需将插入的首帧移到前一层的末尾关键帧的后面一帧即可，如图 15-117 所示。

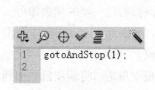

图 15-116　　　　　　　　　　　　　　　　　　　图 15-117

（14）在"时间轴"面板中创建新图层并将其命名为"按钮"。分别选中"按钮"图层的第 15 帧、第 16 帧、第 39 帧、第 40 帧、第 61 帧、第 62 帧、第 84 帧、第 85 帧，在选中的帧上插入关键帧。

（15）选中"按钮"图层的第 15 帧，将"库"面板中的按钮元件"按钮"拖曳到对应舞台窗口中相框的右下角，调出"变形"面板，在面板中进行设置，如图 15-118 所示，效果如图 15-119 所示。

图 15-118　　　　　　　　　　图 15-119

（16）用相同的方法，分别选中"按钮"图层的第 39 帧、第 61 帧、第 84 帧，将"库"面板中的按钮元件"按钮"拖曳到对应舞台窗口中相框的右下角，"时间轴"面板上的效果如图 15-120 所示。

（17）选中"按钮"图层的第 15 帧，在舞台窗口中选中"按钮"实例，调出"动作"面板，在动作面板中设置脚本语言：

```
on (press) {
gotoAndPlay(16);

}
```

"脚本窗口"中显示的效果如图 15-121 所示。设置好动作脚本后，关闭"动作"面板。

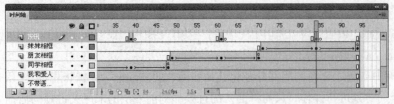

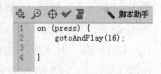

图 15-120　　　　　　　　　　　　　　　　　　　　　图 15-121

（18）用步骤（17）的方法分别对"按钮"图层的第 39 帧、第 61 帧、第 84 帧对应舞台窗口中的"按钮"实例进行操作，只需将脚本语言后面括号中的数字改成该帧的后一帧的帧数即可。

（19）在"时间轴"面板中创建新图层并将其命名为"动作脚本"。分别选中"动作脚本"图层的第 15 帧、第 39 帧、第 61 帧、第 84 帧，在选中的帧上插入关键帧。

（20）选中"动作脚本"图层的第 1 帧，调出"动作"面板，在面板中单击"将新项目添加到脚本中"按钮 ，在弹出的菜单中选择"全局函数 > 时间轴控制 > stop"命令，在"脚本窗口"中显示出选择的脚本语言。

（21）用步骤（20）的方法对"动作脚本"图层的其他关键帧进行操作，如图 15-122 所示。

（22）单击"带语言的动作条"图层，在舞台窗口中选中"我和爱人"实例，调出"动作"面板，在动作面板中设置脚本语言：

```
on (press) {
gotoAndPlay(2);

}
```

"脚本窗口"中显示的效果如图 15-123 所示。设置好动作脚本后，关闭"动作"面板。

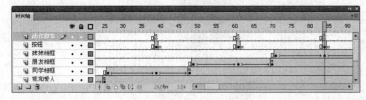

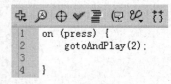

图 15-122　　　　　　　　　　　　　　　　　　　　　图 15-123

（23）用步骤（22）的方法分别对其他按钮实例进行操作，只需修改脚本语言后面括号中的数字，将其改成与按钮实例名称对应图层的首个非空白关键帧的帧数即可。珍贵亲友相册效果制作完成，按 Ctrl+Enter 组合键即可查看效果，用鼠标单击"我和爱人"按钮，效果如图 15-124 所示。

图 15-124

15.4　浪漫婚纱相册

15.4.1　案例分析

　　每对新人在举行婚礼前，都要拍摄浪漫的婚纱照片，还特别希望将拍摄好的婚纱照片制作成电子相册，在婚礼的现场播放。浪漫婚纱相册需要制造出浪漫温馨的气氛。

　　在设计制作过程中，要挑选最有代表性的婚纱照片，根据照片的场景和颜色来设计摆放的顺序，选择最有意境的照片来作为背景图，通过动画来表现出照片在浏览时的视觉效果。

　　本例将使用多角星形工具绘制浏览按钮；使用动作面板添加脚本语言；使用遮罩层命令制作照片遮罩效果。

15.4.2　案例设计

　　本案例的设计流程如图 15-125 所示。

添加并排列照片

制作照片动画效果　　制作照片遮罩效果　　　最终效果

图 15-125

15.4.3　案例制作

1．导入图片

　　（1）选择"文件 > 新建"命令，在弹出的"新建文档"对话框中选择"Flash 文件"选项，单击"确定"按钮，进入新建文档舞台窗口。按 Ctrl+F3 组合键，弹出文档"属性"面板，单击面板中的"编辑"按钮 编辑...，弹出"文档属性"对话框，将舞台窗口的宽设为 600，高设为 450，将"背景颜色"设为灰色（#999999），单击"确定"按钮，改变舞台窗口的大小。

　　（2）在"属性"面板中，单击"配置文件"选项右侧的按钮，弹出"发布设置"对话框，选中"播放器"选项下拉列表中的"Flash Player 8"，如图 15-126 所示，单击"确定"按钮。

　　（3）选择"文件 > 导入 > 导入到库"命令，在弹出的"导入到库"对话框中选择"Ch15 > 素材 > 浪漫婚纱相册 > 01、02、03、04、05、06、07"文件，单击"打开"按钮，文件被导入到"库"面板中。

　　（4）在"库"面板下方单击"新建元件"按钮 ，弹出"创建新元件"对话框，在"名称"

选项的文本框中输入"照片",在"类型"选项的下拉列表中选择"图形",单击"确定"按钮,新建图形元件"照片",如图 15-127 所示,舞台窗口也随之转换为图形元件的舞台窗口。

图 15-126

图 15-127

（5）分别将"库"面板中的位图"02"、"03"、"04"、"05"、"06"、"07"拖曳到舞台窗口中,放置到同一高度并调整图片的大小,调出位图"属性"面板,将所有照片的"Y"选项值设为 – 60,"X"选项保持不变,如图 15-128 所示。

（6）选中所有照片,选择"修改 > 对齐 > 按宽度均匀分布"命令,效果如图 15-129 所示。

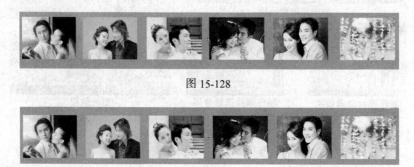

图 15-128

图 15-129

（7）选择"窗口 > 颜色"命令,弹出"颜色"面板,将填充色设为灰白色（#DFDFDF）,"Alpha"选项设为 50%,如图 15-130 所示。选择"矩形"工具,在工具箱中将笔触颜色设为无,在舞台窗口中绘制一个矩形,并将其放置到合适的位置,效果如图 15-131 所示。

图 15-130

图 15-131

2．绘制按钮图形并添加脚本语言

（1）单击"新建元件"按钮，新建按钮元件"按钮"，效果如图 15-132 所示。选择"多角星形"工具，调出多角星形"属性"面板，将笔触颜色设为无，填充色设为白色，在"工具设置"选项组中单击"选项"按钮，在弹出的"工具设置"对话框中进行设置，如图 15-133 所示，单击"确定"按钮，在舞台窗口中绘制一个 3 角星形，效果如图 15-134 所示。

图 15-132　　　　　　　图 15-133　　　　　　　图 15-134

（2）选择"选择"工具，分别拖动星形左下方和右上方的两个角将其变为直线，如图 15-135 所示。再次选中星形左侧的角向右拖曳到适当的位置，效果如图 15-136 所示。选择"任意变形"工具，改变星形的形状，效果如图 15-137 所示。

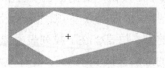

图 15-135　　　　　　　图 15-136　　　　　　　图 15-137

（3）单击"时间轴"面板下方的"场景 1"图标，进入"场景 1"的舞台窗口。将"图层 1"重新命名为"背景图"。将"库"面板中的位图"01"拖曳到舞台窗口中，效果如图 15-138 所示。选中"背景图"图层的第 265 帧，按 F5 键，在该帧上插入普通帧，如图 15-139 所示。

图 15-138　　　　　　　　　　　图 15-139

（4）单击"时间轴"面板下方的"新建图层"按钮，创建新图层并将其命名为"按钮"。

选中"按钮"图层的第 2 帧，按 F6 键，在该帧上插入关键帧。选中"按钮"图层的第 1 帧，将"库"面板中的按钮元件"按钮"拖曳到舞台窗口中，并放置到合适的位置。选择"文本"工具 T，在文本"属性"面板中进行设置，在舞台窗口中输入需要的白色文字，将文字放置到合适的位置，效果如图 15-140 所示。

（5）选中"按钮"图层的第 1 帧，选择"窗口 > 动作"命令，弹出"动作"面板。在面板中单击"将新项目添加到脚本中"按钮，在弹出的菜单中选择"全局函数 > 时间轴控制 > stop"命令，如图 15-141 所示，在"脚本窗口"中显示出选择的脚本语言，如图 15-142 所示。设置好动作脚本后，关闭"动作"面板。在"按钮"图层的第 1 帧上显示出一个标记"a"。

图 15-140　　　　　　　　　图 15-141　　　　　　　　　图 15-142

（6）选中"按钮"图层的第 1 帧，在舞台窗口中选中"按钮"实例，在"动作"面板中单击"将新项目添加到脚本中"按钮，在弹出的菜单中选择"全局函数 > 影片剪辑控制 > on"命令，如图 15-143 所示，在"脚本窗口"中显示出选择的脚本语言，在下拉列表中选择"release"，如图 15-144 所示。将鼠标光标放置在第 1 行脚本语言的最后，按 Enter 键，光标显示到第 2 行，如图 15-145 所示。

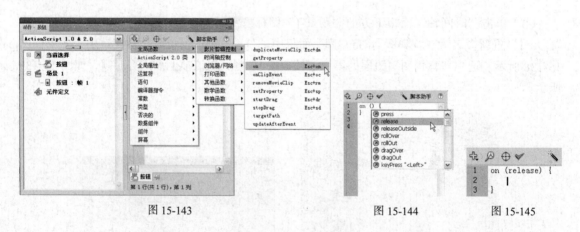

图 15-143　　　　　　　　　图 15-144　　　　　　图 15-145

（7）在"动作"面板中单击"将新项目添加到脚本中"按钮，在弹出的菜单中选择"全局函数 > 时间轴控制 > gotoAndPlay"命令，如图 15-146 所示，在"脚本窗口"中显示出选择的脚本语言，如图 15-147 所示。在脚本语言后面的小括号中输入数字"2"，如图 15-148 所示。设置好动作脚本后，关闭"动作"面板。

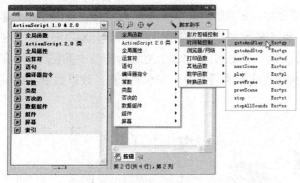

图 15-146	图 15-147	图 15-148

3．制作浏览照片效果

（1）在"时间轴"面板中创建新图层并将其命名为"照片"。选中"照片"图层的第 2 帧，在该帧上插入关键帧。将"库"面板中的图形元件"照片"拖曳到舞台窗口的左外侧，效果如图 15-149 所示。

（2）选中"照片"图层的第 265 帧，在该帧上插入关键帧。按住 Shift 键，将"照片"的实例水平拖曳到舞台窗口的右外侧，效果如图 15-150 所示。用鼠标右键单击"照片"图层的第 2 帧，在弹出的菜单中选择"创建传统补间"命令，生成传统动作补间动画，如图 15-151 所示。

图 15-149	图 15-150	图 15-151

（3）在"时间轴"面板中创建新图层并将其命名为"遮罩"。选中"遮罩"图层的第 2 帧，在该帧上插入关键帧。选择"矩形"工具，调出矩形工具"属性"面板，将笔触颜色设为白色，将填充色设为灰色（#999999），在舞台窗口中绘制一个矩形，选择"选择"工具，选中矩形，在形状"属性"面板中，选择"填充和笔触"选项组，将"笔触"选项设为 5，选择"任意变形"工具，将其调整为与"照片"实例等高，并放置到合适的位置，效果如图 15-152 所示。

（4）选中矩形，按住 Shift+Alt 组合键，将矩形水平拖曳并复制 2 次，放置到合适的位置，效果如图 15-153 所示。

图 15-152	图 15-153

（5）用鼠标右键单击"遮罩"图层的图层名称，在弹出的菜单中选择"遮罩层"命令，将"遮罩"图层转换为遮罩层，如图 15-154 所示。将"遮罩"图层解除锁定。在"时间轴"面板中创建新图层并将其命名为"白框"。选择"线条"工具 ，按住 Shift 键，在舞台窗口中垂直绘制一条直线，效果如图 15-155 所示。用相同的方法在直线的两端绘制两条水平直线，效果如图 15-156 所示。

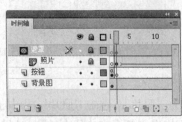
图 15-154

图 15-155   图 15-156

（6）选择"选择"工具 ，用圈选的方法将直线同时选取，按 Ctrl+G 组合键将其组合，效果如图 15-157 所示。按住 Shift+Alt 组合键，将其拖曳并复制 3 次，效果如图 15-158 所示。

（7）选中任意两个白框，选择"修改 > 变形 > 水平翻转"命令，将其水平翻转。将白框分别放置到与舞台窗口中的矩形边框重合的位置，效果如图 15-159 所示。锁定"遮罩"图层，浪漫婚纱相册效果制作完成，按 Ctrl+Enter 组合键即可查看效果，如图 15-160 所示。

图 15-157   图 15-158   图 15-159   图 15-160

15.5 收藏礼物相册

15.5.1 案例分析

在生活中，我们经常会收到亲友赠送的各种礼物，这些珍贵的礼物是我们生活的真实见证和美好回忆。礼物拍成照片并制作成精美的电子相册，是个非常好的收藏和整理礼物的方法。

本例设计制作收藏礼物相册，把礼物照片进行分类和挑选，制作出移动菜单的效果，通过不同的按钮序号来显示心爱的礼物，在画面的四周设计制作出有现代装饰感的边框。在制作过程中，要掌握按扭与交互页面之间的对应关系。

本例将使用矩形工具和线条工具制作按扭菜单；使用文本工具添加数字；使用动作面板设置脚本语言。

15.5.2　案例设计

本案例的设计流程如图 15-161 所示。

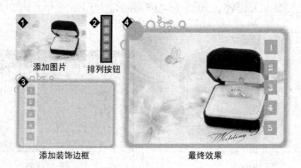

添加图片　　　排列按钮　　　　　最终效果

添加装饰边框

图 15-161

15.5.3　案例制作

1. 导入图片

（1）选择"文件 > 新建"命令，在弹出的"新建文档"对话框中选择"Flash 文件"选项，单击"确定"按钮，进入新建文档舞台窗口。按 Ctrl+F3 组合键，弹出文档"属性"面板，单击面板中的"编辑"按钮 编辑... ，弹出"文档属性"对话框，将舞台窗口的宽设为 620，高设为428，将背景色设为黑色，单击"确定"按钮，改变舞台窗口的大小。在"属性"面板中，单击"配置文件"选项右侧的按钮，弹出"发布设置"对话框，选中"播放器"选项下拉列表中的"Flash Player 8"，如图 15-162 所示。

（2）调出"库"面板，选择"文件 > 导入 > 导入到库"命令，在弹出的"导入到库"对话框中选择"Ch15 > 素材 > 收藏礼物相册 > 01、02、03、04、05、06"文件，单击"打开"按钮，文件被导入到"库"面板中，如图 15-163 所示。

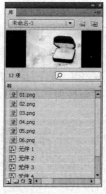

图 15-162　　　　　　　　　　图 15-163

（3）在"库"面板下方单击"新建元件"按钮 ，弹出"创建新元件"对话框，在"名称"选项的文本框中输入"照片"，在"类型"选项的下拉列表中选择"影片剪辑"选项，单击"确定"

按钮，新建影片剪辑元件"照片"，舞台窗口也随之转换为影片剪辑元件的舞台窗口。将"图层 1"重新命名为"图片 1"。将"库"面板中的位图"01"拖曳到舞台窗口中，效果如图 15-164 所示。

（4）选中位图，在位图"属性"面板中将"X"和"Y"选项分别设为 0。单击"时间轴"面板下方的"新建图层"按钮圆，创建新图层并将其命名为"图片 2"。选中"图片 2"图层的第 2 帧，按 F6 键，在该帧上插入关键帧，如图 15-165 所示。

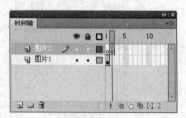

图 15-164　　　　　　　　　　　　　　　图 15-165

（5）将"库"面板中的位图"02"拖曳到舞台窗口中，并在位图"属性"面板中将"X"和"Y"选项分别设为 0，位图效果如图 15-166 所示。单击"时间轴"面板下方的"新建图层"按钮圆，创建新图层并将其命名为"图片 3"。选中"图片 3"图层的第 3 帧，按 F6 键，在该帧上插入关键帧。将"库"面板中的位图"03"拖曳到舞台窗口中，并在位图"属性"面板中将"X"和"Y"选项分别设为 0，位图效果如图 15-167 所示。

图 15-166　　　　　　　　　　　　　图 15-167

（6）单击"时间轴"面板下方的"新建图层"按钮圆，创建新图层并将其命名为"图片 4"。选中"图片 4"图层的第 4 帧，按 F6 键，在该帧上插入关键帧。将"库"面板中的位图"04"拖曳到舞台窗口中，并在位图"属性"面板中将"X"和"Y"选项分别设为 0，位图效果如图 15-168 所示。

（7）在"时间轴"面板中创建新图层并将其命名为"图片 5"。选中"图片 5"图层的第 5 帧，按 F6 键，在该帧上插入关键帧。将"库"面板中的位图"05"拖曳到舞台窗口中，并在位图"属性"面板中将"X"和"Y"选项分别设为 0，位图效果如图 15-169 所示。在"时间轴"面板中创建新图层并将其命名为"动作脚本"。

图 15-168　　　　　　　　　　　　　图 15-169

（8）选中"动作脚本"图层的第 1 帧，选择"窗口 > 动作"命令，弹出"动作"面板（其快捷键为 F9）。在面板中单击"将新项目添加到脚本中"按钮 ，在弹出的菜单中选择"全局函数 > 时间轴控制 > stop"命令，如图 15-170 所示，在"脚本窗口"中显示出选择的脚本语言，如图 15-171 所示。

（9）用鼠标右键单击第 1 帧，在弹出的菜单中选择"复制帧"命令。用鼠标右键分别单击第 2 帧、第 3 帧、第 4 帧、第 5 帧，在弹出的菜单中选择"粘贴帧"命令，将复制过的帧粘贴到选中的帧中，如图 15-172 所示。

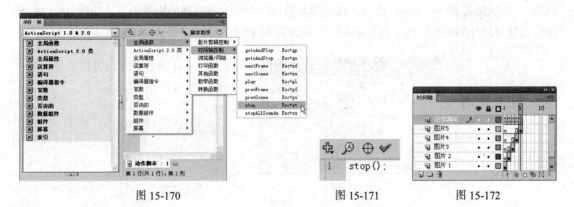

图 15-170　　　　　　　　　　　图 15-171　　　　　　　图 15-172

2．绘制色块图形

（1）在"库"面板中新建图形元件"色块"，舞台窗口也随之转换为图形元件的舞台窗口。选择"矩形"工具 ，在工具箱中将笔触颜色设为无，填充色设为粉红色（#FFCDFF）。在舞台窗口中绘制出一个矩形，选择"选择"工具 ，选中矩形，在形状"属性"面板中单击"约束"按钮 ，将其更改为解锁状态 ，将"宽"选项设为 556，"高"选项设为 360，将"X"和"Y"选项分别设为 0。矩形色块效果如图 15-173 所示。

（2）在"库"面板中新建一个影片剪辑元件"渐显"，舞台窗口也随之转换为影片剪辑元件的舞台窗口。将"图层 1"重新命名为"图片"。将"库"面板中的影片剪辑元件"照片"拖曳到舞台窗口中，在影片剪辑"属性"面板中，将"X"和"Y"选项分别设为 0，在"实例名称"选项的文本框中输入"zhaopian"，如图 15-174 所示。选中"图片"图层的第 10 帧，按 F5 键，在该帧上插入普通帧。

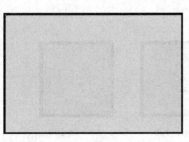

图 15-173　　　　　　　　　　　图 15-174

（3）在"时间轴"面板中创建新图层并将其命名为"色块"。将"库"面板中的图形元件"色块"拖曳到舞台窗口中，选中"色块"实例，在图形"属性"面板中将"X"和"Y"选项分别设为 0。选中"色块"图层的第 10 帧，按 F6 键，在该帧上插入关键帧，如图 15-175 所示。选中第 10 帧，选中舞台窗口中的"色块"实例，在图形"属性"面板中选择"色彩效果"选项组，在"样式"选项的下拉列表中选择"Alpha"，将其值设为 0。

（4）用鼠标右键单击"色块"图层的第 1 帧，在弹出的菜单中选择"创建传统补间"命令，生成动作补间动画。在"时间轴"面板中创建新图层并将其命名为"动作脚本"。选中"动作脚本"图层的第 10 帧，按 F6 键，在该帧上插入关键帧。

（5）在"动作"面板中单击"将新项目添加到脚本中"按钮 ，在弹出的菜单中选择"全局函数 > 时间轴控制 > stop"命令，在"脚本窗口"中显示出选择的脚本语言，如图 15-176 所示。设置好动作脚本后，在"动作脚本"图层的第 10 帧上显示出一个标记"a"。

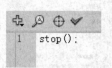

图 15-175　　　　　　　　　　　　　　　图 15-176

3. 绘制按钮图形

（1）在"库"面板中新建一个按钮元件"按钮 1"，舞台窗口也随之转换为按钮元件的舞台窗口。选择"窗口 > 颜色"命令，弹出"颜色"面板，选中"填充颜色"按钮 ，将填充颜色设为粉色（#FF98CC），如图 15-177 所示。

（2）选择"矩形"工具 ，在工具箱中将笔触颜色设为无，填充色为刚才设置好的粉色。按住 Shift 键，在舞台窗口中绘制一个正方形。选择"选择"工具 ，选中正方形，在形状"属性"面板中将"宽"和"高"选项分别设为 46.5，"X"和"Y"选项分别设为 0，图形效果如图 15-178 所示。

（3）选择"文本"工具 ，在文本"属性"面板中进行设置，在舞台窗口中输入需要的白色数字，效果如图 15-179 所示。

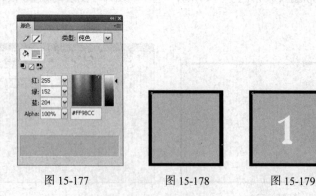

图 15-177　　　　　　图 15-178　　　　　　图 15-179

（4）用鼠标右键单击"库"面板中的按钮元件"按钮 1"，在弹出的菜单中选择"直接复制"命令，弹出"直接复制元件"对话框，在"名称"选项的文本框中重新输入"按钮 2"，如图 15-180 所示，单击"确定"按钮，复制出新的按钮元件"按钮 2"。双击"库"面板中的元件"按钮 2"，舞台窗口转换为元件"按钮 2"的舞台窗口。选择"文本"工具 **T**，将数字"1"更改为"2"，效果如图 15-181 所示。

（5）用相同的方法复制出按钮元件"按钮 3"、"按钮 4"、"按钮 5"，并将按钮中的数字更改为同按钮名称上的数字相同（"按钮 3"中的数字为"3"；"按钮 4"中的数字为"4"；"按钮 5"中的数字为"5"），如图 15-182 所示。

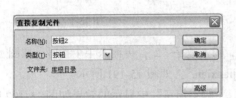

图 15-180　　　　　　　　图 15-181　　　　　　　　图 15-182

（6）在"库"面板中新建一个影片剪辑元件"菜单"，舞台窗口也随之转换为影片剪辑元件的舞台窗口。将"图层 1"重新命名为"底图"。在"颜色"面板中选中"填充颜色"按钮 ♦ □ ，将填充颜色设为白色，将"Alpha"选项设为 50。

（7）选择"矩形"工具 □ ，在工具箱中将笔触颜色设为无，填充色为刚才设置好的半透明白色。在舞台窗口中绘制一个矩形，选择"选择"工具 ▶ ，选中矩形，在形状"属性"面板中将"宽"和"高"选项分别设为 74、360，"X"和"Y"选项分别设为 0，图形效果如图 15-183 所示。

（8）在"时间轴"面板中创建新图层并将其命名为"按钮"。将"库"面板中的按钮元件"按钮 1"、"按钮 2"、"按钮 3"、"按钮 4"、"按钮 5"拖曳到舞台窗口中，将所有按钮竖直排放，效果如图 15-184 所示。选中所有按钮，调出"对齐"面板，单击"水平中齐"按钮 呂 和"垂直居中分布"按钮 吕 ，将选中的按钮进行对齐，效果如图 15-185 所示。

（9）在舞台窗口中选中"按钮 1"实例，在"动作"面板中单击"将新项目添加到脚本中"按钮 ♣ ，在弹出的菜单中选择"全局函数 > 影片剪辑控制 > on"命令，在"脚本窗口"中显示出选择的脚本语言，在下拉列表中选择"release"，如图 15-186 所示。

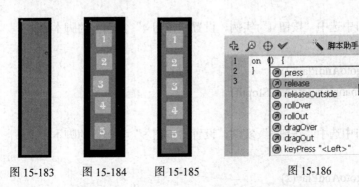

图 15-183　　图 15-184　　图 15-185　　　　图 15-186

（10）将鼠标光标放置在第 1 行脚本语言的最后，按 Enter 键，光标显示到第 2 行，如图 15-187

所示。单击"将新项目添加到脚本中"按钮 ，在弹出的菜单中选择"全局属性 > 标识符 > _parent"命令。在"脚本窗口"中显示出选择的脚本语言，如图 15-188 所示，将光标放置在脚本语言"_parent"的后面，按 Del 键，在脚本语言后面加一个点，这时会弹出下拉列表，选择"gotoAndPlay"，如图 15-189 所示。

图 15-187

图 15-188

图 15-189

（11）选中后，在脚本语言的后面有半个括号，输入数字"2"，再输入半个括号，如图 15-190 所示，在脚本语言"_parent."的后面输入字母"jianxian."，如图 15-191 所示。

（12）再用相同的方法，设置第 2 行脚本语言，"脚本窗口"中显示的效果如图 15-192 所示。

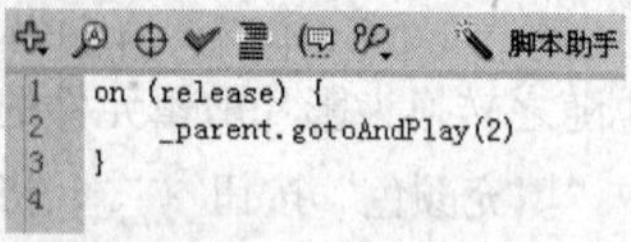

图 15-190

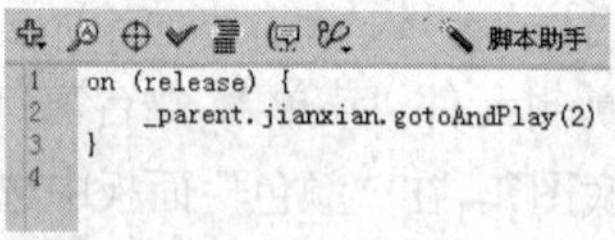

图 15-191

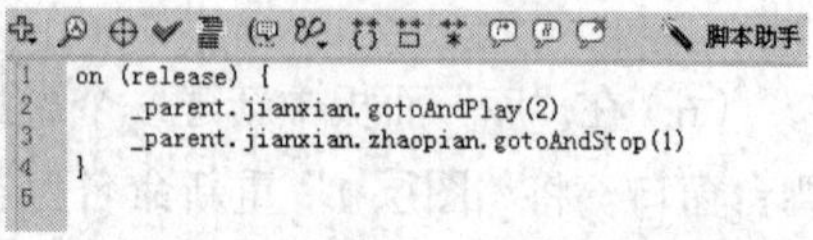

图 15-192

（13）在舞台窗口中选中"按钮 2"实例，用相同的方法设置"按钮 2"实例上的脚本语言：

on (release) {

_parent.jianxian.gotoAndPlay(2)

_parent.jianxian.zhaopian.gotoAndStop(2)

}

（14）在舞台窗口中选中"按钮 3"实例，设置"按钮 3"实例上的脚本语言：

on (release) {

_parent.jianxian.gotoAndPlay(2)

_parent.jianxian.zhaopian.gotoAndStop(3)

}

（15）在舞台窗口中选中"按钮 4"实例，设置"按钮 4"实例上的脚本语言：

on (release) {

_parent.jianxian.gotoAndPlay(2)

_parent.jianxian.zhaopian.gotoAndStop(4)

}

（16）在舞台窗口中选中"按钮 5"实例，设置"按钮 5"实例上的脚本语言：

on (release) {

_parent.jianxian.gotoAndPlay(2)

_parent.jianxian.zhaopian.gotoAndStop(5)

```
}
```

（17）在"时间轴"面板中创建新图层并将其命名为"装饰"。选择"线条"工具 ，在工具箱中将笔触颜色设为白色，在"按钮 1"实例的左上方绘制一个十字，效果如图 15-193 所示。用相同的方法，在"按钮 1"实例的周围绘制十字，效果如图 15-194 所示。在每个按钮实例的周围绘制十字，效果如图 15-195 所示。

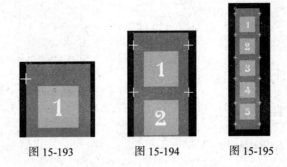

图 15-193　　　　　图 15-194　　　　　图 15-195

4．制作动画效果

（1）单击"时间轴"面板下方的"场景 1"图标 ，进入"场景 1"的舞台窗口。将"图层 1"重新命名为"渐显"。将"库"面板中的影片剪辑元件"渐显"拖曳到舞台窗口中，选中"渐显"实例，选择影片剪辑"属性"面板，在"实例名称"选项的文本框中输入"jianxian"，将"X"选项设为 32，"Y"选项设为 56，如图 15-196 所示。将实例放置在舞台窗口的下方，如图 15-197 所示。

图 15-196　　　　　　　　　图 15-197

（2）在"时间轴"面板中创建新图层并将其命名为"菜单"。将"库"面板中的影片剪辑元件"菜单"拖曳到舞台窗口中，放置在"渐显"实例的左侧，效果如图 15-198 所示。

（3）选中"菜单"实例，选择影片剪辑"属性"面板，在"实例名称"选项的文本框中输入"caidan"。在"时间轴"面板中创建新图层并将其命名为"边框"。将"库"面板中的图形元件"元件 6，拖曳到舞台窗口中。将"X"和"Y"选项分别设为 0，将图片放置在中心位置，效果如图 15-199 所示。

图 15-198　　　　　　　　　图 15-199

（4）在"时间轴"面板中创建新图层并将其命名为"动作脚本"。选择"动作"面板，在"脚本窗口"中设置脚本语言，如图 15-200 所示。收藏礼物相册效果制作完成，按 Ctrl+Enter 组合键即可查看效果，用鼠标单击菜单中的数字 1，效果如图 15-201 所示。

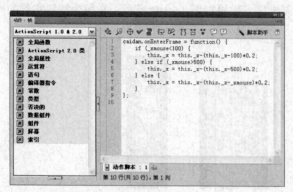

图 15-200

图 15-201

课堂练习——儿童照片电子相册

【练习知识要点】使用变形面板改变照片的大小。使用属性面板改变照片的不透明度。使用矩形工具制作边框元件。使用属性面板改变边框元件的属性来制作照片底图效果，如图 15-202 所示。

【效果所在位置】光盘/Ch15/效果/儿童照片电子相册.fla。

图 15-202

课后习题——情侣照片电子相册

【习题知识要点】使用钢笔工具绘制按钮图形。使用创建传统补间命令制作动画效果。使用遮罩层命令制作挡板图形。使用 Deco 工具制作背景效果。使用动作面板添加脚本语言，如图 15-203 所示。

【效果所在位置】光盘/Ch15/效果/情侣照片电子相册.fla。

图 15-203

第16章
广告设计

　　广告可以帮助公司树立品牌、拓展知名度、提高销售量。本章以多个主题的广告为例，讲解广告的设计方法和制作技巧。通过学习本章的内容，可以掌握广告的设计思路和制作要领，创作出完美的网络广告。

课堂学习目标

- 了解广告的概念
- 了解广告的传播方式
- 了解广告的表现形式
- 掌握广告动画的设计思路
- 掌握广告动画的制作方法和技巧

16.1 广告设计概述

广告设计是视觉传达艺术设计的一种，其价值在于把产品载体的功能特点通过一定的方式转换成视觉元素，使之更直观地面对消费者。广告的媒体很多，也是大面积、多层次展现企业或产品形象的最有力手段。广告设计奠基在广告学与设计上面，代替产品、品牌、活动等做广告。网络时代到来之后，网络广告其实就是最新的广告设计和表现形式。效果如图 16-1 所示。

图 16-1

16.2 健身舞蹈广告

16.2.1 案例分析

近年来，广大人民群众的生活水平日益提高，健康意识深入人心，健身热潮持续升温。健身舞蹈是一种集体性健身活动形式，编排新颖，动作简单，易于普及，已经成为现代人热衷的健身娱乐方式。健身舞蹈广告要表现出健康、时尚、积极、进取的主题。

在设计制作过程中，以蓝色的背景和彩色的圆环表现生活的多彩。以正在舞蹈的人物剪影表现出运动的生机和活力。以跃动的节奏图形和主题文字激发人们参与健身舞蹈的热情。

本例将使用矩形工具和任意变形工具制作声音条动画效果；使用逐帧动画制作文字动画效果；使用创建传统补间命令制作人物变色效果。

16.2.2 案例设计

本案例的设计流程如图 16-2 所示。

图 16-2

16.2.3 案例制作

1. 导入图片并制作人物动画

（1）选择"文件 > 新建"命令，在弹出的"新建文档"对话框中选择"Flash 文件"选项，单击"确定"按钮，进入新建文档舞台窗口。按 Ctrl+F3 组合键，弹出文档"属性"面板，单击面板中的"编辑"按钮 编辑… ，弹出"文档属性"对话框，将舞台窗口的宽设为 350，高设为 500，将背景颜色设为蓝色（#00CBFF），单击"确定"按钮，改变舞台窗口的大小。

（2）选择"文件 > 导入 > 导入到库"命令，在弹出的"导入到库"对话框中选择"Ch16 > 素材 > 健身舞蹈广告 > 01、02、03"文件，单击"打开"按钮，文件被导入到"库"面板中，如图 16-3 所示。

（3）单击"新建元件"按钮，新建影片剪辑元件"人动"。将"库"面板中的图形元件"元件 1"拖曳到舞台窗口左侧，选择"任意变形"工具，按住 Shift 键将"元件 1"实例等比例缩小。单击"时间轴"面板下方的"新建图层"按钮，生成新的"图层 2"。将"库"面板中的图形"元件 2"拖曳到舞台窗口右侧，选择"任意变形"工具，按住 Shift 键将"元件 2"实例等比例缩小，效果如图 16-4 所示。

图 16-3   图 16-4

（4）分别选中"图层 1"、"图层 2"的第 8 帧，按 F6 键，在选中的帧上插入关键帧，在舞台窗口中选中对应的人物，按住 Shift 键，分别将其向舞台中心水平拖曳，效果如图 16-5 所示。

（5）分别用鼠标右键单击"图层 1"、"图层 2"的第 1 帧，在弹出的菜单中选择"创建传统补间"命令，生成传统动作补间动画，如图 16-6 所示。

（6）分别选中"图层 1"、"图层 2"的第 30 帧，按 F5 键，在选中的帧上插入普通帧。分别选中"图层 1"的第 13 帧、第 14 帧，在选中的帧上插入关键帧。

（7）选中"图层 1"的第 13 帧，在舞台窗口中选中"元件 1"实例，在图形"属性"面板中选择"色彩效果"选项组，在"样式"选项的下拉列表中选择"色调"，将颜色设为白色，其他选项为默认值，舞台窗口中的效果如图 16-7 所示。

图 16-5

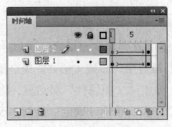
图 16-6

图 16-7

（8）选中"图层 1"的第 13 帧和第 14 帧，用鼠标右键单击被选中的帧，在弹出的菜单中选择"复制帧"命令，将其复制。用鼠标右键单击"图层 1"的第 20 帧，在弹出的菜单中选择"粘贴帧"命令，将复制过的帧粘贴到第 20 帧中。

（9）分别选中"图层 2"的第 12 帧、第 13 帧，在选中的帧上插入关键帧。选中"图层 2"的第 12 帧，在舞台窗口中选中"元件 2"实例，用步骤（7）中的方法对其进行同样的操作，效果如图 16-8 所示。选中"图层 2"的第 12 帧和第 13 帧，将其复制，并粘贴到"图层 2"的第 19 帧中，如图 16-9 所示。

图 16-8

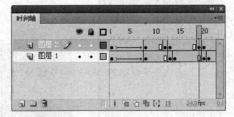
图 16-9

2. 制作影片剪辑元件

（1）单击"新建元件"按钮 ，新建影片剪辑元件"声音条"。选择"矩形"工具 ，在工具箱中将笔触颜色设为无，填充色设为白色，在舞台窗口中竖直绘制多个矩形，选中所有矩形，选择"窗口 > 对齐"命令，弹出"对齐"面板，单击"底对齐"按钮 ，将所有矩形底对齐，效果如图 16-10 所示。

（2）选中"图层 1"的第 8 帧，按 F5 键，在选中的帧上插入普通帧。分别选中第 3 帧、第 5 帧、第 7 帧，在选中的帧上插入关键帧。选中"图层 1"的第 3 帧，选择"任意变形"工具 ，在舞台窗口中随机改变各矩形的高度，保持底对齐。用步骤（2）的方法分别对"图层 1"的第 5 帧、第 7 帧所对应舞台窗口中的矩形进行操作。

（3）单击"新建元件"按钮 ，新建影片剪辑元件"文字"。选择"文本"工具 ，在文本"属性"面板中进行设置，分别在舞台窗口中输入需要的蓝色（#00A0E9）文字，效果如图 16-11 所示。

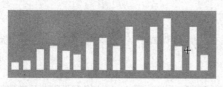

图 16-10

图 16-11

（4）选中文字，按 Ctrl+B 组合键将其打散。分别选择"健康生活"和"由我做主"，选择"任意变形"工具 ，单击工具箱下方的"扭曲"按钮 ，拖动控制点将文字变形，并放置到合适的位置，效果如图 16-12 所示。

（5）选中"图层 1"的第 4 帧，按 F5 键，在选中的帧上插入普通帧。选中第 3 帧，在该帧上插入关键帧。在工具箱中将填充色设为白色，舞台窗口中的效果如图 16-13 所示。

图 16-12

图 16-13

（6）单击"新建元件"按钮 ，新建影片剪辑元件"圆动"。将"库"面板中的图形元件"元件 3"拖曳到舞台窗口中，效果如图 16-14 所示。分别选中"图层 1"的第 9 帧、第 16 帧，在选中的帧上插入关键帧。选中"图层 1"图层的第 9 帧，在舞台窗口中选中"元件 3"实例，选择"任意变形"工具 ，按住 Shift 键拖动控制点，将其等比例缩小，效果如图 16-15 所示。

（7）分别用鼠标右键单击"图层 1"的第 1 帧、第 9 帧，在弹出的菜单中选择"创建传统补间"命令，生成传统动作补间动画，如图 16-16 所示。

图 16-14

图 16-15

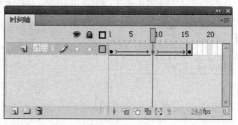

图 16-16

3．制作动画效果

（1）单击"时间轴"面板下方的"场景 1"图标 场景 1，进入"场景 1"的舞台窗口。将"图层 1"重新命名为"圆"。将"库"面板中的影片剪辑元件"圆动"向舞台窗口中拖曳 3 次，选择"任意变形"工具 ，按需要分别调整"圆动"实例的大小，并放置到合适的位置，如图 16-17 所示。

（2）在"时间轴"面板中创建新图层并将其命名为"文字"。将"库"面板中的影片剪辑元件"文字"拖曳到舞台窗口中，效果如图 16-18 所示。

（3）在"时间轴"面板中创建新图层并将其命名为"声音条"。将"库"面板中的影片剪辑元件"声音条"拖曳到舞台窗口中，选择"任意变形"工具 ，将其调整到合适的大小，并放置到合适的位置，效果如图 16-19 所示。

（4）在"时间轴"面板中创建新图层并将其命名为"人物"。将"库"面板中的影片剪辑元件"人动"拖曳到舞台窗口中，效果如图 16-20 所示。健身舞蹈广告效果制作完成，按 Ctrl+Enter 组合键即可查看效果。

图 16-17   图 16-18   图 16-19   图 16-20

16.3　时尚戒指广告

16.3.1　案例分析

戒指现在已经成为时尚和爱情的象征物品，它既是时尚人士最喜爱的装饰品，也是情侣们的定情物。戒指广告要表现出戒指产品的尊贵奢华、时尚典雅，营造出温馨浪漫的氛围。

在设计制作过程中，通过红色的丝光背景效果营造出华贵的气氛，通过飘带动画表现出潮流的感觉。绘制高光的戒指来突出产品的形象及特点。添加广告文字明示广告产品的定位。

本例将使用钢笔工具绘制飘带图形并制作动画效果；使用铅笔工具和颜色面板制作戒指的高光图形；使用文本工具添加广告语。

16.3.2　案例设计

本案例的设计流程如图 16-21 所示。

图 16-21

16.3.3　案例制作

1．导入图片并绘制飘带图形

（1）选择"文件 > 新建"命令，在弹出的"新建文档"对话框中选择"Flash 文件"选项，单击"确定"按钮，进入新建文档舞台窗口。按 Ctrl+F3 组合键，弹出文档"属性"面板，单击面板中的"编辑"按钮 编辑... ，弹出"文档属性"对话框，将舞台窗口的宽设为 600，高设为 250，单击"确定"按钮，改变舞台窗口的大小。

（2）选择"文件 > 导入 > 导入到库"命令，在弹出的"导入到库"对话框中选择"Ch16 > 素材 > 时尚戒指广告 > 01、02、03"文件，单击"打开"按钮，文件被导入到"库"面板中，如图 16-22 所示。

（3）将"库"面板中的位图"01"拖曳到舞台窗口中，选择"任意变形"工具，在舞台窗口中调整实例"01"的大小，如图 16-23 所示。将"图层 1"重新命名为"背景"。单击"时间轴"面板下方的"新建图层"按钮，创建新图层并将其命名为"背景字"，将"库"面板中的位图"02"拖曳到舞台窗口中，效果如图 16-24 所示。

图 16-22　　　　　　　　　　图 16-23　　　　　　　　　　图 16-24

（4）单击"时间轴"面板下方的"新建图层"按钮，创建新图层并将其命名为"飘带"。选择"钢笔"工具，在工具箱中将笔触颜色设为白色。在背景的左侧用鼠标单击，创建第 1 个锚点，如图 16-25 所示，在背景的上方再次单击鼠标，创建第 2 个锚点，将鼠标按住不放并向右拖曳到适当的位置，将直线转换为曲线，效果如图 16-26 所示。

图 16-25　　　　　　　　　　图 16-26

（5）用相同的方法，应用"钢笔"工具绘制出飘带的外边线，取消选取状态，效果如图

16-27 所示。选择"选择"工具 ，选择"窗口 > 颜色"命令，弹出"颜色"面板，选中"填充颜色"选项 ，将填充颜色设为白色，将"Alpha"选项设为 35%，如图 16-28 所示。

图 16-27   图 16-28

（6）选择"颜料桶"工具 ，在飘带外边线的内部单击鼠标，填充透明色，效果如图 16-29 所示。选择"选择"工具 ，在飘带的外边线上双击鼠标，选中所有的边线，按 Delete 键删除边线，效果如图 16-30 所示。

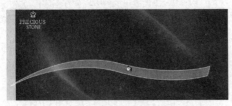

图 16-29   图 16-30

2. 复制飘带并制作动画效果

（1）选中飘带，用鼠标右键单击飘带，在弹出的菜单中选择"复制"命令，将其进行复制。调出"库"面板，在"库"面板下方单击"新建元件"按钮 ，弹出"创建新元件"对话框，在"名称"选项的文本框中输入"飘带动"，在"类型"选项的下拉列表中选择"影片剪辑"，单击"确定"按钮，新建影片剪辑元件"飘带动"，舞台窗口也随之转换为影片剪辑元件的舞台窗口。为便于观看，将背景颜色设为灰色。用鼠标右键单击舞台窗口，在弹出的菜单中选择"粘贴"命令，将复制过的飘带粘贴到舞台窗口中。选中飘带图形，调出"变形"面板，将"缩放宽度"和"缩放高度"选项分别设为 122，飘带效果如图 16-31 所示。

（2）在"时间轴"面板中分别选中"图层 1"的第 18 帧和第 50 帧，按 F6 键，在选中的帧上插入关键帧。选中第 18 帧，选择"任意变形"工具 ，在工具箱下方选中"封套"按钮 。此时，飘带图形的周围出现控制点，效果如图 16-32 所示。

图 16-31   图 16-32

（3）拖曳控制点来改变飘带的弧度，效果如图 16-33 所示。选择"选择"工具 ，在飘带图形的外部单击鼠标，取消对飘带图形的选取，效果如图 16-34 所示。

（4）分别在第 1 帧和第 18 帧上单击鼠标右键，在弹出菜单中选择"创建形状补间"命令，生成形状补间动画，如图 16-35 所示。

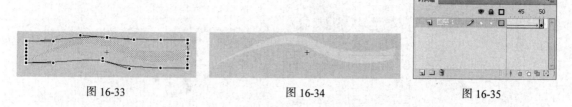

图 16-33　　　　　　　　　　图 16-34　　　　　　　　　　图 16-35

3. 制作高光动画

（1）在"库"面板中新建一个影片剪辑元件"高光动"，如图 16-36 所示，窗口也随之转换为影片剪辑元件的舞台窗口。将"图层 1"重新命名为"戒指"。将"库"面板中的位图"03"拖曳到舞台窗口中，效果如图 16-37 所示。

（2）单击"时间轴"面板下方的"新建图层"按钮 ，创建新图层并将其命名为"高光"。选择"铅笔"工具 ，在工具箱中将笔触颜色设为红色，在工具箱下方选中"平滑"模式 。沿着戒指的表面绘制一个闭合的月牙状边框，如图 16-38 所示。选择"选择"工具 ，修改边框的平滑度。删除"戒指"图层，效果如图 16-39 所示。

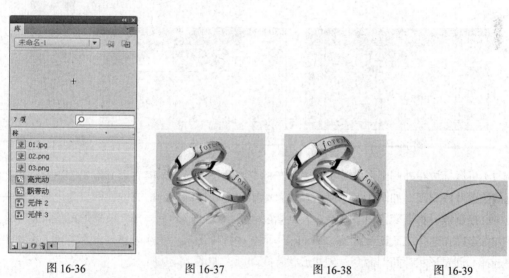

图 16-36　　　　　　图 16-37　　　　　　图 16-38　　　　　　图 16-39

（3）选择"颜料桶"工具 ，在工具箱中将填充颜色设为白色，在边框的内部单击鼠标，将边框内部填充为白色。选择"选择"工具 ，用鼠标双击红色的边框，将边框全选，按 Delete 键删除边框，效果如图 16-40 所示。

（4）选择"颜色"面板，在"类型"选项的下拉列表中选择"线性"，在色带上单击鼠标，创建一个新的控制点。将第 1 个控制点设为白色，其"Alpha"选项设为 0%；将第 2 个控制点设为白色并放置在色带的中间；将第 3 个控制点设为白色，其"Alpha"选项设为 0%，如图 16-41 所示。设置出透明到白，再到透明的渐变色。选择"颜料桶"工具 ，在月牙图形中从右上方向左下方拖曳渐变色，编辑状态如图 16-42 所示，松开鼠标，渐变色显示在月牙图形的上半部，效果如图 16-43 所示。

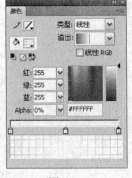

图 16-40

图 16-41

图 16-42

图 16-43

（5）在"时间轴"面板中选中第 50 帧，按 F6 键，在该帧上插入关键帧。选中第 60 帧，按 F5 键，在该帧上插入普通帧，如图 16-44 所示。用鼠标右键单击第 50 帧，在弹出的菜单中选择"转换为空白关键帧"命令，从第 51 帧开始转换为空白关键帧，如图 16-45 所示。

（6）选中第 50 帧，选择"渐变变形"工具，在舞台窗口中单击渐变色，出现控制点和控制线，如图 16-46 所示。

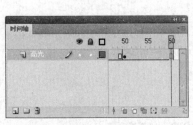
图 16-44

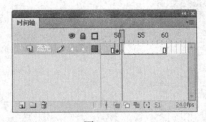
图 16-45

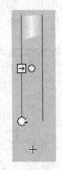
图 16-46

（7）将鼠标放在外侧圆形的控制点上，光标变为环绕形箭头，向右上方拖曳控制点，改变渐变色的位置及倾斜度，如图 16-47 所示。将鼠标放在中心控制点的上方，光标变为十字形箭头，拖曳中心控制点，将渐变色向下拖曳，直到渐变色显示在图形的下半部，效果如图 16-48 所示。

（8）选择"选择"工具，在"时间轴"面板中选中图层的第 1 帧单击鼠标右键，在弹出菜单中选择"创建形状补间"命令，创建形状补间动画，如图 16-49 所示。

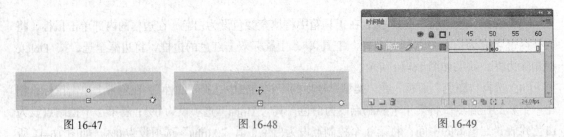
图 16-47

图 16-48

图 16-49

4．制作星星动画

（1）在"库"面板中新建图形元件"星星"，舞台窗口也随之转换为图形元件的舞台窗口，选择"矩形"工具，在工具箱中将笔触颜色设为无，填充色设为白色，在舞台窗口中绘制出矩形。

选择"选择"工具 ，选中矩形，在形状"属性"面板中将"宽度"选项设为 1.2，"高度"选项设为 36，矩形效果如图 16-50 所示。

（2）在"颜色"面板中设置同制作高光效果小节中的（4）一样的线性渐变色，选择"颜料桶"工具 ，按住 Shift 键，从矩形的上方向下方拖曳渐变色，编辑状态如图 16-51 所示，松开鼠标，效果如图 16-52 所示。选择"选择"工具 ，选中矩形，按 Ctrl+G 组合键将其进行组合。

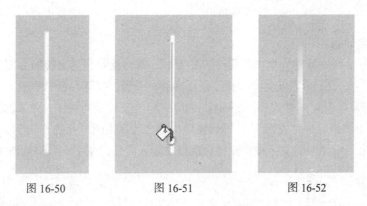

图 16-50　　　　　　图 16-51　　　　　　图 16-52

（3）调出"变形"面板，单击面板下方的"重制选区和变形"按钮 ，将"旋转"选项设为 45，如图 16-53 所示，效果如图 16-54 所示。

（4）用相同的方法，再复制并旋转 2 次矩形，效果如图 16-55 所示。在"库"面板中新建一个影片剪辑元件"星星动"，如图 16-56 所示。舞台窗口也随之转换为影片剪辑元件的舞台窗口。

图 16-53　　　　　　图 16-54　　　　　　图 16-55　　　　　　图 16-56

（5）将"库"面板中的图形元件"星星"拖曳到舞台窗口中，在"时间轴"面板中分别选中第 13 帧和第 25 帧，按 F6 键，在选中的帧上插入关键帧。选中第 1 帧，在舞台窗口中选中"星星"实例，在图形"属性"面板中选择"色彩效果"选项组，在"样式"选项的下拉列表中选择"Alpha"，将其值设为 0，如图 16-57 所示，"星星"实例变为透明，效果如图 16-58 所示。用相同的方法将第 25 帧中的"星星"实例设置为透明。用鼠标右键单击第 1 帧和第 13 帧，在弹出的菜单中选择"创建传统补间"命令，创建传统动作补间动画，如图 16-59 所示。

图 16-57

图 16-58

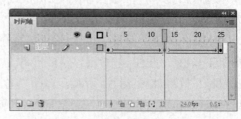

图 16-59

5．制作文字动画

（1）在"库"面板中新建一个图形元件"文字 1"，舞台窗口也随之转换为图形元件的舞台窗口。选择"文本"工具 T，在文本"属性"面板中进行设置，在舞台窗口中输入需要的白色文字并选取文字，选择"文本 > 样式 > 仿斜体"命令，将文字转换为斜体，效果如图 16-60 所示。

（2）新建一个图形元件"文字 2"，舞台窗口也随之转换为图形元件"文字 2"的舞台窗口。用与元件"文字 1"中相同的文字设置在舞台窗口中输入需要的文字，效果如图 16-61 所示。

图 16-60

图 16-61

（3）新建一个影片剪辑元件"字动"，舞台窗口也随之转换为影片剪辑元件的舞台窗口。将"图层 1"重新命名为"文字 1"。将"库"面板中的图形元件"文字 1"拖曳到舞台窗口中。在"时间轴"面板中选中第 20 帧和第 32 帧，按 F6 键，在选中的帧上插入关键帧。在"时间轴"面板中创建新图层并将其命名为"文字 2"。选中"文字 2"图层的第 32 帧，按 F6 键，在该帧上插入关键帧，如图 16-62 所示。

（4）选中"文字 2"图层的第 32 帧，将"库"面板中的元件"文字 2"拖曳到舞台窗口中，并与"文字 1"图层中的文字相互重叠，效果如图 16-63 所示。选中"文字 2"图层的第 54 帧和第 71 帧，按 F6 键，在选中的帧上插入关键帧，如图 16-64 所示。

图 16-62

图 16-63

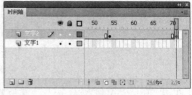

图 16-64

（5）选中"文字 1"图层的第 1 帧，选中舞台窗口中的"文字 1"实例，在图形"属性"面板中选择"色彩效果"选项组，在"样式"选项的下拉列表中选择"Alpha"，将其值设为 0，"文字 1"实例变为透明，如图 16-65 所示。

（6）选中"文字 1"图层的第 32 帧，在舞台窗口中选中"文字 1"实例，用相同的方法将"文字 1"实例设置为透明。选中"文字 2"图层的第 32 帧，将舞台窗口中的"文字 2"实例设置为透明。用鼠标右键分别单击"文字 1"图层中的第 1 帧和第 20 帧、"文字 2"图层中的第 32 帧和第 54 帧，在弹出的菜单中选择"创建传统补间"命令，生成动作补间动画，如图 16-66 所示。

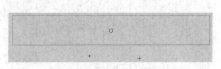

图 16-65

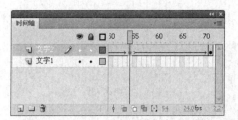

图 16-66

6. 在场景中确定元件的位置

（1）单击"时间轴"面板下方的"场景 1"图标 ，进入"场景 1"的舞台窗口。选中"飘带"图层，将"库"面板中的影片剪辑元件"飘带动"拖曳到舞台窗口中，放置在原有飘带的上方，效果如图 16-67 所示。

（2）在"时间轴"面板中创建新图层并将其命名为"戒指"。将"库"面板中的位图"03"拖曳到舞台窗口中，将其放置在底图的右侧，效果如图 16-68 所示。

（3）在"时间轴"面板中创建新图层并将其命名为"高光"。将"库"面板中的影片剪辑元件"高光动"拖曳到舞台窗口中，将其放置在戒指上，效果如图 16-69 所示。创建新图层并将其命名为"星星"。

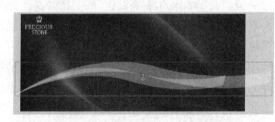

图 16-67

图 16-68

图 16-69

（4）将"库"面板中的影片剪辑元件"星星动"拖曳到舞台窗口中，将其放置在戒指的钻石上，调出"变形"面板，在面板中进行设置，如图 16-70 所示，"星星动"实例扩大，效果如图 16-71 所示。按住 Alt 键，用鼠标将"星星动"实例向另一个戒指上拖曳，将实例进行复制，效果如图 16-72 所示。

图 16-70

图 16-71

图 16-72

（5）单击"时间轴"面板下方的"新建图层"按钮 ，创建新图层并将其命名为"文字"。将"库"面板中的影片剪辑元件"字动"拖曳到舞台窗口中，将其放置在底图的左侧，效果如图 16-73 所示。（由于影片剪辑元件"文字动"中的第 1 帧为透明文字，所以此时只能显示出实例的选中框。）

时尚戒指广告效果制作完成，按 Ctrl+Enter 组合键即可查看效果，效果如图 16-74 所示。

图 16-73   图 16-74

16.4 滑板邀请赛广告

16.4.1 案例分析

滑板运动可谓极限运动历史的鼻祖，许多极限运动项目都是由滑板项目延伸而来的。20 世纪 50 年代末 60 年代初由冲浪运动演变而成的滑板运动，现在已成为地球上最"酷"的运动，深受青少年的喜爱。本例将设计制作世界青少年滑板邀请赛的网络广告，希望借助网络和广告动画的形式表现出青少年热爱运动、挑战极限的精神风貌。

在设计制作过程中，采用黄色这种高明度的颜色作为广告的背景色，可以起到醒目强化的效果。绘制规则的星形和圆形图案，再添加上各种纯色的手绘点状图案，表现出青春的多彩和丰富多样。添加滑板少年来烘托主题，最后通过文字动画和主题文字来点明广告的主题。

本例将使用遮罩层命令制作遮罩动画效果；使用矩形工具和颜色面板制作渐变矩形；使用动作面板设置脚本语言。在制作过程中，要处理好遮罩图形，并准确设置脚本语言。

16.4.2 案例设计

本案例的设计流程如图 16-75 所示。

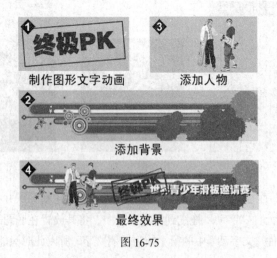

图 16-75

16.4.3　案例制作

1. 导入图形并制作图形和文字元件

（1）选择"文件 > 新建"命令，在弹出的"新建文档"对话框中选择"Flash 文件"选项，单击"确定"按钮，进入新建文档舞台窗口。按 Ctrl+F3 组合键，弹出文档"属性"面板，单击面板中的"编辑"按钮 编辑... ，弹出"文档属性"对话框，将舞台窗口的宽设为 500，高设为100，将背景颜色设为橘黄色（#FFCB30），单击"确定"按钮，改变舞台窗口的大小。

（2）选择"文件 > 导入 > 导入到库"命令，在弹出的"导入到库"对话框中选择"Ch16 > 素材 > 滑板邀请赛广告 > 01、02、03"文件，单击"打开"按钮，文件被导入到"库"面板中，如图 16-76 所示。

（3）单击"新建元件"按钮，新建图形元件"渐变色"。选择"窗口 > 颜色"命令，弹出"颜色"面板，在"类型"选项的下拉列表中选择"线性"，在色带上设置 3 个控制点，选中色带上两侧的控制点，将其设为白色，在"Alpha"选项中将其不透明度设为 0%，选中色带上中间的控制点，将其设为白色，如图 16-77 所示。

（4）选择"矩形"工具，在工具箱中将笔触颜色设为无，在舞台窗口中绘制一个矩形，效果如图 16-78 所示。

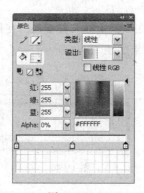

图 16-76　　　　　　　　　　图 16-77　　　　　　　　　　图 16-78

（5）单击"新建元件"按钮，新建图形元件"文字"。选择"文本"工具 T ，在文本"属性"面板中进行设置，在舞台窗口中输入需要的白色文字，效果如图 16-79 所示。

（6）选中文字，按住 Alt 键拖曳文字，将其复制。选中原文字，将其填充为墨绿色（#003300），并放置到复制出来的文字下方，效果如图 16-80 所示。

世界青少年滑板邀请赛　　　　　世界青少年滑板邀请赛

图 16-79　　　　　　　　　　　　　　　图 16-80

2. 制作 PK 框效果

（1）单击"新建元件"按钮，新建图形元件"PK 字"。选择"文本"工具 T ，在文本

"属性"面板中进行设置,在舞台窗口中输入需要的蓝色(#3300FF)文字,效果如图 16-81 所示。

(2)选择"矩形"工具□,在工具箱中将笔触颜色设为蓝色(#3300FF),填充色设为无,在舞台窗口中绘制一个矩形框,选中矩形框,调出形状"属性"面板,将"宽度"、"高度"选项分别设为 112、40,在舞台窗口中将矩形框放置到文字的外侧,效果如图 16-82 所示。

图 16-81　　　　　　　　　　图 16-82

(3)单击"新建元件"按钮□,新建影片剪辑元件"PK 字动"。将"库"面板中的图形元件"PK 字"拖曳到舞台窗口中。选中"图层 1"的第 4 帧,按 F6 键,在该帧上插入关键帧,在舞台窗口中选中"PK 字"实例,选择"任意变形"工具□,将其适当旋转,效果如图 16-83 所示。

(4)单击"新建元件"按钮□,新建影片剪辑元件"PK 框动"。选择"矩形"工具□,调出矩形工具"属性"面板,将"笔触高度"选项设为 3,在舞台窗口中绘制一个矩形框,选中矩形框,调出形状"属性"面板,将"宽度"、"高度"选项分别设为 112、40,舞台窗口中的效果如图 16-84 所示。

(5)选中"图层 1"的第 4 帧,在该帧上插入关键帧,在舞台窗口中选中矩形框,选择"任意变形"工具□,将其适当旋转,效果如图 16-85 所示。

 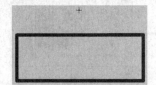 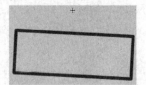

图 16-83　　　　　　　图 16-84　　　　　　　图 16-85

3.制作动画效果

(1)单击"时间轴"面板下方的"场景 1"图标 场景 1,进入"场景 1"的舞台窗口。将"图层 1"重新命名为"描边遮罩"。将"库"面板中的图形元件"03"拖曳到舞台窗口中并调整大小,效果如图 16-86 所示,多次按 Ctrl+B 组合键,将其打散。选中第 65 帧,按 F7 键,在该帧上插入空白关键帧。

(2)单击"时间轴"面板下方的"新建图层"按钮□,创建新图层并将其命名为"渐变色",将其拖曳到"描边遮罩"图层的下方。选中"渐变色"图层,将"库"面板中的图形元件"渐变色"拖曳到舞台窗口中,选择"任意变形"工具□,将其调整到合适的大小,并放置到"03"实例的左侧,效果如图 16-87 所示。

(3)分别选中"渐变色"图层的第 8 帧、第 16 帧、第 23 帧、第 31 帧,在选中的帧上插入关键帧。分别选中"渐变色"图层的第 8 帧、第 23 帧,在舞台窗口中选中"渐变色"实例,按住 Shift 键,将其水平拖曳到"03"实例的右侧,效果如图 16-88 所示。

图 16-86　　　　　　　　　图 16-87　　　　　　　　　图 16-88

（4）分别用鼠标右键单击"渐变色"图层的第 1 帧、第 8 帧、第 16 帧、第 23 帧，在弹出的菜单中选择"创建传统补间"命令，生成传统动作补间动画，按住 Shift 键，选中第 32 帧 ~ 第 65 帧之间所有的帧，单击鼠标右键，在弹出的菜单中选择"删除帧"命令，将其删除，如图 16-89 所示。

（5）用鼠标右键单击"描边遮罩"图层的图层名称，在弹出的菜单中选择"遮罩层"命令，将"描边遮罩"图层转换为遮罩层，如图 16-90 所示。

图 16-89　　　　　　　　　　　　　　　　图 16-90

（6）在"时间轴"面板中创建新图层并将其命名为"背景色块"。选中"背景色块"图层的第 32 帧，在该帧上插入关键帧。将"库"面板中的图形元件"元件 1"拖曳到舞台窗口中，效果如图 16-91 所示。

图 16-91

（7）在"时间轴"面板中创建新图层并将其命名为"彩色图形"。选中"彩色图形"图层的第 37 帧，在该帧上插入关键帧。将"库"面板中的图形元件"元件 2"拖曳到舞台窗口的右边外侧并调整大小，效果如图 16-92 所示。

（8）选中"彩色图形"图层的第 49 帧，在该帧上插入关键帧，在舞台窗口中选中"元件 2"实例，按住 Shift 键，将其水平拖曳到舞台窗口中，效果如图 16-93 所示。

图 16-92　　　　　　　　　　　　图 16-93

（9）用鼠标右键单击"彩色图形"图层的第 37 帧，在弹出的菜单中选择"创建传统补间"命令，生成传统动作补间动画，如图 16-94 所示。

（10）在"时间轴"面板中创建新图层并将其命名为"人物"。选中"人物"图层的第 30 帧，在该帧上插入关键帧。将"库"面板中的图形元件"元件 4"拖曳到舞台窗口中，调整大小并放置到"描边人物"实例中，效果如图 16-95 所示。

（11）选中"人物"图层的第 39 帧，在该帧上插入关键帧。选中"人物"图层的第 30 帧，在舞台窗口中选中"元件 4"实例，在图形"属性"面板中选择面板下方的"色彩效果"选项组，在"样式"选项的下拉列表中选择"Alpha"，将其值设为 40。用鼠标右键单击"人物"图层的第 30 帧，在弹出的菜单中选择"创建传统补间"命令，生成传统动作补间动画，如图 16-96 所示。

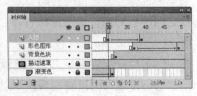

图 16-94   图 16-95   图 16-96

（12）在"时间轴"面板中创建新图层并将其命名为"文字"。选中"文字"图层的第 43 帧，在该帧上插入关键帧。将"库"面板中的图形元件"文字"拖曳到舞台窗口中，效果如图 16-97 所示。

（13）选中"文字"图层的第 52 帧，在该帧上插入关键帧。选中"文字"图层的第 43 帧，在舞台窗口中选中"文字"实例，选择"任意变形"工具，将其放大到舞台窗口大小。用鼠标右键单击"文字"图层的第 43 帧，在弹出的菜单中选择"创建传统补间"命令，生成传统动作补间动画，如图 16-98 所示。

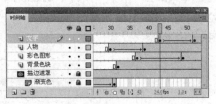

图 16-97   图 16-98

（14）在"时间轴"面板中创建新图层并将其命名为"PK 框动"。选中"PK 框动"图层的第 65 帧，在该帧上插入关键帧。将"库"面板中的影片剪辑元件"PK 框动"拖曳到舞台窗口中，选择"窗口 > 变形"命令，弹出"变形"面板，将"旋转"选项设为 – 10，调出图形"属性"面板，分别将"X"、"Y"选项设为 242.4、11.4，舞台窗口中的效果如图 16-99 所示。

（15）在"时间轴"面板中创建新图层并将其命名为"PK"。选中"PK"图层的第 53 帧，在该帧上插入关键帧。将"库"面板中的图形元件"PK 字"拖曳到舞台窗口中，调出"变形"面板，将"旋转"选项设为 – 20，调出图形"属性"面板，分别将"X"、"Y"选项设为 241.4、16.7，舞台窗口中的效果如图 16-100 所示。

图 16-99   图 16-100

（16）选中"PK"图层的第 63 帧，在该帧上插入关键帧。选中"PK"图层的第 53 帧，在舞台窗口中选中"PK 字"实例，选择"任意变形"工具，将其放大到舞台窗口大小。用鼠标右键单击"PK"图层的第 53 帧，在弹出的菜单中选择"创建传统补间"命令，生成传统动作补间动画，如图 16-101 所示。

（17）选中"PK"图层的第 65 帧，在该帧上插入关键帧。将"库"面板中的影片剪辑元件"PK 字动"拖曳到舞台窗口中，调出"变形"面板，将"旋转"选项设为 – 20，调出图形"属性"面板，分别将"X"、"Y"选项设为 250、53，舞台窗口中的效果如图 16-102 所示。

图 16-101　　　　　　　　　　　　　图 16-102

（18）在"时间轴"面板中创建新图层并将其命名为"动作脚本"。选中"动作脚本"图层的第 65 帧，在该帧上插入关键帧。调出"动作"面板，在面板的左上方将脚本语言版本设置为"Action Script 1.0 & 2.0"，在面板中单击"将新项目添加到脚本中"按钮，在弹出的菜单中依次选择"全局函数 > 时间轴控制 > stop"命令，如图 16-103 所示。在"脚本窗口"中显示出选择的脚本语言，如图 16-104 所示。设置好动作脚本后，关闭"动作"面板。在"动作脚本"图层的第 65 帧上显示出一个标记"a"。滑板邀请赛广告效果制作完成，按 Ctrl+Enter 组合键即可查看效果。

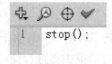

图 16-103　　　　　　　　　　　　　图 16-104

16.5　电子商务广告

16.5.1　案例分析

电子商务通常是指，在全球各地广泛的商业贸易活动中，利用因特网开放的网络环境，基于浏览器/服务器应用方式，使买卖双方不谋面地进行各种商贸活动，实现消费者的网上购物、商户之间的网上交易和在线电子支付以及各种商务、交易、金融及相关的综合服务活动的一种新型商业运营模式。电子商务的网络广告要表现出新型商务模式的特色和便捷高效的商务功能。

在设计制作过程中，利用紫色纹理图案背景，创造出电子商务广告的活跃气氛。通过典型商务人士照片的剪影效果，传达出电子商务的专业性。添加专业的广告宣传语，让人难忘广告主题和服务特色。

本例将使用创建传统补间命令制作人物动画效果；使用颜色面板和矩形工具制作介绍框图形。

16.5.2　案例设计

本案例的设计流程如图 16-105 所示。

图 16-105

16.5.3　案例制作

1. 导入素材创建图形元件

（1）选择"文件 > 新建"命令，在弹出的"新建文档"对话框中选择"Flash 文件"选项，单击"确定"按钮，进入新建文档舞台窗口。按 Ctrl+F3 组合键，弹出文档"属性"面板，单击面板中的"编辑"按钮 编辑... ，弹出"文档属性"对话框，将背景颜色设为紫色（#8A53B3），在弹出的对话框中将舞台窗口的宽度设为 300，高度设为 550，单击"确定"按钮，改变舞台窗口的大小。

（2）将"图层 1"重新命名为"背景图案"。选择"文件 > 导入 > 导入到舞台"命令，在弹出的"导入"对话框中选择"Ch16 > 素材 > 电子商务广告 > 01" 文件，单击"打开"按钮，文件被导入到舞台窗口中，效果如图 16-106 所示。

（3）调出"库"面板，在"库"面板下方单击"新建元件"按钮 ，弹出"创建新元件"对话框，在"名称"选项的文本框中输入"人 1"，在"类型"选项下拉列表中选择"图形"选项，单击"确定"按钮，新建一个图形元件"人 1"，如图 16-107 所示，舞台窗口也随之转换为图形元件的舞台窗口。

（4）选择"文件 > 导入 > 导入到舞台"命令，在弹出的"导入"对话框中选择"Ch16 > 素材 > 电子商务广告 > 02"文件，单击"打开"按钮，弹出提示对话框，询问是否导入序列中的所有图像，单击"否"按钮，文件被导入到舞台窗口中，效果如图 16-108 所示。

（5）用相同的方法创建图形元件"人 2"，在图形元件"人 2"的舞台窗口中导入"Ch16 > 素材 > 电子商务广告 > 03"文件。再创建图形元件"人 3"，在图形元件"人 3"的舞台窗口中导入"Ch16 > 素材 > 电子商务广告 > 04"文件，如图 16-109 所示。

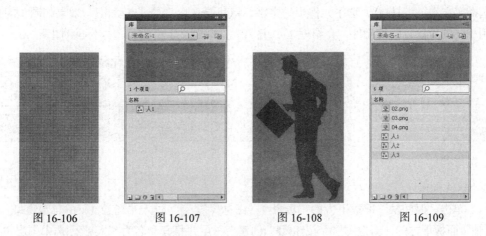

图 16-106　　　　　图 16-107　　　　　图 16-108　　　　　图 16-109

2．创建文字元件

（1）创建图形元件"文字 1"，舞台窗口也随之转换为图形元件"文字 1"的舞台窗口。选择"文本"工具 T，在文字"属性"面板中进行设置，在舞台窗口中输入需要的白色文字"有了电子商务"，效果如图 16-110 所示。用相同的方法创建图形元件"文字 2"，并用相同的文字设置在舞台窗口中输入文字"让你轻松实现"。创建图形元件"介绍框 1"，舞台窗口也随之转换为图形元件"介绍框 1"的舞台窗口。

（2）选择"窗口 > 颜色"命令，弹出"颜色"面板，在"类型"选项的下拉列表中选择"线性"，在色带上将左边的颜色控制点设为橘黄色（#FCB40C），将右边的颜色控制点设为白色，并将其"Alpha"选项设为 36，生成渐变色，如图 16-111 所示。选择"矩形"工具 ，在工具箱中将笔触颜色设为白色，填充颜色为刚才设置好的渐变色，在舞台窗口绘制一个矩形，效果如图 16-112 所示。

图 16-110　　　　　图 16-111　　　　　图 16-112

（3）选择"选择"工具 ，用鼠标框选中图形，在形状"属性"面板中，将"宽度"、"高度"选项分别设为 129、42，将"笔触高度"选项设为 3。按 Ctrl+G 组合键，将图形进行组合。选择"文本"工具 T，在文本"属性"面板中进行设置，在矩形图形上输入白色文字"业务自动化"，将"字符间距"选项设为 – 2，效果如图 16-113 所示。

（4）在"库"面板中用鼠标右键单击元件"介绍框1"，在弹出的菜单中选择"直接复制"命令，弹出"直接复制元件"对话框，在"名称"选项的文本框中输入"介绍框2"，其他选项为默认值，如图16-114所示，单击"确定"按钮，生成元件"介绍框2"。

（5）在"库"面板中双击元件"介绍框2"，舞台窗口随之转换为元件"介绍框2"的舞台窗口。选择"文本"工具 $\boxed{\text{T}}$，选中元件中的文字，将其更改为"沟通自动化"，效果如图16-115所示。用相同的方法复制出元件"介绍框3"，并将元件中的文字更改为"办公自动化"。

图 16-113 　　　　　　　 图 16-114 　　　　　　　 图 16-115

3．制作动画

（1）单击"时间轴"面板下方的"场景1"图标 $\boxed{\text{场景 1}}$，进入"场景1"的舞台窗口。单击"时间轴"面板下方的"新建图层"按钮 $\boxed{\text{}}$，创建新图层并将其命名为"人1"。选中图层"人1"的第12帧，在该帧上插入关键帧。将"库"面板中的元件"人1"拖曳到舞台窗口中，在图形"属性"面板中，将"X"、"Y"选项分别设为75、76，舞台窗口中的效果如图16-116所示。

（2）分别在图层"人1"的第24帧、第44帧、第56帧上插入关键帧（插入关键帧的快捷键为F6键）。选中图层"人1"的第12帧，在舞台窗口中选中人物图形，在图形"属性"面板中，将"X"选项的值修改为296，舞台窗口中的人物图形改变了位置，效果如图16-117所示。

图 16-116 　　　　　　　 图 16-117

（3）用鼠标右键单击第12帧，在弹出的菜单中选择"创建传统补间"命令，生成动作补间动画，如图16-118所示。用鼠标右键单击第44帧，在弹出的菜单中选择"创建传统补间"命令，生成动作补间动画，如图16-119所示。

图 16-118 　　　　　　　　　　　　　 图 16-119

（4）选中第 56 帧，在舞台窗口中选中人物图形，在图形"属性"面板中，将"X"选项的值修改为 – 84，在"样式"选项的下拉列表中选择"Alpha"，将其值设为 0，如图 16-120 所示。设置完成后，舞台窗口中人物图形的不透明度为 0，将只显示出图形的选择边框，效果如图 16-121 所示。

图 16-120

图 16-121

（5）创建新图层并将其命名为"人 2"，选中图层的第 57 帧，在该帧上插入关键帧。将"库"面板中的元件"人 2"拖曳到舞台窗口中，在图形"属性"面板中，将"X"、"Y"选项分别设为 80、76，舞台窗口中的效果如图 16-122 所示。分别在图层"人 2"的第 69 帧、第 84 帧、第 95 帧上插入关键帧，如图 16-123 所示。

（6）选中图层的第 57 帧，在舞台窗口中选中人物图形，在图形"属性"面板中，将"X"选项的值修改为 312，舞台窗口中的人物图形改变了位置，效果如图 16-124 所示。在第 57 帧和第 69 帧之间创建动作补间动画。

图 16-122

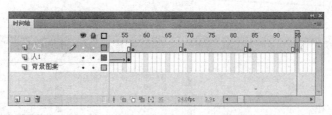
图 16-123

图 16-124

（7）选中第 95 帧，在舞台窗口中选中人物图形，在图形"属性"面板中，将"X"选项的值修改为 – 80，在"样式"选项的下拉列表中选择"Alpha"，将其值设为 0，设置完成后，在舞台窗口中将只显示图形的选择边框。在第 84 帧和第 95 帧之间创建动作补间动画，如图 16-125 所示。

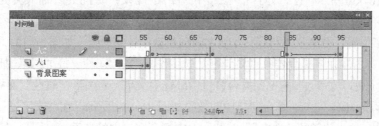
图 16-125

（8）创建新图层并将其命名为"人3"，选中图层的第96帧，在该帧上插入关键帧。将"库"面板中的元件"人3"拖曳到舞台窗口中，在图形"属性"面板中，将"X"、"Y"选项分别设为83、76，舞台窗口中的效果如图16-126所示。分别在图层"人3"的第107帧、第122帧、第134帧上插入关键帧。

（9）选中图层的第96帧，在舞台窗口中选中人物图形，在图形"属性"面板中，将"X"选项的值修改为303，舞台窗口中的人物图形改变了位置，在第96帧和第107帧之间创建动作补间动画。

（10）选中第134帧，在舞台窗口中选中人物图形，在图形"属性"面板中，将"X"选项的值修改为-97，在"样式"选项的下拉列表中选择"Alpha"，将其值设为0，设置完成后，在舞台窗口中将只显示图形的选择边框。在第122帧和第134帧之间创建动作补间动画，如图16-127所示。

图 16-126

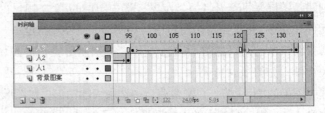

图 16-127

（11）选中"背景图案"图层的第134帧，按F5键，插入普通帧，如图16-128所示。在"人3"图层上方创建新图层并将其命名为"文字1"。选中图层的第12帧，按F6键，插入关键帧。将"库"面板中的元件"文字1"拖曳到舞台窗口中，"时间轴"面板的效果如图16-129所示。

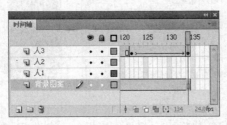

图 16-128

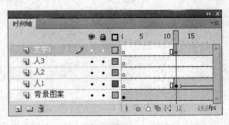

图 16-129

（12）选中文字，在图形"属性"面板中，将"X"、"Y"选项分别设为109、85，舞台窗口中的效果如图16-130所示。在"文字1"图层中选中第24帧，按F6键，插入关键帧。选中第12帧，选中舞台窗口中的文字，在图形"属性"面板中，将"X"选项的值修改为-100，舞台窗口中的文字改变了位置，在第12帧和第24帧之间创建动作补间动画，如图16-131所示。

（13）创建新图层并将其命名为"文字2"。选中图层的第24帧，按F6键，插入关键帧。将"库"面板中的元件"文字2"拖曳到舞台窗口中。选中文字，在图形"属性"面板中，将"X"、"Y"选项分别设为184、131，舞台窗口中的效果如图16-132所示。在"文字2"图层中选中第35帧，按F6键，插入关键帧。选中第24帧，选中舞台窗口中的文字，在图形"属性"面板中，将"X"选项的值修改为 – 95,舞台窗口中的文字改变了位置,在第 24 帧和第 35 帧之间创建动作补间动画,如图 16-133 所示。

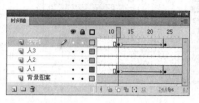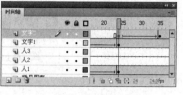

　　图 16-130　　　　　　　图 16-131　　　　　　　图 16-132　　　　　　　图 16-133

　　(14)创建新图层并将其命名为"介绍框 1"。选中图层的第 35 帧,按 F6 键,插入关键帧。将"库"面板中的元件"介绍框 1"拖曳到舞台窗口中。选中图形,在图形"属性"面板中,将"X"、"Y"选项分别设为 90、400,舞台窗口中的效果如图 16-134 所示。在"介绍框 1"图层中选中第 43 帧,按 F6 键,插入关键帧。选中第 35 帧,选中舞台窗口中的图形,在图形"属性"面板中,将"X"选项的值修改为 – 67,舞台窗口中的图形改变了位置,在第 35 帧和第 43 帧之间创建动作补间动画,如图 16-135 所示。

　　(15)创建新图层并将其命名为"介绍框 2"。选中图层的第 73 帧,按 F6 键,插入关键帧。将"库"面板中的元件"介绍框 2"拖曳到舞台窗口中。选中图形,在图形"属性"面板中,将"X"、"Y"选项分别设为 184、461,舞台窗口中的效果如图 16-136 所示。在"介绍框 2"图层中选中第 81 帧,按 F6 键,插入关键帧。选中第 73 帧,选中舞台窗口中的图形,在图形"属性"面板中,将"X"选项的值修改为 – 65,舞台窗口中的图形改变了位置,在第 73 帧和第 81 帧之间创建动作补间动画,如图 16-137 所示。

　　图 16-134　　　　　　　图 16-135　　　　　　　图 16-136　　　　　　　图 16-137

　　(16)创建新图层并将其命名为"介绍框 3"。选中图层的第 109 帧,按 F6 键,插入关键帧。将"库"面板中的元件"介绍框 3"拖曳到舞台窗口中。选中图形,在图形"属性"面板中,将"X"、"Y"选项分别设为 112、521,舞台窗口中的效果如图 16-138 所示。在"介绍框 3"图层中选中第 116 帧,按 F6 键,插入关键帧。选中第 109 帧,选中舞台窗口中的图形,在图形"属性"面板中,将"X"选项的值修改为 – 64,舞台窗口中的图形改变了位置,在第 109 帧和第 116 帧之间创建动作补间动画,如图 16-139 所示。电子商务广告制作完成,按 Ctrl+Enter 组合键即可查看效果。

图 16-138

图 16-139

课堂练习——旅游网站广告

【练习知识要点】使用变形面板改变元件的大小并旋转角度。使用属性面板改变图形的位置。使用动作面板为按钮添加脚本语言，如图 16-140 所示。

【效果所在位置】光盘/Ch16/效果/旅游网站广告.fla。

图 16-140

课后习题——瑜伽中心广告

【习题知识要点】使用椭圆工具和颜色面板绘制圆形按钮。使用文本工具添加文字。使用动作面板设置脚本语言，如图 16-141 所示。

【效果所在位置】光盘/Ch16/效果/瑜伽中心广告.fla。

图 16-141

第17章

网页设计

应用 Flash 技术制作的网页设计打破了以往静止、呆板的网页形式，将网页与动画、音效、视频相结合，使其变得丰富多彩，并增强了交互性。本章以多个主题的网页为例，讲解了网页的设计构思和制作方法，读者通过学习需要掌握网页设计的要领和技巧，从而制作出不同风格的网页作品。

课堂学习目标

- 了解网页的概念
- 了解网页的特点
- 了解网页的表现手法
- 掌握网页的设计思路和流程
- 掌握网页的制作方法和技巧

17.1 网页设计概述

网页设计是一种建立在新型媒体之上的新型设计。它具有很强的视觉效果、互动性、互操作性、受众面广等其他媒体所不具有的特点，它是区别于报刊、影视的一个新媒体。它既拥有传统媒体的优点，同时又使传播变得更为直接、省力和有效。一个成功的网页设计，首先在观念上要确立动态的思维方式，其次，要有效地将图形引入网页设计之中，增加人们浏览网页的兴趣，在崇尚鲜明个性风格的今天，网页设计应增加个性化因素。网页设计区别于网页制作，它是将策划案例中的内容、网站的主题模式，结合设计者的认识，通过艺术的手法表现出来，如图 17-1 所示。

图 17-1

17.2 数码产品网页

17.2.1 案例分析

数码产品网页为用户提供各种数码产品的相关资讯，包括商家专区、促销专区、产品展示、在线订单等内容。在设计数码产品网页时要注意界面美观，布局搭配合理，有利于用户对数码产品的浏览和交易。

在设计制作过程中，先对界面进行合理的布局，将导航栏放在上面区域，这样有利于用户浏览。将产品的介绍、展示放在中间位置，符合用户的阅读习惯。将界面设计为淡雅的蓝色系，体现出数码产品的科技感。通过图形和文字动画的互动，体现出数码产品的时尚性。

本例将使用矩形工具和颜色面板制作白色条图形。使用复制帧和粘贴帧命令制作照相机的切换效果。使用文本工具添加说明文字。

17.2.2 案例设计

本案例的设计流程图如图 17-2 所示。

制作白色条动画　　制作照相机切换

制作型号动画

最终效果

图 17-2

17.2.3　案例制作

1. 导入图片并绘制白色条图形

（1）选择"文件 > 新建"命令，在弹出的"新建文档"对话框中选择"Flash 文件"选项，单击"确定"按钮，进入新建文档舞台窗口。按 Ctrl+F3 组合键，弹出文档"属性"面板，单击面板中的"编辑"按钮 编辑... ，弹出"文档属性"对话框，将舞台窗口的宽设为 650，高设为 400，将背景颜色设为浅紫色（#EDE8FB），单击"确定"按钮，改变舞台窗口的大小。

（2）选择"文件 > 导入 > 导入到库"命令，在弹出的"导入到库"对话框中选择"Ch17>素材 > 数码产品网页 >01、02、03、04、05、06、07、08"文件，单击"打开"按钮，文件被导入到"库"面板中，如图 17-3 所示。

（3）在"库"面板下方单击"新建元件"按钮，弹出"创建新元件"对话框，在"名称"选项的文本框中输入"白色条"，在"类型"选项的下拉列表中选择"图形"选项，单击"确定"按钮，新建图形元件"白色条"，如图 17-4 所示，舞台窗口也随之转换为图形元件的舞台窗口。

图 17-3　　　　　图 17-4

（4）选择"窗口 > 颜色"命令，弹出"颜色"面板，将填充色设为白色，"Alpha"选项设为 50%，选择"矩形"工具，在工具箱中将笔触颜色设为无，在舞台窗口中绘制一个矩形。选中矩形，调出形状"属性"面板，将"宽度"和"高度"选项分别设为 48、365，舞台窗口中的效果如图 17-5 所示。

（5）单击"新建元件"按钮，新建影片剪辑元件"白色条动 1"。将"库"面板中的图形元件"白色条"拖曳到舞台窗口中，效果如图 17-6 所示。

（6）分别选中"图层 1"的第 80 帧、第 160 帧，按 F6 键，在选中的帧上插入关键帧。选中"图层 1"的第 80 帧，在舞台窗口中选中"白色条"实例，按住 Shift 键的同时将其水平向右拖曳到合适的位置，效果如图 17-7 所示。

（7）分别用鼠标右键单击"图层 1"的第 1 帧和第 80 帧，在弹出的菜单中选择"创建传统补间"命令，生成动作补间动画，如图 17-8 所示。

（8）用步骤（5）~步骤（7）的方法制作影片剪辑元件"白色条动 2"，"白色条"实例的运动方向与"白色条动 1"中的"白色条"实例运动方向相反。

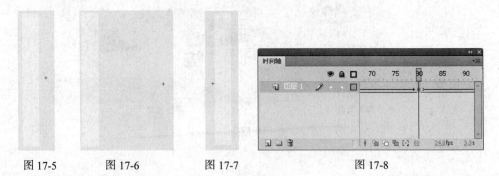

图 17-5　　　　图 17-6　　　　图 17-7　　　　　　图 17-8

2. 制作照相机自动切换效果

（1）单击"新建元件"按钮，新建影片剪辑元件"照相机切换"。将"图层 1"重新命名为"照相机 1"。将"库"面板中的位图"03"拖曳到舞台窗口中心位置，效果如图 17-9 所示。选中"照相机 1"图层的第 15 帧，按 F5 键，在该帧上插入普通帧。

（2）单击"时间轴"面板下方的"新建图层"按钮，创建新图层并将其命名为"照相机 2"。选中"照相机 2"图层的第 18 帧，在该帧上插入关键帧。将"库"面板中的位图"04"拖曳到舞台窗口中心位置。选中"照相机 2"图层的第 32 帧，在该帧上插入普通帧，如图 17-10 所示。

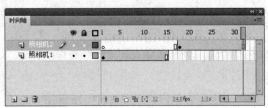

图 17-9　　　　　　　　　　　　图 17-10

（3）在"时间轴"面板中创建新图层并将其命名为"照相机 3"。选中"照相机 3"图层的第 35 帧，在该帧上插入关键帧。将"库"面板中的位图"05"拖曳到舞台窗口中心位置。选中"照相机 3"图层的第 49 帧，在该帧上插入普通帧，如图 17-11 所示。

（4）在"时间轴"面板中创建新图层并将其命名为"照相机 4"。选中"照相机 4"图层的第 52 帧，在该帧上插入关键帧。将"库"面板中的位图"06"拖曳到舞台窗口中心位置。选中"照相机 4"图层的第 66 帧，在该帧上插入普通帧，如图 17-12 所示。

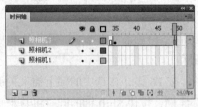
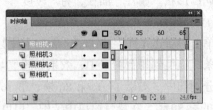

图 17-11　　　　　　　　　　　　图 17-12

（5）在"时间轴"面板中创建新图层并将其命名为"模糊"。分别选中"模糊"图层的第 16 帧和第 18 帧，在选中的帧上插入关键帧。选中"模糊"图层的第 16 帧，将"库"面板中的图形"元件 2"拖曳到舞台窗口中心位置，"时间轴"面板上的效果如图 17-13 所示。

（6）选中"模糊"图层的第 16 帧到第 18 帧，用鼠标右键单击被选中的帧，在弹出的菜单中选择"复制帧"命令，将其复制。分别用鼠标右键单击"模糊"图层的第 33 帧、第 50 帧、第 67 帧，在弹出的菜单中选择"粘贴帧"命令，将复制出来的帧粘贴到被选中的帧中。选中"模糊"图层的第 70 帧，按 F5 键，在该帧上插入普通帧，效果如图 17-14 所示。

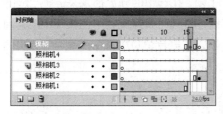
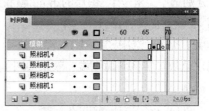

图 17-13　　　　　　　　　　　　　　图 17-14

3．制作型号图形元件

（1）单击"新建元件"按钮，新建图形元件"型号 1"。选择"文本"工具 T，在文本"属性"面板中进行设置，在舞台窗口中输入需要的灰色（#8E8E8E）文字，效果如图 17-15 所示。

（2）单击"新建元件"按钮，新建图形元件"型号 2"。选择"文本"工具 T，用步骤（1）的设置在舞台窗口中输入需要的文字，效果如图 17-16 所示。

（3）单击"新建元件"按钮，新建图形元件"型号 3"。选择"文本"工具 T，用步骤（1）的设置在舞台窗口中输入需要的文字，"库"面板中的效果如图 17-17 所示。单击"新建元件"按钮，新建图形元件"型号 4"。选择"文本"工具 T，用步骤（1）的设置在舞台窗口中输入文字"C-468YE"。

图 17-15　　　　　　　　　图 17-16　　　　　　　　　图 17-17

4．制作目录动画

（1）单击"新建元件"按钮，新建影片剪辑元件"目录动"。将"图层 1"重新命名为"色块"。将"库"面板中的图形元件"元件 7"拖曳到舞台窗口中，效果如图 17-18 所示。选择"文本"工具 T，在文本"属性"面板中进行设置，在舞台窗口中输入需要的紫色（#B3A5F6）文字，效果如图 17-19 所示。选中"色块"图层的第 102 帧，在该帧上插入普通帧。

（2）在"时间轴"面板中创建新图层并将其命名为"型号 1"。将"库"面板中的图形元件"型号 1"拖曳到舞台窗口中，选择"任意变形"工具，将文字适当旋转，使其与"色块"实例斜面平行，并将文字放置到"色块"实例斜面下端外侧，效果如图 17-20 所示。

图 17-18　　　　　　　图 17-19　　　　　　　图 17-20

（3）分别选中"型号 1"图层的第 43 帧和第 71 帧，在选中的帧上插入关键帧。选中"型号 1"图层的第 43 帧，在舞台窗口中选中"型号 1"实例，将其向右拖曳到"色块"实例斜面上端，效果如图 17-21 所示。选中"型号 1"图层的第 71 帧，在舞台窗口中选中"型号 1"实例，将其向右拖曳到"色块"实例斜面下端，效果如图 17-22 所示。

图 17-21　　　　　　　　　　图 17-22

（4）用鼠标右键单击"型号 1"图层的第 1 帧和第 43 帧，在弹出的菜单中选择"创建传统补间"命令，生成动作补间动画，如图 17-23 所示。选中"型号 1"图层的第 43 帧，在帧"属性"面板中选择"补间"选项组，将"缓动"选项设为 100，如图 17-24 所示。

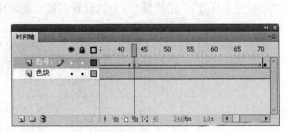

图 17-23　　　　　　　　　　图 17-24

（5）在"时间轴"面板中创建新图层并将其命名为"型号 2"。选中"型号 2"图层的第 12 帧，在该帧上插入关键帧。将"库"面板中的图形元件"型号 2"拖曳到舞台窗口中，选择"任意变形"工具，将文字适当旋转，使其与"色块"实例斜面平行，并将文字放置到"色块"实例斜面下端外侧，效果如图 17-25 所示。

（6）分别选中"型号 2"图层的第 54 帧和第 82 帧，在选中的帧上插入关键帧。选中"型号 2"图层的第 54 帧，在舞台窗口中选中"型号 2"实例，将其向右拖曳到"色块"实例斜面上端，效果如图 17-26 所示。

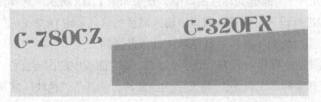

图 17-25　　　　　　　　　　图 17-26

（7）选中"型号 2"图层的第 82 帧，在舞台窗口中选中"型号 2"实例，将其向右拖曳到"型号 1"右侧，效果如图 17-27 所示。

（8）用鼠标右键单击"型号 2"图层的第 12 帧和第 54 帧，在弹出的菜单中选择"创建传统补间"命令，生成动作补间动画，如图 17-28 所示。选中"型号 2"图层的第 54 帧，在帧"属性"面板中选择"补间"选项组，将"缓动"选项设为 100。

图 17-27

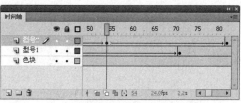

图 17-28

（9）在"时间轴"面板中创建两个新图层，并分别命名为"型号 3"和"型号 4"。分别选中"型号 3"图层的第 21 帧、"型号 4"图层的第 31 帧，在选中的帧上插入关键帧。分别将"库"面板中的图形元件"型号 3"、"型号 4"拖曳到与其名称对应的舞台窗口中，用步骤（6）～步骤（8）的方法分别对两个图层进行操作，效果如图 17-29 所示。"时间轴"面板上的效果如图 17-30 所示。

图 17-29

图 17-30

（10）在"时间轴"面板中创建新图层并将其命名为"动作脚本"。选中"动作脚本"图层的第 102 帧，在该帧上插入关键帧。选择"窗口 > 动作"命令，弹出"动作"面板，在面板中单击"将新项目添加到脚本中"按钮，在弹出的菜单中选择"全局函数 > 时间轴控制 > stop"命令，如图 17-31 所示。在"脚本窗口"中显示出选择的脚本语言，如图 17-32 所示。设置好动作脚本后，关闭"动作"面板。在"动作脚本"图层的第 102 帧上显示出一个标记"a"。

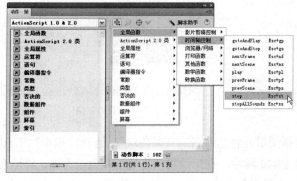

图 17-31

图 17-32

5．制作动画效果

（1）单击"时间轴"面板下方的"场景1"图标 ，进入"场景1"的舞台窗口。将"图层1"重新命名为"白色条"。将"库"面板中的影片剪辑元件"白色条动1"向舞台窗口中拖曳3次，并分别放置到合适的位置，效果如图17-33所示。将"库"面板中的影片剪辑元件"白色条动2"向舞台窗口中拖曳4次，并分别放置到合适的位置，效果如图17-34所示。

图 17-33

图 17-34

（2）在"时间轴"面板中创建新图层并将其命名为"目录动"。将"库"面板中的影片剪辑元件"目录动"拖曳到舞台窗口中，效果如图17-35所示。

（3）在"时间轴"面板中创建新图层并将其命名为"照相机"。将"库"面板中的影片剪辑元件"照相机切换"拖曳到舞台窗口中，效果如图17-36所示。

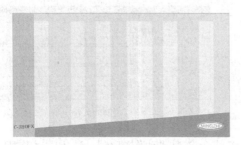
图 17-35

图 17-36

（4）在"时间轴"面板中创建新图层并将其命名为"菜单"。将"库"面板中的位图"08"拖曳到舞台窗口中，如图17-37所示。在"时间轴"面板中创建新图层并将其命名为"图片"。将"库"面板中的位图"01"拖曳到舞台窗口中，效果如图17-38所示。

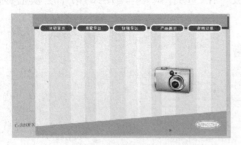
图 17-37

图 17-38

（5）在"时间轴"面板中创建新图层并将其命名为"紫色块"。选择"矩形"工具 ，在矩形"属性"面板中进行设置，如图17-39所示。在工具箱中将笔触颜色设为无，将填充色设为紫色（#B3A5F6），分别在舞台窗口中绘制两个圆角矩形，效果如图17-40所示。

图 17-39

图 17-40

（6）在工具箱中将填充色设为浅紫色（#C5BAF8），分别在舞台窗口中绘制两个圆角矩形，效果如图 17-41 所示。在工具箱中将填充色设为淡紫色（#DDD7FB），再次在舞台窗口中绘制一个圆角矩形，效果如图 17-42 所示。分别选中矩形，按 Ctrl+G 组合键将其组合。

图 17-41

图 17-42

（7）在"时间轴"面板中创建新图层并将其命名为"文字"。选择"文本"工具 T，在文本"属性"面板中进行设置，在舞台窗口中输入需要的灰色（#666666）说明文字，效果如图 17-43 所示。选择"线条"工具 ，在工具"属性"面板中进行设置，如图 17-44 所示。按住 Shift 键的同时，在文字的下方绘制一条直线，效果如图 17-45 所示。数码产品网页效果制作完成，按 Ctrl+Enter 组合键，效果如图 17-46 所示。

图 17-43

图 17-44

图 17-45

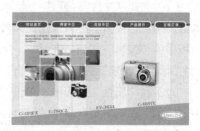

图 17-46

17.3 化妆品网页

17.3.1 案例分析

化妆品网页主要是对化妆品的产品系列和功能特色进行生动的介绍，其中包括图片和详细的文字讲解。网页的设计上力求表现出化妆品的产品特性，营造出淡雅的时尚文化品位。

在设计制作过程中，整体界面颜色以明度高的基调为主，表现出恬静的氛围。界面背景以时尚简洁的插画来衬托，使界面的文化感和设计感更强。制作的标签栏能很好地和化妆品产品进行呼应，在设计理念上强化了产品的性能和特点。Flash 制作的网页布局也让宁静的色彩奔放起来，散射出令人陶醉的青春气息。

本例将使用矩形工具和颜色面板绘制按钮图形。使用文本工具添加标题和产品说明文字效果。使用动作面板为按钮元件添加脚本语言。

17.3.2 案例设计

本案例的设计流程如图 17-47 所示。

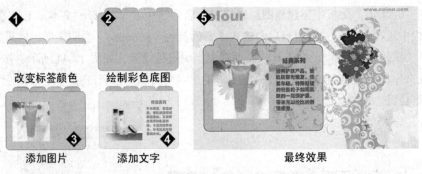

图 17-47

17.3.3 案例制作

1. 绘制标签

（1）选择"文件 > 新建"命令，在弹出的"新建文档"对话框中选择"Flash 文件"选项，单击"确定"按钮，进入新建文档舞台窗口。按 Ctrl+F3 组合键，弹出文档"属性"面板，单击面板中的"编辑"按钮 编辑… ，弹出"文档属性"对话框，将舞台窗口的宽设为 650，高设为 400，单击"确定"按钮，改变舞台窗口的大小。

（2）在"属性"面板中，单击"配置文件"选项右侧的按钮，弹出"发布设置"对话框，选中"版本"选项下拉列表中的"Flash Player 8"，如图 17-48 所示，单击"确定"按钮。

（3）选择"文件 > 导入 > 导入到库"命令，在弹出的"导入到库"对话框中选择"Ch17 >

素材 > 化妆品网页 > 01、02、03、04、05"文件，单击"打开"按钮，文件被导入到"库"面板中，如图 17-49 所示。

（4）在"库"面板下方单击"新建元件"按钮，弹出"创建新元件"对话框，在"名称"选项的文本框中输入"标签"，在"类型"选项的下拉列表中选择"图形"，单击"确定"按钮，新建图形元件"标签"，如图 17-50 所示，舞台窗口也随之转换为图形元件的舞台窗口。

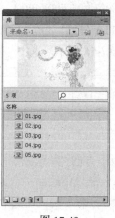

图 17-48　　　　　　　　　图 17-49　　　　　　　　　图 17-50

（5）选择"窗口 > 颜色"命令，弹出"颜色"面板，将笔触颜色设为褐色（#630000），将填充色设为橘红色（#DB4E35），"Alpha"选项设为 33%，如图 17-51 所示。

（6）选择"矩形"工具，在矩形"属性"面板中进行设置，如图 17-52 所示，在舞台窗口中绘制一个圆角矩形，效果如图 17-53 所示。

图 17-51　　　　　　　　　图 17-52　　　　　　　　　图 17-53

（7）选择"选择"工具，选中圆角矩形的下部，按 Delete 键删除，效果如图 17-54 所示。单击"新建元件"按钮，新建按钮元件"按钮"。选中"图层 1"的"点击"帧，按 F6键，在该帧上插入关键帧。将"库"面板中的图形元件"标签"拖曳到舞台窗口中，效果如图 17-55 所示。

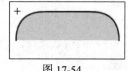
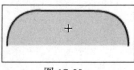

图 17-54　　　　　　　　　图 17-55

2．制作影片剪辑

（1）单击"新建元件"按钮，新建影片剪辑元件"产品介绍"。将"图层 1"重新命名为"彩色标签"。将"库"面板中的图形元件"标签"向舞台窗口中拖曳 4 次，使各实例保持同一水平高度，效果如图 17-56 所示。

（2）选中第 1 个"标签"实例，按 Ctrl+B 组合键打散，调出"颜色"面板，将笔触颜色设为深蓝色（#330066），将填充色设为蓝色（#178ED5），"Alpha"选项设为 33%，舞台窗口中的效果如图 17-57 所示。

（3）用步骤（2）的方法对其他"标签"实例进行操作，将第 2 个标签的填充色设为绿色（#48C45A），笔触颜色设为深绿色（#006600），将第 3 个标签的填充色设为黄色（#E4EE1E），笔触颜色设为土黄色（#CC9900），将第 4 个标签的填充色设为深紫色（#5965AE），笔触颜色设为紫色（#663366），效果如图 17-58 所示。选中"彩色标签"图层的第 4 帧，在该帧上插入普通帧。

| 图 17-56 | 图 17-57 | 图 17-58 |

（4）单击"时间轴"面板下方的"新建图层"按钮，创建新图层并将其命名为"彩色底图"。选择"矩形"工具，在舞台窗口中绘制一个圆角矩形，效果如图 17-59 所示。分别选中"彩色底图"图层的第 2 帧、第 3 帧、第 4 帧，在选中的帧上插入关键帧。

（5）选中"彩色底图"图层的第 1 帧，在舞台窗口中选中圆角矩形，将其填充色和笔触颜色设为与第 1 个标签颜色相同，选择"橡皮擦"工具，在工具箱下方选中"擦除线条"按钮，将矩形与第 1 个标签重合部分擦除，效果如图 17-60 所示。

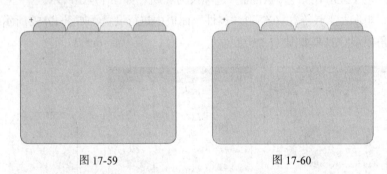

| 图 17-59 | 图 17-60 |

（6）用步骤（5）的方法分别对"彩色底图"图层的第 2 帧、第 3 帧、第 4 帧进行操作，将各帧对应舞台窗口中的矩形颜色设成与第 2 个、第 3 个、第 4 个标签颜色相同，并将各矩形与对应标签重合部分的线段删除，效果如图 17-61 所示。

（7）在"时间轴"面板中创建新图层并将其命名为"按钮"。将"库"面板中的按钮元件"按钮"向舞台窗口中拖曳 4 次，分别与各彩色标签重合，效果如图 17-62 所示。

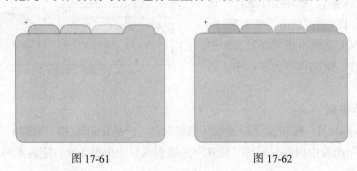

| 图 17-61 | 图 17-62 |

（8）选中第 1 个按钮，选择"窗口 > 动作"命令，弹出"动作"面板，在动作面板中设置脚本语言（脚本语言的具体设置可以参考附带光盘中的实例源文件），"脚本窗口"中显示的效果如图 17-63 所示。

（9）用步骤（8）的方法对其他按钮设置脚本语言，只需将脚本语言"gotoAndStop"后面括号中的数字改成相应的帧数即可。

（10）在"时间轴"面板中创建新图层并将其命名为"产品介绍"。分别选中"产品介绍"图层的第 2 帧、第 3 帧、第 4 帧，在选中的帧上插入关键帧。选中"产品介绍"图层的第 1 帧，将"库"面板中的位图"02"拖曳到舞台窗口中，效果如图 17-64 所示。

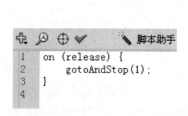

图 17-63　　　　　　　　　　　　　　　　图 17-64

（11）选择"文本"工具 T，在文本"属性"面板中进行设置，在舞台窗口中分别输入蓝色（#467388）文字"经典系列"和说明文字，效果如图 17-65 所示。

（12）选中"产品介绍"图层的第 2 帧，将"库"面板中的位图"03"拖曳到舞台窗口中，选择"文本"工具 T，在文本"属性"面板中进行设置，在舞台窗口中分别输入青绿色（#009999）文字"美白系列"和说明文字，效果如图 17-66 所示。

（13）选中"产品介绍"图层的第 3 帧，将"库"面板中的位图"04"拖曳到舞台窗口中，选择"文本"工具 T，在文本"属性"面板中进行设置，在舞台窗口中分别输入黄色（#CC9900）文字"保湿系列"和说明文字，效果如图 17-67 所示。

图 17-65　　　　　　　　　　图 17-66　　　　　　　　　　图 17-67

（14）选中"产品介绍"图层的第 4 帧，将"库"面板中的位图"05"拖曳到舞台窗口中，选择"文本"工具 T，在文本"属性"面板中进行设置，在舞台窗口中分别输入浅紫色（#927E97）文字"彩妆系列"和说明文字，效果如图 17-68 所示。

（15）在"时间轴"面板中创建新图层并将其命名为"动作脚本"。调出"动作"面板，在动作面板中设置脚本语言，"脚本窗口"中显示的效果如图 17-69 所示。设置好动作脚本后，关闭"动作"控制面板，在"动作脚本"图层的第 1 帧上显示出一个标记"a"。

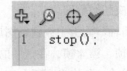

图 17-68　　　　　　　　　图 17-69

（16）单击"时间轴"面板下方的"场景 1"图标，进入"场景 1"的舞台窗口。将"图层 1"重新命名为"底图"。将"库"面板中的位图"01"拖曳到舞台窗口中，效果如图 17-70 所示。

（17）在"时间轴"面板中创建新图层并将其命名为"文字"。选择"文本"工具，在文本"属性"面板中进行设置，分别在舞台窗口中输入蓝色（#6DBAED）的字母"colour"和字母"www.colour.com"，效果如图 17-71 所示。

（18）在"时间轴"面板中创建新图层并将其命名为"产品介绍"。将"库"面板中的影片剪辑元件"产品介绍"拖曳到舞台窗口中，效果如图 17-72 所示。化妆品网页效果制作完成，按 Ctrl+Enter 组合键即可查看效果。

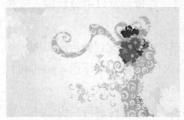

图 17-70　　　　　　图 17-71　　　　　　图 17-72

17.4　房地产网页

17.4.1　案例分析

房地产网页的功能是让用户便捷地浏览楼盘项目，了解楼盘新闻、建设、装饰等信息。除了界面效果要达到吸引用户眼球的目的，还要注意房产网页的行业特点和构成要素。通过页面的布局设计和动态交互，使客户更加容易地了解项目的特点和价值。

在设计制作过程中，先对界面进行合理的布局，将导航栏放在上面的右侧区域，有利于用户点击浏览。将楼盘效果图放在中间位置，表现项目的现代感。将项目介绍文字放在效果图的两侧，方便用户的阅读。界面设计要突出楼盘的实景效果，着力表现项目的特色。通过按钮图形和文字动画的互动，体现出房地产项目的科技感。

本例将使用矩形工具和椭圆工具绘制按钮图形，使用文本工具添加说明文字，使用动作面板设置脚本语言。

17.4.2　案例设计

本案例的设计流程如图 17-73 所示。

制作按钮动画　　　添加按钮和介绍文字

添加图片　　　　　　　　　　　最终效果

图 17-73

17.4.3　案例制作

1．导入图片并绘制按钮图形

（1）选择"文件 > 新建"命令，在弹出的"新建文档"对话框中选择"Flash 文件"选项，单击"确定"按钮，进入新建文档舞台窗口。按 Ctrl+F3 组合键，弹出文档"属性"面板，单击面板中的"编辑"按钮 编辑… ，弹出"文档属性"对话框，将舞台窗口的宽设为 600，高设为 300，将背景颜色设为灰色（#666666），单击"确定"按钮，改变舞台窗口的大小。

（2）在"属性"面板中，单击"配置文件"选项右侧的按钮，弹出"发布设置"对话框，选中"播放器"选项下拉列表中的"Flash Player 8"，如图 17-74 所示，单击"确定"按钮。

（3）选择"文件 > 导入 > 导入到库"命令，在弹出的"导入到库"对话框中选择"Ch17 > 素材 > 房地产网页 > 01、02、03、04、05、06、07、08"文件，单击"打开"按钮，弹出提示对话框，单击"确定"按钮，文件被导入到"库"面板中，如图 17-75 所示。

（4）在"库"面板下方单击"新建元件"按钮，弹出"创建新元件"对话框，在"名称"选项的文本框中输入"按钮 1"，在"类型"选项的下拉列表中选择"按钮"，单击"确定"按钮，新建按钮元件"按钮 1"，如图 17-76 所示，舞台窗口也随之转换为按钮元件的舞台窗口。

图 17-74

图 17-75

图 17-76

（5）选择"矩形"工具 ，在矩形"属性"面板中将笔触颜色设为白色，笔触高度设为3，填充色设为无，其他选项的设置如图17-77所示，在舞台窗口中绘制一个圆角矩形。选择"椭圆"工具 ，在舞台窗口中绘制一个椭圆，选中椭圆，将其拖曳到矩形上，效果如图17-78所示。选择"选择"工具 ，将多余的边线逐个选中并删除，效果如图17-79所示。

（6）选择"文本"工具 ，在文本"属性"面板中进行设置，在舞台窗口中输入需要的橙色（#FFCB65）数字。选中数字，并将其放置到白框内，效果如图17-80所示。

（7）选中"图层1"的"指针"帧，按F6键，在该帧上插入关键帧。在舞台窗口中将数字选中，在工具箱中将填充色设为白色，然后将数字填充为白色，并取消选择。在工具箱中将填充色设为淡蓝色（#ADDCE2），选择"颜料桶"工具 ，将白框内填充为淡蓝色，效果如图17-81所示。

（8）选中"图层1"的"按下"帧，在该帧上插入关键帧。选择"任意变形"工具 ，将图形缩小，效果如图17-82所示。

（9）用步骤（4）~步骤（8）的方法制作其他按钮元件"按钮2"、"按钮3"、"按钮4"，如图17-83所示。

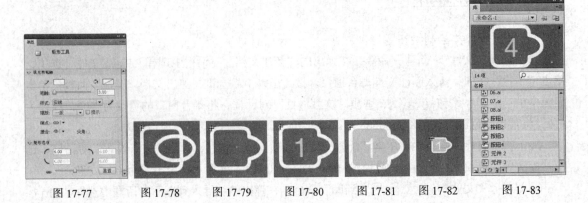

图17-77　　　　图17-78　　　　图17-79　　　　图17-80　　　　图17-81　　　　图17-82　　　　图17-83

2．制作动画效果

（1）单击"时间轴"面板下方的"场景1"图标 ，进入"场景1"的舞台窗口。将"图层1"重新命名为"底图"。将"库"面板中的位图"01"拖曳到舞台窗口中，效果如图17-84所示。选中"底图"图层的第30帧，按F5键，在该帧上插入普通帧。

（2）单击"时间轴"面板下方的"新建图层"按钮 ，创建新图层并将其命名为"建筑"。将"库"面板中的位图"02"拖曳到舞台窗口中，效果如图17-85所示。

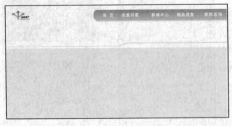

图17-84

图17-85

（3）在"时间轴"面板中创建新图层并将其命名为"色块"。选中"色块"图层的第7帧，在该帧上插入关键帧。将"库"面板中的图形元件"元件 3"拖曳到舞台窗口中，在图形"属性"面板中选择面板下方的"色彩效果"选项组，在"样式"选项的下拉列表中选择"Alpha"，将其值设为 80，舞台窗口中的效果如图 17-86 所示。

图 17-86

（4）选中"色块"图层的第 26 帧，在该帧上插入关键帧。选中"色块"图层的第 7 帧，在舞台窗口选中"色块"实例，在图形"属性"面板中选择面板下方的"色彩效果"选项组，在"样式"选项的下拉列表中选择 Alpha，将其值设为 0。用鼠标右键单击"色块"图层的第 7 帧，在弹出的菜单中选择"创建传统补间"命令，生成动作补间动画，如图 17-87 所示。

（5）在"时间轴"面板中创建新图层并将其命名为"按钮"。选中"按钮"图层的第 26 帧，在该帧上插入关键帧。分别将"库"面板中的图形元件"08"和按钮元件"按钮 1"、"按钮 2"、"按钮 3"、"按钮 4"拖曳到舞台窗口中，并放置到合适的位置，效果如图 17-88 所示。

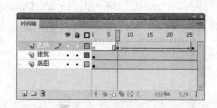

图 17-87

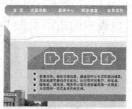

图 17-88

（6）选中"按钮"图层的第 26 帧，在舞台窗口选中"按钮 1"实例。选择"窗口 > 动作"命令，弹出"动作"面板，在面板中单击"将新项目添加到脚本中"按钮 ⊕，在弹出的菜单中选择"全局函数 > 影片剪辑控制 > on"命令，如图 17-89 所示。在"脚本窗口"中显示出选择的脚本语言，在下拉列表中选择"press"，如图 17-90 所示。将鼠标光标放置在第 1 行脚本语言的最后，按 Enter 键，光标显示到第 2 行。

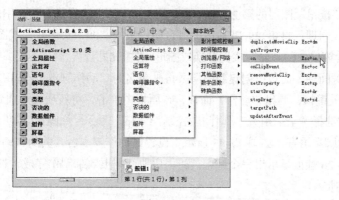

图 17-89

（7）在"动作"面板中单击"将新项目添加到脚本中"按钮 🔁，在弹出的菜单中选择"全局函数 > 时间轴控制 > gotoAndStop"命令，在"脚本窗口"中显示出选择的脚本语言，在脚本语言的后面的小括号中输入数字 27，如图 17-91 所示。设置好动作脚本后，关闭"动作"面板。

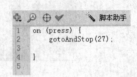

图 17-90   图 17-91

（8）用步骤（6）~步骤（7）的方法为按钮元件"按钮 2"输入脚本语言，只需将脚本语言的后面小括号中输入的数字改成 28 即可。同理，将按钮元件"按钮 3"脚本语言后面的小括号中输入的数字改成 29，按钮元件"按钮 4"脚本语言后面的小括号中输入的数字改成 30。

（9）分别选中"按钮"图层的第 27 帧、第 28 帧、第 29 帧、第 30 帧，在选中的帧上插入关键帧，如图 17-92 所示。

（10）选中"按钮"图层的第 27 帧，在舞台窗口中选中"08"实例，按 Delete 键删除，将"库"面板中的图形元件"04"拖曳到舞台窗口中原来"08"实例的位置，效果如图 17-93 所示。

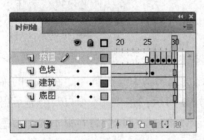

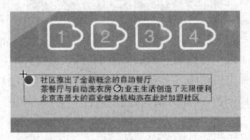

图 17-92   图 17-93

（11）选中"按钮"图层的第 28 帧，用步骤（10）的方法将舞台窗口中的"08"实例替换成图形元件"05"。同理，将第 29 帧对应的舞台窗口中的"08"实例替换成图形元件"06"，将第 30 帧对应的舞台窗口中的"08"实例替换成图形元件"07"。

（12）在"时间轴"面板中创建新图层并将其命名为"动作脚本"，选中"动作脚本"图层的第 26 帧，插入关键帧，调出"动作"面板，在面板中单击"将新项目添加到脚本中"按钮 🔁，在弹出的菜单中选择"全局函数 > 时间轴控制 > stop"命令，如图 17-94 所示。在"脚本窗口"中显示出选择的脚本语言，如图 17-95 所示。设置好动作脚本后，关闭"动作"面板，在"动作脚本"图层的第 26 帧上显示出一个标记"a"。房地产网页效果制作完成，按 Ctrl+Enter 组合键，效果如图 17-96 所示。

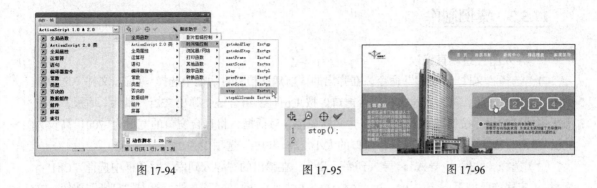

图 17-94　　　　　　　　　图 17-95　　　　　　　　　图 17-96

17.5　家居产品网页

17.5.1　案例分析

　　家居产品网页的功能是向客户展示家居产品，发布产品的促销信息，为客户提供在线帮助。设计网页时要注意家居产品的特色和客户端的真实需求。处理好页面布局及素材之间的比例关系，进行合理的配色和编排。

　　在设计过程中，考虑到家居产品的现代感，界面的规划也要尽量体现出设计的理念。在界面的右上角设计了搜索功能，有利于客户便捷地查找需要的产品。在背景处理上挑选了最具科技感的沙发图片和云相结合，表现家和自然的亲近。在界面的右下角放置了导航栏，导航栏的设计以信息按钮的形式来体现，极具交换性和时尚感。

　　本例将使用按钮元件和变形面板制作导航条效果，使用创建传统补间命令制作泡泡上升和下落效果，使用遮罩层命令为沙发制作遮罩效果。

17.5.2　案例设计

　　本案例的设计流程如图 17-97 所示。

图 17-97

17.5.3　案例制作

1．导入图片绘制直线

（1）选择"文件 > 新建"命令，在弹出的"新建文档"对话框中选择"Flash 文件"选项，单击"确定"按钮，进入新建文档舞台窗口。按 Ctrl+F3 组合键，弹出文档"属性"面板，单击面板中的"编辑"按钮 编辑… ，弹出"文档属性"对话框，将舞台窗口的宽设为 700，高设为 300，单击"确定"按钮，改变舞台窗口的大小。将"FPS"选项设为 12。

（2）选择"文件 > 导入 > 导入到库"命令，在弹出的"导入到库"对话框中选择"Ch17 > 素材 > 家居产品网页 > 01、02、03、04、05、06、07、08、09"文件，单击"打开"按钮，文件被导入到库面板中，效果如图 17-98 所示。

（3）按 Ctrl+L 组合键，调出"库"面板，在"库"面板下方单击"新建元件"按钮 ，弹出"创建新元件"对话框，在"名称"选项的文本框中输入"线条"，在"类型"选项的下拉列表中选择"图形"，单击"确定"按钮，新建图形元件"线条"，如图 17-99 所示，舞台窗口也随之转换为图形元件的舞台窗口。

图 17-98　　　　图 17-99

（4）选择"线条"工具 ，在线条"属性"面板中将"笔触颜色"选项设为浅灰色（#C8C8C8），其他选项的设置如图 17-100 所示。在舞台窗口拖曳鼠标绘制出一条直线，选中直线，在"属性"面板中将"宽度"选项设为 700，效果如图 17-101 所示。

图 17-100　　　　　　　　　　　图 17-101

2．绘制图形元件

（1）在"库"面板下方单击"新建元件"按钮 ，弹出"创建新元件"对话框，在"名称"选项的文本框中输入"图形"，在"类型"选项的下拉列表中选择"图形"选项，单击"确定"按钮，新建图形元件"图形"，如图 17-102 所示，舞台窗口也随之转换为图形元件的舞台窗口。

（2）选择"矩形"工具 ，在矩形"属性"面板中，将"笔触颜色"选项设为无，"填充颜色"选项设为淡灰色（#E5E5E5），其他选项的设置如图 17-103 所示。在舞台窗口中绘制出图形，选中图形，在"属性"面板中，将"宽度"、"高度"选项均设为 500、104，效果如图 17-104 所示。

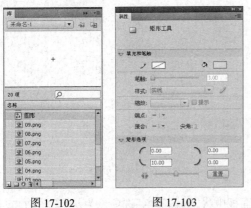

图 17-102　　　　　　　　　图 17-103　　　　　　　　　　　图 17-104

（3）选择"矩形"工具🔲，单击工具箱下方的"对象绘制"按钮🔲，将填充色设为白色，在舞台窗口中绘制出图形，效果如图 17-105 所示。选择"窗口 > 颜色"命令，弹出"颜色"面板，在"类型"选项的下拉列表中选择"线性"，选中色带上左侧的控制点，将其设为淡灰色（#EDEDED），选中色带上右侧的控制点，将其设为白色，如图 17-106 所示。

（4）选择"颜料桶"工具🪣，在白色图形上从下向上拖曳鼠标，如图 17-107 所示，松开鼠标，渐变效果如图 17-108 所示。

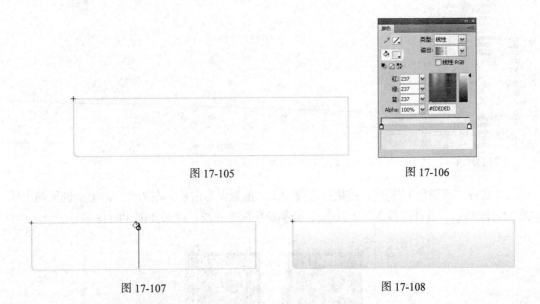

图 17-105　　　　　　　　　　　　　　图 17-106

图 17-107　　　　　　　　　　　　　　图 17-108

（5）选择"椭圆"工具🔘，将填充色设为灰色（#CCCCCC），按住 Shift 键的同时绘制圆形，效果如图 17-109 所示。将填充色设为无，笔触颜色设为白色，在"属性"面板中将"笔触高度"选项设为 1，按住 Shift 键的同时绘制圆形边线，效果如图 17-110 所示。

（6）选择"文本"工具🅣，在文本"属性"面板中进行设置，分别在舞台窗口中输入黄色（#FF9900）、灰色（#999999）的英文字母，效果如图 17-111 所示。再次应用"文本"工具🅣输入需要的文字，效果如图 17-112 所示。

图 17-109 图 17-110

图 17-111 图 17-112

（7）选择"矩形"工具■，然后在矩形"属性"面板中将"笔触颜色"选项设为灰色（#CCCCCC），其他选项的设置如图 17-113 所示。在文字的下方绘制出矩形边框，如图 17-114 所示。

（8）选择"文本"工具■，在文本"属性"面板的"文本类型"选项下拉列表中选择"输入文本"，在舞台窗口中绘制一个文本框，效果如图 17-115 所示。选择"矩形"工具■，将笔触色设为深灰色（#333333），填充色设为灰色（#999999），按住 Shift 键的同时，在舞台窗口中绘制正方形，效果如图 17-116 所示。

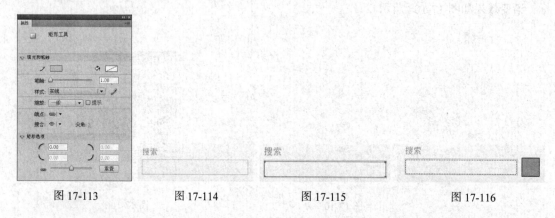

图 17-113 图 17-114 图 17-115 图 17-116

（9）选择"椭圆"工具●，将填充色设为无，笔触设为白色，在灰色矩形上绘制圆形边框，如图 17-117 所示。选择"线条"工具■，分别绘制两条斜线，效果如图 17-118 所示。

图 17-117 图 17-118

3. 制作导航块

（1）在"库"面板下方单击"新建元件"按钮■，弹出"创建新元件"对话框，在"名称"选项的文本框中输入"导航块"，在"类型"选项的下拉列表中选择"图形"，如图 17-119 所示，单击"确定"按钮，新建图形元件"导航块"，舞台窗口也随之转换为图形元件的舞台窗口。

（2）选择"钢笔"工具 ，将笔触颜色设为黑色，在舞台窗口中绘制出如图 17-120 所示的封闭路径。

（3）选择"颜色"面板，将填充色设为蓝绿色（#24BBD6），将"Alpha"选项设为 60%，如图 17-121 所示。选择"颜料桶"工具 ，在边框内单击鼠标，填充透明色，选择"选择"工具 ，将边线删除，效果如图 17-122 所示。

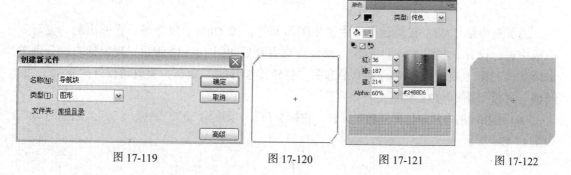

图 17-119　　　　　图 17-120　　　　　图 17-121　　　　　图 17-122

（4）在图形的下方拖曳出一个矩形，如图 17-123 所示。松开鼠标，选中局部图形，如图 17-124 所示。选择"颜色"面板，在"类型"选项的下拉列表中选择"线性"，在色带上单击鼠标，创建一个新的控制点，将第 1 个控制点设为灰色（#D4D9DD），将第 2 个控制点设为淡灰色（#FBFBFC），将第 3 个控制点设为浅灰色（#EEEEEE），如图 17-125 所示。选择"颜料桶"工具 ，在图形上从上至下拖曳鼠标，如图 17-126 所示。松开鼠标，取消对图形的选取，渐变效果如图 17-127 所示。

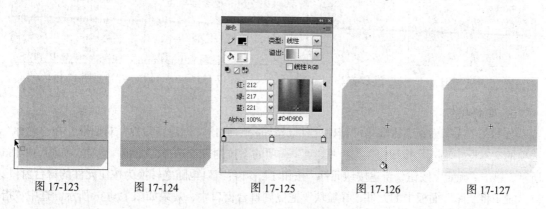

图 17-123　　　图 17-124　　　图 17-125　　　图 17-126　　　图 17-127

4．制作图标动画

（1）在"库"面板下方单击"新建元件"按钮 ，弹出"创建新元件"对话框，在"名称"选项的文本框中输入"图标 1 动"，在"类型"选项的下拉列表中选择"影片剪辑"选项，如图 17-128 所示，单击"确定"按钮，新建影片剪辑"图标 1 动"，舞台窗口也随之转换为影片剪辑的舞台窗口。

（2）将舞台窗口的背景色设为灰色。将"库"面板中的"元件 5"拖曳到舞台窗口中，效果如图 17-129 所示。分别在"图层 1"的第 5 帧和第 9 帧插入关键帧，如图 17-130 所示。

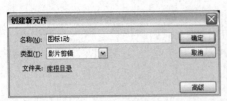

图 17-128

图 17-129

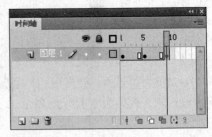

图 17-130

（3）选中第 5 帧，在舞台窗口中选中图形元件，按 Ctrl+T 组合键，在弹出的"变形"面板中进行设置，如图 17-131 所示，舞台窗口中效果如图 17-132 所示。用鼠标右键分别单击第 1 帧和第 5 帧，在弹出的菜单中选择"创建传统补间"命令，生成动作补间动画，"时间轴"面板如图 17-133 所示。

（4）用相同的方法制作影片剪辑元件"图标 2 动"、"图标 3 动"、"图标 4 动"、"图标 5 动"，如图 17-134 所示。

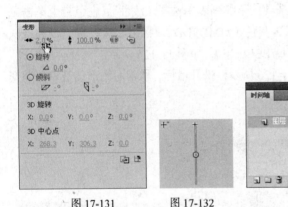

图 17-131   图 17-132

图 17-133

图 17-134

5. 制作按钮

（1）在"库"面板下方单击"新建元件"按钮，弹出"创建新元件"对话框，在"名称"选项的文本框中输入"按钮 1"，在"类型"选项的下拉列表中选择"按钮"选项，如图 17-135 所示，单击"确定"按钮，新建按钮元件"按钮 1"，舞台窗口也随之转换为按钮元件的舞台窗口。

（2）将"库"面板中的元件"导航块"拖曳到舞台窗口中，效果如图 17-136 所示。选中"指针"帧，按 F5 键，在该帧上插入普通帧，如图 17-137 所示。

图 17-135

图 17-136

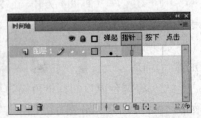

图 17-137

（3）单击"时间轴"面板下方的"新建图层"按钮，创建新图层。选中"指针"帧，按 F6 键，在该帧上插入关键帧，如图 17-138 所示。选中"弹起"帧，将"库"面板中的图形"元件 5"拖曳到舞台窗口中，在"属性"面板中，将"X"选项设为 – 26，"Y"选项设为 – 36，如图 17-139 所示。

图 17-138

图 17-139

（4）选中"指针"帧，将"库"面板中的"图标 1 动"拖曳到舞台窗口中，将"X"选项设为 – 26，"Y"选项设为 – 36（此时，元件实例的位置与"弹起"帧中的"元件 5"的位置相同），舞台窗口中效果如图 17-140 所示。

（5）单击"时间轴"面板下方的"新建图层"按钮，创建新图层，如图 17-141 所示。选择"文本"工具，在文本"属性"面板中进行设置，在舞台窗口中输入需要的黑色文字，效果如图 17-142 所示。

图 17-140

图 17-141

（6）选中"指针"帧，按 F6 键，在该帧上插入关键帧，在舞台窗口中选中文字，在文本"属性"面板中将"文本颜色"选项设为蓝绿色（#24BBD6），效果如图 17-143 所示。

（7）用相同的方法制作元件"按钮 2"、"按钮 3"、"按钮 4"、"按钮 5"，效果如图 17-144 所示。

图 17-142

图 17-143

图 17-144

6．制作动画

（1）在"库"面板下方单击"新建元件"按钮，弹出"创建新元件"对话框，在"名称"选项的文本框中输入"背景图动"，在"类型"选项的下拉列表中选择"影片剪辑"选项，如图17-145 所示，单击"确定"按钮，新建影片剪辑元件"背景图动"，舞台窗口也随之转换为影片剪辑元件的舞台窗口。

（2）将"库"面板中的图形"元件 1"拖曳到舞台窗口中，在"属性"面板中将"X"选项设为 0，"Y"选项设为 0，如图17-146 所示。选中"图层 1"的第 200 帧，按 F6 键，在该帧上插入关键帧，在舞台窗口中选中"元件 1"，在"属性"面板中将"X"选项设为－400。用鼠标右键单击"图层 1"的第 1 帧，在弹出的菜单中选择"创建传统补间"命令，在第 1 帧和第 200 帧之间创建动作补间动画。

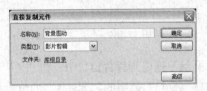

图 17-145

图 17-146

（3）在"库"面板下方单击"新建元件"按钮，弹出"创建新元件"对话框，在"名称"选项的文本框中输入"汽泡动"，在"类型"选项的下拉列表中选择"影片剪辑"选项，单击"确定"按钮，新建影片剪辑元件"汽泡动"，舞台窗口也随之转换为影片剪辑元件的舞台窗口。

（4）将"库"面板中的"元件 4"拖曳到舞台窗口中，在"属性"面板中将"X"选项设为 0，"Y"选项设为 0，如图17-147 所示。

（5）在"图层 1"的第 50 帧上插入关键帧，在舞台窗口中选中"元件 4"，在"属性"面板中将"Y"选项设为－200，舞台窗口效果如图17-148 所示。用鼠标右键单击"图层 1"的第 1 帧，在弹出的菜单中选择"创建传统补间"命令，在第 1 帧和第 50 帧之间创建动作补间动画，如图17-149 所示。

图 17-147　　　　图 17-148

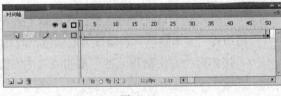

图 17-149

（6）单击"时间轴"面板下方的"新建图层"按钮，创建新图层，选中"图层 1"的第 1帧，按住 Shift 键，再单击第 50 帧，选中第 1 帧和第 50 帧之间所有的帧，如图17-150 所示。在选中的帧上单击鼠标右键，在弹出的菜单中选择"复制帧"命令。选中"图层 2"的第 50 帧，在弹出的菜单中选择"粘贴帧"命令。"时间轴"面板如图17-151 所示。

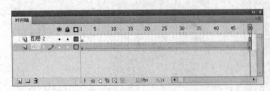

图 17-150

图 17-151

7. 在场景中制作动画

（1）单击"时间轴"面板下方的"场景 1"图标 进入"场景 1"的舞台窗口。将背景颜色恢复为白色。将"图层 1"重命名为"线条 1"。将"库"面板中的元件"线条"拖曳到舞台窗口中，如图 17-152 所示。单击"线条 1"的第 77 帧，按 F5 键，在该帧上插入普通帧，如图 17-153 所示。

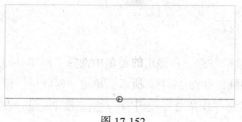

图 17-152

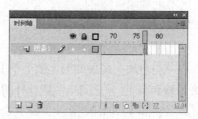

图 17-153

（2）在第 4 帧上插入关键帧，选中第 1 帧，在舞台窗口中将元件"线条"向上拖曳，效果如图 17-154 所示。用鼠标右键单击第 1 帧，在弹出的菜单中选择"创建传统补间"命令，在第 1 帧和第 4 帧之间创建动作补间动画，如图 17-155 所示。

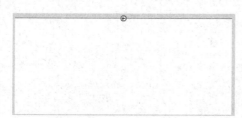

图 17-154

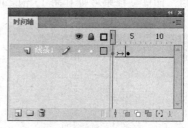

图 17-155

（3）单击"时间轴"面板下方的"新建图层"按钮 ，创建新图层并将其命名为"背景图"，选中第 4 帧，按 F6 键，在该帧上插入关键帧。将"库"面板中的"背景图动"拖曳到舞台窗口中，效果如图 17-156 所示。

图 17-156

（4）单击"时间轴"面板下方的"新建图层"按钮 ，创建新图层并将其命名为"白色块"，选中第 4 帧，按 F6 键，在该帧上插入关键帧。选择"矩形"工具 ，将填充色设为白色，笔触色设为无，选中工具箱下方的"对象绘制"按钮 ，在舞台窗口中绘制白色矩形，效果如图 17-157 所示。

（5）选中"白色块"图层的第 13 帧，在该帧上插入关键帧。选择"任意变形"工具 ，在舞台窗口中，白色矩形上出现 8 个控制点，向上拖曳控制框下方中间的控制手柄，如图 17-158 所示。

| 图 17-157 | 图 17-158 |

（6）在"白色块"图层的第 4 帧上单击鼠标右键，在弹出的菜单中选择"创建补间形状"命令，在第 4 帧和第 13 帧之间生成形状补间动画，如图 17-159 所示。单击"时间轴"面板下方的"新建图层"按钮，创建新图层并将其命名为"线条 2"，选中第 4 帧，按 F6 键，在该帧上插入关键帧。

（7）选择"选择"工具，将"库"面板中元件"线条"拖曳到舞台窗口中，效果如图 17-160 所示。在"白色块"图层的第 13 帧上插入关键帧，在舞台窗口中，垂直向上拖曳图形元件到适当的位置，如图 17-161 所示。在"线条 2"图层的第 4 帧上单击鼠标右键，在弹出的菜单中选择"创建传统补间"命令，在第 4 帧和第 13 帧之间生成动作补间动画。

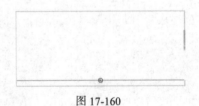

| 图 17-159 | 图 17-160 |

（8）单击"时间轴"面板下方的"新建图层"按钮，创建新图层并将其命名为"图形 1"，选中第 13 帧，在该帧上插入关键帧。将"库"面板中的元件"图形"拖曳到舞台窗口的上方，如图 17-162 所示。

| 图 17-161 | 图 17-162 |

（9）在"图形 1"图层的第 22 帧上插入关键帧，在舞台窗口中垂直向下拖曳图形元件，如图 17-163 所示。

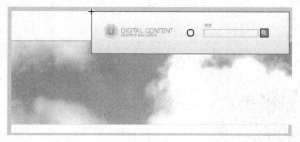

图 17-163

（10）用鼠标右键单击"图形 1"图层的第 13 帧，在弹出的菜单中选择"创建传统补间"命令，在第 13 帧和第 22 帧之间生成动作补间动画。单击"时间轴"面板下方的"新建图层"按钮 ，创建新图层并将其命名为"图形 2"，选中第 22 帧，在该帧上插入关键帧。将"库"面板中的元件"元件 3"拖曳到舞台窗口的右侧，如图 17-164 所示。

（11）分别在第 29 帧和第 31 帧上插入关键帧，如图 17-165 所示。选中第 29 帧，在舞台窗口中将元件"元件 3"向左拖曳，如图 17-166 所示；选中第 31 帧，将元件"元件 3"向左拖曳，效果如图 17-167 所示。分别用鼠标右键单击第 22 帧和第 29 帧，在弹出的菜单中选择"创建传统补间"命令，创建动作补间动画。

图 17-164

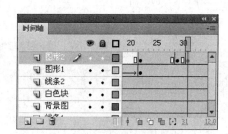

图 17-165

图 17-166

图 17-167

8．制作遮罩动画

（1）单击"时间轴"面板下方的"新建图层"按钮 ，创建新图层并将其命名为"沙发"，选中第 31 帧，在该帧上插入关键帧。将"库"面板中的图形"元件 2"拖曳到舞台窗口的左侧，如图 17-168 所示。

（2）单击"时间轴"面板下方的"新建图层"按钮 ，创建新图层并将其命名为"遮罩"，选中第 31 帧，在该帧上插入关键帧。选择"矩形"工具 ，将填充色设为白色，笔触色设为无，在舞台窗口中绘制白色矩形，效果如图 17-169 所示。

图 17-168　　　　　　　　　　　　　　　图 17-169

（3）选中第 39 帧，在该帧上插入关键帧。选中第 31 帧，选择"任意变形"工具，在舞台窗口中的白色矩形上出现 8 个控制点，向下拖曳控制框上方中间的控制手柄，如图 17-170 所示。

（4）用鼠标右键单击第 31 帧，在弹出的菜单中选择"创建补间形状"命令，创建形状补间动画，在"遮罩"图层上单击鼠标右键，在弹出的菜单中选择"遮罩层"命令，将图层"遮罩"设置为遮罩的层，图层"沙发"为被遮罩的层，如图 17-171 所示。

（5）单击"时间轴"面板下方的"新建图层"按钮，创建新图层并将其命名为"汽泡"，选中第 39 帧，在该帧上插入关键帧。将"库"面板中的影片剪辑"汽泡动"拖曳到舞台窗口的左下方，如图 17-172 所示。

　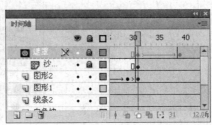　

图 17-170　　　　　　　　　　图 17-171　　　　　　　　　　图 17-172

9. 制作按钮动画

（1）单击"时间轴"面板下方的"新建图层"按钮，创建新图层并将其命名为"按钮 1"，选中第 39 帧，在该帧上插入关键帧。将"库"面板中的按钮元件"按钮 1"拖曳到舞台窗口中的下方，如图 17-173 所示。

（2）选中第 49 帧，在该帧上插入关键帧。在舞台窗口中将按钮元件垂直向上拖曳，如图 17-174 所示。用鼠标右键单击第 39 帧，在弹出的菜单中选择"创建传统补间"命令，在第 39 帧和第 49 帧之间生成动作补间动画。

图 17-173　　　　　　　　　　　　　图 17-174

（3）用相同的方法，在"时间轴"面板中创建图层"按钮 2"、"按钮 3"、"按钮 4"、"按钮 5"，用步骤（2）的制作方法进行操作，如图 17-175 所示，舞台窗口中效果如图 17-176 所示。

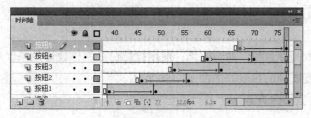

图 17-175

图 17-176

（4）在"时间轴"面板中创建新图层并将其命名为"动作脚本"。选中"动作脚本"图层的第 77 帧，在该帧上插入关键帧。然后再选中"动作脚本"图层的第 77 帧，调出"动作"面板，在面板的左上方将脚本语言版本设置为"Action Script 1.0 & 2.0"，在面板中单击"将新项目添加到脚本中"按钮 ，在弹出的菜单中选择"全局函数 > 时间轴控制 > stop"命令，如图 17-177 所示，在"脚本窗口"中显示出选择的脚本语言，如图 17-178 所示。设置好动作脚本后，关闭"动作"面板。在"动作脚本"图层的第 77 帧上显示出一个标记"a"。家居产品网页制作完成，按 Ctrl+Enter 组合键即可查看效果。

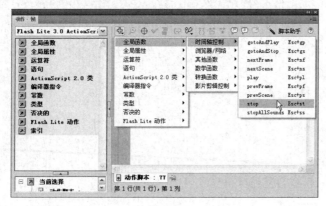

图 17-177

图 17-178

课堂练习——精品购物网页

【练习知识要点】使用椭圆工具绘制引导线效果，使用文本工具添加文字效果，使用任意变形工具改变图形的大小，使用动作面板设置脚本语言，如图 17-179 所示。

图 17-179

【效果所在位置】光盘/Ch17/效果/精品购物网页.fla。

课后习题——美食生活网页

【习题知识要点】使用创建传统补间动画命令制作动画效果，使用投影命令制作投影效果，使用文本工具添加文本，使用属性面板改变图像的位置，如图 17-180 所示。

【效果所在位置】光盘/Ch17/效果/美食生活网页.fla。

图 17-180

第18章

节目包装及游戏设计

　　Flash 动画在节目片头、影视剧片头、游戏片头以及 MTV 制作上的应用越来越广泛。节目包装体现了节目的风格和档次，它的质量将直接影响整个节目的效果。现今网络已经成为大众休闲娱乐的一种重要途径，网络游戏更是得到人们喜爱。本章讲解了多个节目包装和游戏设计的制作过程，读者通过学习要掌握节目包装和网络游戏的设计思路和制作技巧，从而制作出更多精彩的节目包装和网络游戏。

课堂学习目标

- 了解节目包装的作用
- 了解 Flash 游戏的优点和特色
- 掌握节目包装的设计思路
- 掌握节目包装的制作方法和技巧
- 掌握 Flash 游戏的设计思路
- 掌握 Flash 游戏的制作方法和技巧

18.1 节目包装及游戏设计概述

节目包装可以起到如下的作用：突出自己节目个性特征和特点；确立并增强观众对自己节目的识别能力；确立自己节目的品牌地位；使包装的形式和节目融为有机的组成部分；好的节目的包装能赏心悦目，本身就是精美的艺术品。

Flash 游戏是一种新兴起的游戏形式，以游戏简单、操作方便、绿色、无需安装、文件体积小等优点现在渐渐被广大网友喜爱。因为 Flash 游戏主要应用于一些趣味化的、小型的游戏之上，可以完全发挥它基于矢量图的优势，如图 18-1 所示。

图 18-1

18.2 时装节目包装动画

18.2.1 案例分析

本例的时装节目是展现现代都市女性服装潮流的专栏节目,节目宗旨是追踪时装的流行趋势，引导着装的品位方向。在节目包装中要强化时装的现代感和潮流感。

在设计制作过程中，背景的处理采用多色彩的点状构图和美丽的花朵，表现出现代感和生活气息。漂亮的都市女性身穿靓丽的时装，体现时装节目的主题。路标的运用意在说明这个节目将引导女性着装的品位方向。

本例将使用矩形工具和椭圆工具绘制图形制作动感的背景效果,使用文本工具添加主题文字，使用任意变形工具施转文字的角度，使用动作面板设置脚本语言。

18.2.2 案例设计

本案例的设计流程如图 18-2 所示。

图 18-2

18.2.3　案例制作

1. 导入素材

（1）选择"文件 > 新建"命令，在弹出的"新建文档"对话框中选择"Flash 文件"选项，单击"确定"按钮，进入新建文档舞台窗口。按 Ctrl+F3 组合键，弹出文档"属性"面板，单击面板中的"编辑"按钮 编辑…，在弹出的对话框中将舞台窗口的宽度设为 550，高度设为 400，单击"确定"按钮，改变舞台窗口的大小。将"FPS"选项设为 12。

（2）选择"文件 > 导入 > 导入到库"命令，在弹出的"导入到库"对话框中选择"Ch18 > 素材 > 时装节目包装动画 > 01、02、03、04、05、06"文件，单击"打开"按钮，文件被导入到库面板中，效果如图 18-3 所示。将"库"面板中的位图"01"文件拖曳到舞台窗口中，效果如图 18-4 所示。

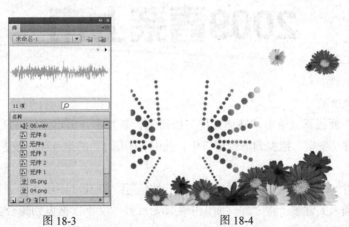

图 18-3　　　　　　　　　　　　　　　　图 18-4

2. 创建文字元件

（1）在"库"面板下方单击"新建元件"按钮，新建图形元件"文字 1"。选择"文本"工具，在文本"属性"面板中进行设置，在舞台窗口中输入需要的红色（#FF0000）文字，如图 18-5 所示。选择"文本 > 样式 > 仿斜体"命令，转换文字为斜体，效果如图 18-6 所示。

NO.1 引领风尚 魅力搭配　　　　　　　NO.1 引领风尚 魅力搭配

图 18-5　　　　　　　　　　　　　　　　图 18-6

（2）在"库"面板下方单击"新建元件"按钮，新建图形元件"文字 1"。选择"文本"工具，在文本"属性"面板中进行设置，在舞台窗口中输入需要的红色（#FF0000）文字，如图 18-7 所示。选择"文本 > 样式 > 仿斜体"命令，转换文字为斜体，效果如图 18-8 所示。

NO.2 风尚图案 穿出新鲜度

图 18-7

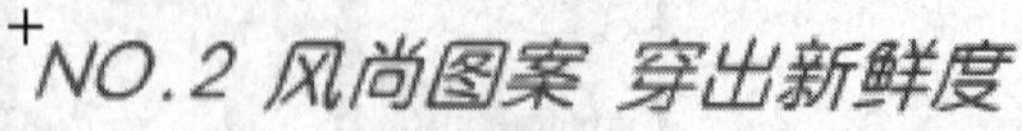

NO.2 风尚图案 穿出新鲜度

图 18-8

（3）在"库"面板下方单击"新建元件"按钮，新建图形元件"文字 1"。选择"文本"工具，在文本"属性"面板中进行设置，在舞台窗口中输入需要的红色（#FF0000）文字，如图 18-9 所示。选择"文本 > 样式 > 仿斜体"命令，转换文字为斜体，效果如图 18-10 所示。

NO.3 魔力黑白 潮流永恒

图 18-9

NO.3 魔力黑白 潮流永恒

图 18-10

（4）在"库"面板下方单击"新建元件"按钮，新建图形元件"文字"。选择"文本"工具，在文本"属性"面板中进行设置，在舞台窗口中输入需要的黑文字，如图 18-11 所示。选择"文本 > 样式 > 仿斜体"命令，转换文字为斜体。

2009春装上市

图 18-11

3．制作文字动画

（1）在"库"面板下方单击"新建元件"按钮，新建影片剪辑元件"文字动"。将"库"面板中的图形元件"文字"拖曳到舞台窗口中，选中"图层 1"的第 9 帧，按 F5 键，在该帧上插入普通帧。

（2）单击"时间轴"面板下方的"新建图层"按钮，新建"图层 2"。选中"图层 2"的第 3 帧，在该帧上插入关键帧。将"库"面板中的图形元件"文字"拖曳到舞台窗口中与原来"文字"实例重合的位置。

（3）分别选中"图层 2"的第 6 帧和第 9 帧，在选中的帧上插入关键帧。

（4）选中"图层 2"的第 3 帧，在舞台窗口中选中"文字"实例，选择"任意变形"工具，将其旋转到合适的角度，效果如图 18-12 所示。

（5）用步骤（4）的方法对"图层 2"的第 6 帧和第 9 帧进行操作，只需将第 6 帧对应舞台窗口中的"文字"实例向反方向旋转即可。

（6）分别选中"图层 2"的第 4 帧和第 7 帧，在选中的帧上插入空白关键帧。将"图层 2"拖曳到"图层 1"的下方，如图 18-13 所示。

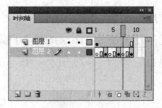

图 18-12　　　　　　　　　　　　　　　　图 18-13

4．绘制图形动画

（1）单击"新建元件"按钮，新建影片剪辑元件"图形动画"。选择"矩形"工具，调出"颜色"面板，在面板中进行设置，如图 18-14 所示。在舞台窗口中分别绘制透明矩形，效果如图 18-15 所示。

（2）选择"椭圆"工具，按住 Shift 键的同时在舞台窗口绘制透明圆形，如图 18-16 所示。将填充色设为无，笔触颜色设为灰色（#CCCCCC），按住 Shift 键的同时在舞台窗口绘制圆形边线，效果如图 18-17 所示。

（3）选中"图层 1"的第 2 帧，在该帧上插入关键帧。再次应用"椭圆"工具和"矩形"工具绘制图形，效果如图 18-18 所示。用相同的方法，分别在第 3 帧、第 4 帧、第 5 帧、第 6 帧、第 7 帧和第 8 帧上插入关键帧，并绘制出需要的图形，"时间轴"面板上的效果如图 18-19 所示。

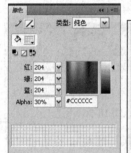

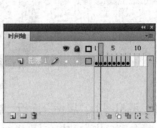
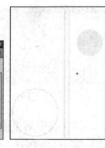

图 18-14　　　图 18-15　图 18-16　　　图 18-17　　　　　图 18-18　　　　　　图 18-19

5．制作动画效果

（1）单击"时间轴"面板下方的"场景 1"图标，进入"场景 1"的舞台窗口。将"图层 1"重新命名为"底图"。将"库"面板中的影片剪辑元件"图形动画"拖曳到舞台窗口中，按 Ctrl+↓ 组合键，下移一层，效果如图 18-20 所示。

（2）选中"底图"图层的第 95 帧，在该帧上插入普通帧，如图 18-21 所示。

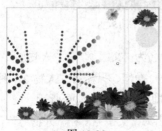

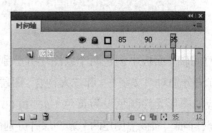

图 18-20　　　　　　　　　　　　图 18-21

（3）在"时间轴"面板中创建新图层并将其命名为"文字 1"。选中第 5 帧，在该帧上插入关键帧，将"库"面板中的图形元件"文字1"拖曳到舞台窗口中，如图18-22所示。

（4）选中"文字1"图层的第30帧，在该帧上插入关键帧，在舞台窗口中将元件"文字1"垂直向下拖曳，如图18-23所示。在"文字1"图层的第31帧上插入空白关键帧。

图18-22　　　　　　　　　　　　　　　图18-23

（5）用鼠标右键单击"文字1"的第5帧，在弹出的菜单中选择"创建传统补间"命令，生成动作补间动画，如图18-24所示。

（6）在"时间轴"面板中创建新图层并将其命名为"人物1"。将"库"面板中的元件"元件3"拖曳到舞台窗口中，效果如图18-25所示。分别在第2帧、第3帧、第4帧、第5帧和第30帧上插入关键帧，在第31帧插入空白关键帧，如图18-26所示。

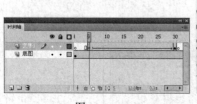

图18-24　　　　　　　　　图18-25　　　　　　　　　图18-26

（7）选中第1帧，调出图形"属性"面板，选中"样式"选项下拉列表中的"色调"，各选项的设置如图18-27所示，舞台窗口中的效果如图18-28所示。用相同的方法设置"人物1"图层的第4帧。

图18-27　　　　　　　　　　　　　　　图18-28

（8）在"时间轴"面板中创建两个新图层并分别命名为"文字2"和"人物2"，用步骤（3）~步骤（7）的方法分别对"文字2"和"人物2"图层进行操作，只需将"人物2"图层的第31帧、第34帧所对应的图形元件颜色设为黄色（#FFFF00）即可，如图18-29所示。

（9）在"时间轴"面板中创建两个新图层并分别命名为"文字3"和"人物3"，用步骤（3）~步骤（7）的方法分别对"文字3"和"人物3"图层进行操作，只需将"人物3"图层的第61帧所对应的图形元件颜色设为天蓝色（#99FFFF），第64帧所对应的图形元件颜色设为黑色，如图18-30所示。

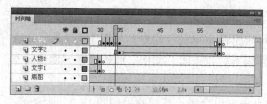
图 18-29

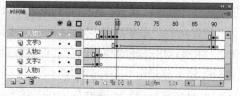
图 18-30

（10）在"时间轴"面板中创建新图层并将其命名为"木纹"。选中"木纹"图层的第 90 帧，在该帧上插入关键帧。将"库"面板中的图形元件"元件 5"拖曳到舞台窗口的下方，选择"任意变形"工具，调整其大小，效果如图 18-31 所示。

（11）选中"片名"图层的第 95 帧，在该帧上插入关键帧。选中"木纹"图层的第 95 帧，在舞台窗口中选中"元件 5"实例，将其垂直向上拖曳，如图 18-32 所示。

图 18-31

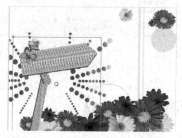
图 18-32

（12）用鼠标右键单击"木纹"图层的第 90 帧，在弹出的菜单中选择"创建传统补间"命令，生成动作补间动画，如图 18-33 所示。

（13）在"时间轴"面板中创建新图层并将其命名为"文字"。选中"片名动"图层的第 95 帧，在该帧上插入关键帧。将"库"面板中的图形元件"文字"拖曳到舞台窗口中，应用"任意变形"工具调整其角度和大小，效果如图 18-34 所示。

（14）在"时间轴"面板中创建新图层并将其命名为"文字动"。选中"文字动"图层的第 95 帧，在该帧上插入关键帧。将"库"面板中的影片剪辑元件"文字动"拖曳到舞台窗口中，应用"任意变形"工具调整其角度和大小，将其放置在与"文字"实例重合的位置，效果如图 18-35 所示。

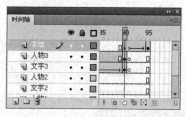
图 18-33

图 18-34

图 18-35

（15）在"时间轴"面板中创建新图层并将其命名为"声音"。将"库"面板中的声音文件"背景音乐"拖曳到舞台窗口中。单击"声音"图层，调出帧"属性"面板，选中"同步"选项后面下拉列表中的"循环"选项，如图 18-36 所示。

（16）在"时间轴"面板中创建新图层并将其命名为"动作脚本"。选中"动作脚本"图层的第 95 帧，在该帧上插入关键帧。选择"窗口 > 动作"命令，弹出"动作"面板，在面板的左上方将脚本语言版本设置为"Action Script 1.0 & 2.0",在面板中单击"将新项目添加到脚本中"按钮 ，在弹出的菜单中选择"全局函数 > 时间轴控制 > stop"命令,如图 18-37 所示,在"脚本窗口"中显示出选择的脚本语言。设置好动作脚本后,关闭"动作"面板,在"动作脚本"图层的第 95 帧上显示出一个标记"a"。

（17）时装节目包装动画制作完成,按 Ctrl+Enter 组合键预览,效果如图 18-38 所示。

图 18-36　　　　　　　　图 18-37

图 18-38

18.3　卡通歌曲 MTV

18.3.1　案例分析

卡通歌曲 MTV 是现在网络中非常流行的音乐形式。它可以根据歌曲的内容来设计制作生动有趣的 MTV 节目,吸引儿童浏览和欣赏。MTV 在设计上要注意抓住儿童的心理和喜好。

在设计过程中,首先考虑把背景设计得欢快活泼,所以运用了不同比例的星形和圆形图案来布置背景。通过卡通动物形象的动画,营造出欢快愉悦的歌曲氛围。

本例将使用变形面板改变图形的大小和位置,使用钢笔工具绘制不规则图形效果,使用文本工具添加主题文字并制作动画效果。

18.3.2　案例设计

本案例的设计流程如图 18-39 所示。

图 18-39

18.3.3 案例制作

1. 导入图片并制作图形元件

（1）选择"文件 > 新建"命令，在弹出的"新建文档"对话框中选择"Flash 文档"选项，单击"确定"按钮，进入新建文档舞台窗口。按 Ctrl+F3 组合键，弹出文档"属性"面板，单击面板中的"编辑"按钮 编辑...，弹出"文档属性"对话框，将舞台窗口的宽度设为 400，高度设为 200，背景颜色设为黑色，单击"确定"按钮，改变舞台窗口的大小。单击"配置文件"选项右侧的"编辑"按钮 编辑...，弹出"发布设置"对话框，选中"播放器"选项下拉列表中的"Flash Player 8"，如图 18-40 所示，单击"确定"按钮。

（2）选择"文件 > 导入 > 导入到库"命令，在弹出的"导入到库"对话框中选择"Ch18 > 素材 > 卡通歌曲 MTV > 01"文件，单击"打开"按钮，文件被导入到"库"面板中，如图 18-41 所示。

（3）在"库"面板下方单击"新建元件"按钮 ，弹出"创建新元件"对话框，在"名称"选项的文本框中输入"www.MTV 卡通歌曲.com"，在"类型"选项的下位列表中选择"图形"，单击"确定"按钮，新建图形元件"www.MTV 卡通歌曲.com"，如图 18-42 所示，舞台窗口也随之转换为图形元件的舞台窗口。

图 18-40

图 18-41

图 18-42

（4）选择"文本"工具 ，在文本"属性"面板中进行设置，在舞台窗口中输入白色的文字"www.MTV 卡通歌曲.com"，并将其放置到合适的位置，效果如图 18-43 所示。

（5）单击"新建元件"按钮 ，新建图形元件"M"，如图 18-44 所示。选择"文本"工具 ，在文本工具"属性"面板中进行设置。在舞台窗口中输入白色的文字"M"，并将其放置到合适的位置，舞台窗口中的效果如图 18-45 所示。

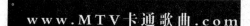

图 18-43

图 18-44

图 18-45

323

（6）在"库"面板中，单击"新建元件"按钮，新建图形元件"T"，如图 18-46 所示。选择"文本"工具，在文本工具"属性"面板中进行设置。在舞台窗口中输入白色的文字"T"，并将其放置到合适的位置，舞台窗口中的效果如图 18-47 所示。

（7）在"库"面板中，单击"新建元件"按钮，新建图形元件"V"，如图 18-48 所示。选择"文本"工具，在文本工具"属性"面板中进行设置。在舞台窗口中输入白色的文字"V"，并将其放置到合适的位置，舞台窗口中的效果如图 18-49 所示。

（8）在"库"面板中，单击"新建元件"按钮，新建图形元件"卡通歌曲"，如图 18-50 所示。选择"文本"工具，在文本工具"属性"面板中进行设置。在舞台窗口中输入白色的文字"卡通歌曲"，并将其放置到合适的位置，舞台窗口中的效果如图 18-51 所示。

图 18-46　　　　图 18-47　　　　图 18-48　　　　图 18-49　　　　图 18-50　　　　图 18-51

（9）在"库"面板中，单击"新建元件"按钮，新建图形元件"黑色形状"，如图 18-52 所示。选择"钢笔"工具，在"属性"面板中，将笔触颜色设为白色，在舞台窗口绘制一个不规则图形，如图 18-53 所示。选择"选择"工具，在舞台窗口中可以看到鼠标下方出现圆弧，调整不规则形状的平滑度，效果如图 18-54 所示。

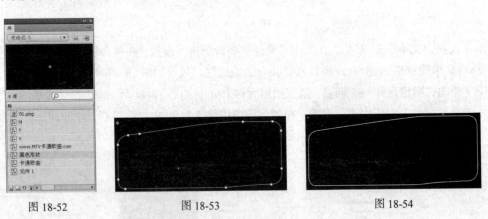

图 18-52　　　　　　图 18-53　　　　　　　　图 18-54

（10）选择"颜料桶"工具，在工具箱中将填充颜色设为黑色，在边框的内部单击鼠标，将其填充色设为黑色。选择"选择"工具，用鼠标双击白色的边框，将边框全选，按 Delete 键，删除边框。将背景颜色设为白色，效果如图 18-55 所示。

（11）用鼠标右键单击"库"面板中的图形元件"黑色形状"，在弹出的菜单中选择"直接复制"命令，弹出"直接复制元件"对话框，在"名称"选项的文本框中输入"形状"，在"类型"

选项的下位列表中选择"图形"，单击"确定"按钮，复制出新的图形元件"形状"。双击"库"面板中的元件"形状"，舞台窗口转换为图形元件的舞台窗口。

（12）在舞台窗口中选中形状，在"属性"面板中将填充色设为淡灰色（#CCCCCC），如图18-56 所示。按 Ctrl+G 组合键将其进行组合。

图 18-55　　　　　　　　　　图 18-56

（13）用相同的方法复制出图形元件"着色形状"，双击"库"面板中的元件"着色形状"，舞台窗口转换为元件"着色形状"的舞台窗口。

（14）在舞台窗口中选中形状，调出"颜色"面板，在"类型"选项的下拉列表中选择"线性"，选中色带上左侧的控制点，将其设为浅绿色（#72FC72），选中色带上右侧的控制点，将其设为深绿色（#058B12），如图18-57 所示。设置后的效果如图18-58 所示。

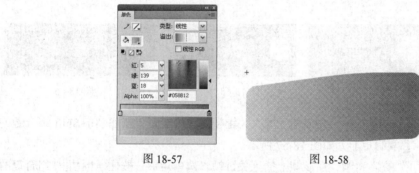

图 18-57　　　　　　　　　　图 18-58

（15）选择"渐变变形"工具，在形状图形上出现 3 个控制点和 2 条平行线，如图 18-59 所示。向图形中间拖动方形控制点，渐变区域缩小，如图18-60 所示。

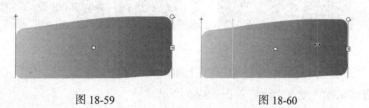

图 18-59　　　　　　　　　　图 18-60

（16）将鼠标放置在旋转控制点上，鼠标光标变为，拖动旋转控制点来改变渐变区域的角度，如图18-61 所示。改变后渐变效果如图18-62 所示。

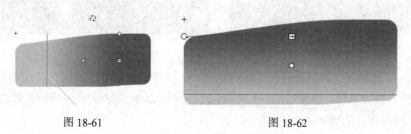

图 18-61　　　　　　　　　　图 18-62

（17）将背景颜色设为紫色（#CC3399）。单击"新建元件"按钮，新建图形元件"方形动画"，如图 18-63 所示。选择"椭圆"工具，在椭圆工具"属性"面板中，将笔触颜色设为无，填充色设为白色，按住 Shift 键的同时在舞台窗口中绘制一个圆形，将圆形的"宽"、"高"选项均设为 2，并放置到合适的位置，如图 18-64 所示。

（18）选中"图层 1"的第 3 帧，在该帧上插入关键帧。选择"矩形"工具，在矩形工具"属性"面板中将笔触颜色设为无，填充色设为黑色，矩形边角半径为 0，按住 Shift 键的同时在舞台窗口中绘制一个矩形，将"宽"、"高"选项分别设为 4 并放置到合适的位置，如图 18-65 所示。

（19）选中"图层 1"的第 5 帧，在该帧上插入关键帧。选中矩形，按住 Alt+Shift 组合键的同时水平向右拖动鼠标，复制矩形，如图 18-66 所示。

图 18-63

图 18-64

图 18-65

图 18-66

（20）选中"图层 1"的第 7 帧，在该帧上插入关键帧。选中矩形，按住 Alt+Shift 组合键的同时水平向右拖动鼠标，复制矩形，如图 18-67 所示。

（21）选中"图层 1"的第 9 帧，在该帧上插入关键帧。选中矩形，按住 Alt+Shift 组合键的同时水平向右拖动鼠标，复制矩形，如图 18-68 所示。

图 18-67

图 18-68

（22）选中"图层 1"的第 11 帧，在该帧上插入关键帧。选中矩形，按住 Alt+Shift 组合键的同时水平向右拖动鼠标，复制矩形，如图 18-69 所示。

（23）选中"图层 1"的第 13 帧，在该帧上插入关键帧。选中矩形，按住 Alt+Shift 组合键的同时水平向右拖动鼠标，复制矩形，如图 18-70 所示。

图 18-69

图 18-70

（24）选中"图层 1"的第 15 帧，在该帧上插入关键帧。选中矩形，按住 Alt+Shift 组合键的同时，水平向右拖动鼠标，复制矩形，如图 18-71 所示。选中"图层 1"的第 16 帧，在该帧上插入普通帧，"时间轴"面板如图 18-72 所示。

图 18-71　　　　　　　　　　　　　　　　　图 18-72

（25）单击"新建元件"按钮，新建图形元件"圆形"，如图 18-73 所示。选择"椭圆"工具，在椭圆工具"属性"面板中，将笔触颜色设为无，填充色设为绿色（＃339933），如图 18-74 所示。按住 Shift+Alt 组合键的同时，在舞台窗口的中心位置绘制一个圆形，将圆形的"宽"、"高"选项均设为 250，并放置到合适的位置，如图 18-75 所示。

（26）选择"选择"工具，选中圆形，按住 Alt 键的同时拖动圆形将其复制，选择"任意变形"工具，将复制出的圆形缩小放置到原始圆形的下方，并填充图形为白色，如图 18-76 所示。选中白色圆形，按 Delete 键将其删除，效果如图 18-77 所示。

 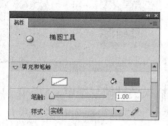

图 18-73　　　　　　　图 18-74　　　　　　图 18-75　　　　图 18-76　　　　图 18-77

2. 制作影片剪辑元件

（1）单击"新建元件"按钮，新建图形元件"星星"。选择"多角星形"工具，在"属性"面板中，将填充色设为无，笔触设为白色，笔触高度设为 3，笔触样式设为虚线，如图 18-78 所示。在"属性"面板中，单击"工具设置"选项组中的"选项"按钮，在弹出的对话框中进行设置，如图 18-79 所示，单击"确定"按钮。

图 18-78　　　　　　　　　　图 18-79

（2）按住 Shift 键的同时，在舞台窗口的中心绘制图形。选择"选择"工具，选中星星边缘，当鼠标下方出现折线时调整星星形状，效果如图 18-80 所示。

（3）在"库"面板下方单击"新建元件"按钮，弹出"创建新元件"对话框，在"名称"

选项的文本框中输入"MTV 动画",在"类型"选项的下位列表中选择"影片剪辑",单击"确定"按钮,新建一个影片剪辑元件"MTV 动画",如图 18-81 所示,舞台窗口也随之转换为影片剪辑元件的舞台窗口。

（4）在"时间轴"面板中将"图层 1"命名为 M,将"库"面板中的图形元件"M"拖曳到舞台窗口中,并放置到合适的位置,效果如图 18-82 所示。选中"M"图层的第 10 帧,在该帧上插入关键。选中"M"图层的第 1 帧,在舞台窗口中选中"M"实例,调出图形"属性"面板,在"色彩效果"选项组中单击"样式"选项在弹出的下拉列表中的"Alpha",将其值设为 10,效果如图 18-83 所示。

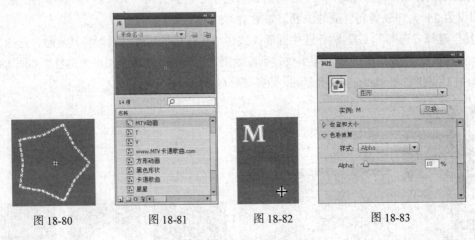

图 18-80　　　　　图 18-81　　　　　图 18-82　　　　　图 18-83

（5）选中"M"图层的第 20 帧,在该帧上插入关键帧。选中"M"图层的第 10 帧,在舞台窗口中选中"M"实例,调出"变形"面板,选中"旋转"选项并将其设为 – 30,如图 18-84 所示。在舞台窗口中改变实例的角度,并调整实例的位置,如图 18-85 所示。

（6）选中"M"图层的第 30 帧,在该帧上插入关键帧。选中"M"图层的第 20 帧,调出"变形"面板,选中"旋转"选项并将其设为 15,如图 18-86 所示,在舞台窗口中改变实例的角度,并调整实例的位置,如图 18-87 所示。选中"M"图层的第 30 帧,在舞台窗口中改变实例的位置。

图 18-84　　　　　图 18-85　　　　　图 18-86　　　　　图 18-87

（7）选中"M"图层的第 110 帧,在该帧上插入普通帧。用鼠标分别单击"M"图层的第 1 帧、第 10 帧和第 20 帧,在弹出的菜单中选择"创建传统补间"命令,生成动作补间动画,如图 18-88 所示。

（8）分别创建"T"和"V"图层，用同样的方法将"库"面板中的图形元件"T"和"V"拖曳到与文字相应的图层中，如图 18-89 所示。

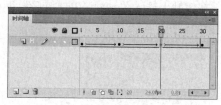

图 18-88

图 18-89

（9）单击"时间轴"面板下方的"插入图层"按钮 ，新建图层并将其命名为"卡通歌曲"。选中"卡通歌曲"图层的第 30 帧，在该帧上插入关键帧。将"库"面板中的图形元件"卡通歌曲"拖曳到舞台窗口中并放置到合适的位置，效果如图 18-90 所示。

（10）选中"卡通歌曲"图层的第 45 帧，在该帧上插入关键帧。选中"卡通歌曲"的第 30 帧，选中舞台中的卡通歌曲实例，调出图形"属性"面板，选中"颜色"选项下拉列表中的"Alpha"，将其设为 0，效果如图 18-91 所示。

图 18-90

图 18-91

（11）选中"卡通歌曲"图层的第 45 帧，将舞台窗口中的卡通歌曲实例水平向左移动到合适的位置，如图 18-92 所示。选中"卡通歌曲"图层的第 46 帧，在该帧上插入关键帧。将舞台窗口中的卡通歌曲实例水平向右移动到合适的位置，如图 18-93 所示。选择"任意变形"工具 ，在实例周围出现控制点，将中心点移动到控制框的左下方，效果如图 18-94 所示。

图 18-92

图 18-93

图 18-94

（12）选中"卡通歌曲"图层的第 60 帧，在该帧上插入关键帧。在"变形"面板中，选中"旋转"选项并将其设为 7，如图 18-95 所示，效果如图 18-96 所示。

（13）选中"卡通歌曲"图层的第 62 帧，在该帧上插入关键帧，在"变形"面板中，将"旋转"选项设为 – 7，如图 18-97 所示，效果如图 18-98 所示。

图 18-95  　　　图 18-96

图 18-97  　　　图 18-98

（14）选中"卡通歌曲"图层的第 64 帧，在该帧上插入关键帧，在"变形"面板中，将"旋转"选项设为 8，如图 18-99 所示，效果如图 18-100 所示。

（15）选中"卡通歌曲"图层的第 66 帧，在该帧上插入关键帧，在"变形"面板中，将"旋转"选项设为 − 4，如图 18-101 所示，效果如图 18-102 所示。

图 18-99　　　　　　图 18-100　　　　　　　图 18-101　　　　　　图 18-102

（16）选中"卡通歌曲"图层的第 68 帧，在该帧上插入关键帧，在"变形"面板中，将"旋转"选项设为 0，如图 18-103 所示，效果如图 18-104 所示。

（17）分别用鼠标右键单击"卡通歌曲"图层的第 30 帧和第 46 帧，在弹出的菜单中选择"创建传统补间"命令，生成动作补间动画，如图 18-105 所示。

（18）单击"时间轴"面板下方的"插入图层"按钮，创建新图层并将其命名为"www.MTV卡通歌曲.com"。选中"www.MTV 卡通歌曲.com"图层的第 68 帧，在该帧上插入关键帧。将"库"面板中的图形元件"www.MTV 卡通歌曲.com"拖曳到舞台窗口中并放置到合适的位置，效果如图 18-106 所示。

图 18-103　　　　　　　　　　　图 18-104

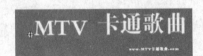

图 18-105　　　　　　　　　　图 18-106

（19）在图形"属性"面板中，将"宽"、"高"选项分别设为 17、2，将"X"、"Y"选项分别设为 185、23，如图 18-107 所示，效果如图 18-108 所示。

图 18-107　　　　　　　　　　　图 18-108

（20）选中"www.MTV 卡通歌曲.com"图层的第 90 帧，在该帧上插入关键帧。在图形"属性"面板中，将"宽"、"高"选项分别设为 80、10，将"X"、"Y"选项分别设为 158、18，如图 18-109 所示，效果如图 18-110 所示。

（21）用鼠标右键单击"www.MTV 卡通歌曲.com"图层的第 68 帧，在弹出的菜单中选择"创建传统补间"命令，生成动作补间动画，如图 18-111 所示。

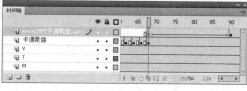

图 18-109　　　　　　　　图 18-110　　　　　　　　　　图 18-111

3．制作动物动画

（1）在"库"面板中，新建一个影片剪辑元件"动物"，舞台窗口也随之转换为影片剪辑元件的舞台窗口。

（2）将"库"面板中的图形元件"元件 1"拖曳到舞台窗口中，并放置到合适的位置，效果如图 18-112 所示。选中"图层 1"的第 22 帧，在该帧上插入关键帧。在"变形"面板中，将"旋转"选项设为 5，如图 18-113 所示，效果如图 18-114 所示。

图 18-112　　　　　　　图 18-113　　　　　　　图 18-114

（3）选中"图层 1"的第 42 帧，在该帧上插入关键帧。在"变形"面板中，将"旋转"选项设为 − 10，如图 18-115 所示，效果如图 18-116 所示。

（4）选中"图层 1"的第 60 帧，在该帧上插入关键帧。在"变形"面板中，将"旋转"选项设为 6，效果如图 18-117 所示。

图 18-115

图 18-116

图 18-117

（5）选中"图层 1"的第 60 帧，选择"窗口>动作"命令，弹出"动作"面板，在面板中单击"将新项目添加到脚本中"按钮 🔂，在弹出的菜单中选择"全局函数 > 时间轴控制 > stop"命令，如图 18-118 所示。在"脚本窗口"中显示出选择的脚本语言，如图 18-119 所示。设置好动作脚本后，关闭"动作"面板，在"图层 1"的第 60 帧上显示出一个标记"a"。

图 18-118

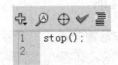
图 18-119

（6）用鼠标右键分别单击"图层 1"的第 1 帧、第 22 帧和第 42 帧，在弹出的菜单中选择"创建传统补间"命令，生成动作补间动画，如图 18-120 所示。将背景颜色恢复为黑色。

（7）在"库"面板中，新建一个影片剪辑元件"星星动"，舞台窗口也随之转换为影片剪辑元件的舞台窗口。将"库"面板中的"星星"元件向舞台窗口中拖曳多次，调整大小并放置到不同的位置，在窗口中选中全部的星星实例，在"属性"面板中将"X"、"Y"选项分别设为 - 118、- 84，如图 18-121 所示，效果如图 18-122 所示。

图 18-120

图 18-121

图 18-122

4．制作动画效果

（1）单击"时间轴"面板下方的"场景 1"图标 🔲 场景 1，进入"场景 1"的舞台窗口。将"图层 1"重新命名为"白色形状"。选择"矩形"工具 ，在矩形工具"属性"面板中，将笔触颜色设为无，填充色设为白色，如图 18-123 所示。在舞台窗口中绘制一个矩形，效果如图 18-124 所示。

（2）选中矩形，在形状"属性"面板中，将"宽"、"高"选项分别设为 402、197，将"X"、"Y"选项分别设为 0、3，效果如图 18-125 所示。

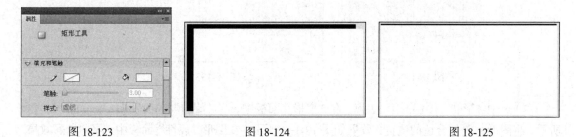

图 18-123　　　　　　　　图 18-124　　　　　　　　图 18-125

（3）选择"选择"工具 ，框选矩形的左上角，如图 18-126 所示，松开鼠标后效果如图 18-127 所示。按 Delete 键删除选中的图形，如图 18-128 所示。选择"选择"工具 ，将矩形调整为不规则形状，如图 18-129 所示。选中"白色形状"的第 300 帧，在该帧上插入普通帧。

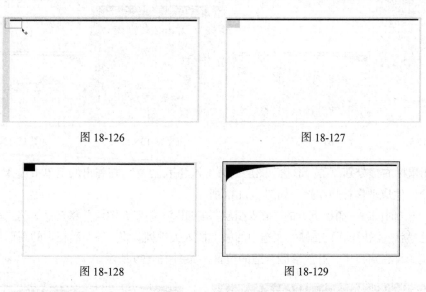

图 18-126　　　　　　　　　　　　　　图 18-127

图 18-128　　　　　　　　　　　　　　图 18-129

（4）单击"时间轴"面板下方的"插入图层"按钮 ，创建新图层并将其命名为"形状"。将"库"面板中的图形元件"形状"拖曳到舞台窗口中，效果如图 18-130 所示。

（5）分别选中"形状"图层的第 22 帧、第 32 帧，在选中的帧上插入关键帧。选中"形状"图层的第 1 帧，将形状实例放置到合适的位置，如图 18-131 所示。

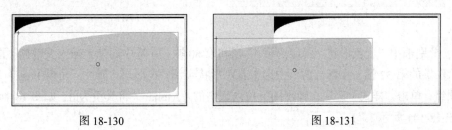

图 18-130　　　　　　　　　　　　图 18-131

（6）在图形"属性"面板中选择"色彩效果"选项组，单击"样式"选项在弹出的下拉列表中的"Alpha"，将其值设为 0，如图 18-132 所示，形状实例变为透明，效果如图 18-133 所示。

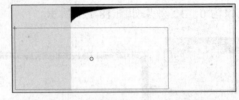

图 18-132　　　　　　　　　　　　　　　　图 18-133

（7）选中"形状"图层的第 32 帧，在"变形"面板中，将"旋转"选项设为 – 1，如图 18-134 所示，将图形放置到合适的位置，效果如图 18-135 所示。在图形"属性"面板中选择"色彩效果"选项组，单击"样式"选项在弹出的下拉列表中的"Alpha"，将其值设为 46，如图 18-136 所示，效果如图 18-137 所示。

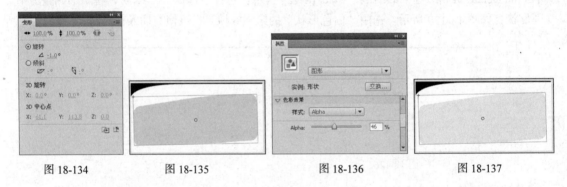

图 18-134　　　　　　图 18-135　　　　　　图 18-136　　　　　　图 18-137

（8）用鼠标右键分别单击"形状"图层的第 1 帧和第 22 帧，在弹出的菜单中选择"创建传统补间"命令，生成动作补间动画，如图 18-138 所示。

（9）单击"时间轴"面板下方的"插入图层"按钮 ，创建新图层并将其命名为"着色形状"。选中"着色形状"图层的第 32 帧，在选中的帧上插入关键帧。将"库"面板中的图形元件"着色形状"拖曳到舞台窗口中，并放置到合适的位置，如图 18-139 所示。

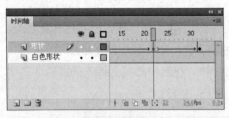

图 18-138　　　　　　　　　　　　　　　图 18-139

（10）分别选中"着色形状"图层的第 48 帧和第 60 帧，在选中的帧上插入关键帧。选中"着色形状"图层的第 32 帧，在舞台窗口中选中着色形状实例，在图形"属性"面板中选择"色彩效果"选项组，单击"样式"选项在弹出的下拉列表中的"Alpha"，将其设为 0，如图 18-140 所示，效果如图 18-141 所示。

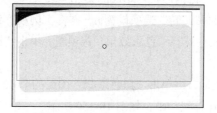

图 18-140 图 18-141

（11）选中"着色形状"图层的第 48 帧，将着色形状实例放置到合适的位置，如图 18-142 所示。选中"着色形状"图层的第 60 帧，将着色形状实例放置到合适的位置，如图 18-143 所示。

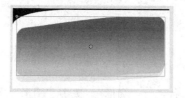
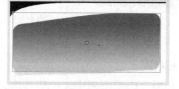

图 18-142 图 18-143

（12）用鼠标右键分别单击"着色形状"图层的第 32 帧和第 48 帧，在弹出的菜单中选择"创建传统补间"命令，生成动作补间动画，如图 18-144 所示。

（13）在"时间轴"面板中创建新图层并将其命名为"星星"。选中"星星"图层的第 102 帧，在该帧上插入关键帧。将"库"面板中的影片剪辑元件"星星动"拖曳到舞台窗口中，并放置到合适的位置，效果如图 18-145 所示。

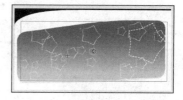

图 18-144 图 18-145

（14）在"时间轴"面板中创建新图层并将其命名为"黑色形状"。选中"黑色形状"图层的第 40 帧，在该帧上插入关键帧。将"库"面板中的图形元件"黑色形状"拖曳到舞台窗口中，效果如图 18-146 所示。

（15）在"变形"面板中，将"旋转"选项设为 –5，如图 18-147 所示，效果如图 18-148 所示。

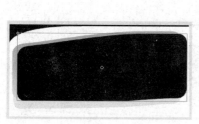

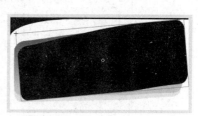

图 18-146 图 18-147 图 18-148

（16）选中"黑色形状"图层的第 52 帧，在该帧上插入关键帧。选中黑色形状实例，在"变形"面板中，将"旋转"选项设为 0，并将实例放置到合适的位置，效果如图 18-149 所示。在图形"属性"面板中选择"色彩效果"选项组，单击"样式"选项在弹出的下拉列表中的"Alpha"，将其设为 0。

（17）用鼠标右键单击"黑色形状"图层的第 40 帧，在弹出的菜单中选择"创建传统补间"命令，生成动作补间动画，如图 18-150 所示。

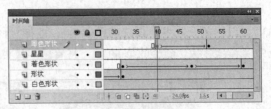

图 18-149　　　　　　　　　　　　　　图 18-150

5. 制作圆形动画

（1）在"时间轴"面板中创建新图层并将其命名为"圆形"。选中"圆形"图层的第 60 帧，在该帧上插入关键帧。将"库"面板中的图形元件"圆形"拖曳到舞台窗口中，效果如图 18-151 所示。

（2）选中圆形实例，调出"变形"面板，将"缩放宽度"和"缩放高度"的缩放比例分别设为 33，"旋转"选项设为 –30，如图 18-152 所示，效果如图 18-153 所示。

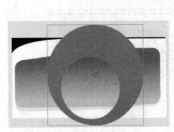

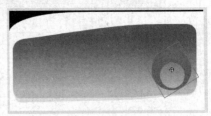

图 18-151　　　　　　　　图 18-152　　　　　　　　图 18-153

（3）选中"圆形"图层的第 82 帧，在该帧上插入关键帧。选中圆形实例，在图形"属性"面板中，将"宽"、"高"选项分别设为 58，将"X"、"Y"选项分别设为 204、56，如图 18-154 所示，效果如图 18-155 所示。

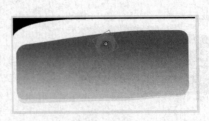

图 18-154　　　　　　　　　　　图 18-155

（4）选中"圆形"图层的第 102 帧，在该帧上插入关键帧。选中圆形实例，调出"变形"面板，将"缩放宽度"和"缩放高度"选项均设为 44，"旋转"选项设为 - 60，将圆形实例放置到合适的位置，效果如图 18-156 所示。

（5）在图形"属性"面板中选择"色彩效果"选项组，单击"样式"选项在弹出的下拉列表中的"Alpha"，将其值设为 0，如图 18-157 所示，效果如图 18-158 所示。

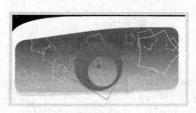

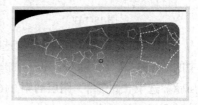

图 18-156   图 18-157   图 18-158

（6）用鼠标右键分别单击"圆形"图层的第 60 帧和第 82 帧，在弹出的菜单中选择"创建传统补间"命令，生成动作补间动画，如图 18-159 所示。

（7）在"时间轴"面板中创建新图层并将其命名为"圆形 1"。选中"圆形 1"图层的第 68 帧，在该帧上插入关键帧。将"库"面板中的图形元件"圆形"拖曳到舞台窗口中，效果如图 18-160 所示。

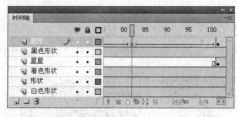
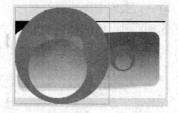

图 18-159   图 18-160

（8）选中圆形实例，调出"变形"面板，将"缩放宽度"和"缩放高度"的缩放比例分别设为 33，"旋转"选项设为 -165，如图 18-161 所示，将圆形实例放到合适的位置，效果如图 18-162 所示。

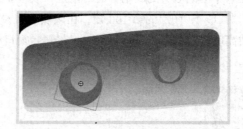

图 18-161   图 18-162

（9）在图形"属性"面板中选择"色彩效果"选项组，单击"样式"选项在弹出的下拉列表中的"Alpha"，将其设为 0，如图 18-163 所示。选中"圆形 1"图层的第 88 帧，在该帧上插入关键帧。在舞台窗口中选中圆形实例，调出"变形"面板，将"缩放宽度"和"缩放高度"的缩放比例都设为 17，"旋转"选项设为 - 30，如图 18-164 所示，将圆形实例放到合适的位置，效果如图 18-165 所示。

图 18-163

图 18-164

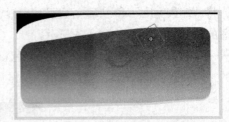

图 18-165

（10）在图形"属性"面板中选择"色彩效果"选项组，单击"样式"选项在弹出的下拉列表中的"Alpha"，将其设为 100，如图 18-166 所示。选中"圆形 1"图层的第 110 帧，在该帧上插入关键帧。

（11）选中"圆形"实例，在图形"属性"面板中选择"色彩效果"选项组，单击"样式"选项在弹出的下拉列表中的"Alpha"，将其设为 21，如图 18-167 所示。

图 18-166

图 18-167

（12）用鼠标右键分别单击"圆形 1"图层的第 68 帧和第 88 帧，在弹出的菜单中选择"创建传统补间"命令，生成动作补间动画，如图 18-168 所示。

（13）在"时间轴"面板中创建新图层并将其命名为"圆形 2"。选中"圆形 2"图层的第 82 帧，在该帧上插入关键帧。将"库"面板中的图形元件"圆形"拖曳到舞台窗口中，效果如图 18-169 所示。

图 18-168

图 18-169

（14）调出"变形"面板，将"宽度缩放"和"缩放高度"的缩放比例都设为 30，如图 18-170 所示，将舞台窗口中的圆形实例放到合适的位置，效果如图 18-171 所示。

（15）选中"圆形 2"图层的第 100 帧，在该帧上插入关键帧。调出"变形"面板，将"缩放宽度"和"缩放高度"的缩放比例都设为 17，将舞台窗口中的圆形实例放到合适的位置，效果如图 18-172 所示。

图 18-170

图 18-171

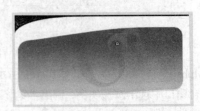

图 18-172

（16）选中"圆形 2"图层的第 122 帧，在该帧上插入关键帧。选中舞台窗口中的圆形实例，调出"变形"面板，将"缩放宽度"和"缩放高度"的缩放比例都设为 48，"旋转"选项设为 – 135，将圆形实例放到合适的位置，效果如图 18-173 所示。

（17）在图形"属性"面板中选择"色彩效果"选项组，单击"样式"选项在弹出的下拉列表中的"Alpha"，将其设为 46，如图 18-174 所示，效果如图 18-175 所示。

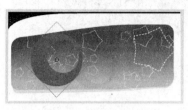

图 18-173　　　　　　　　　　　图 18-174　　　　　　　　　　　图 18-175

（18）用鼠标右键分别单击"圆形 2"图层的第 82 帧和第 100 帧，在弹出的菜单中选择"创建传统补间"命令，生成动作补间动画，如图 18-176 所示。

（19）在"时间轴"面板中创建新图层并将其命名为"动物"。选中"动物"图层的第 92 帧，在该帧上插入关键帧。将"库"面板中的影片剪辑元件"动物"拖曳到舞台窗口的左侧，在影片剪辑"属性"面板中将"宽"、"高"选项都设为 120，效果如图 18-177 所示。

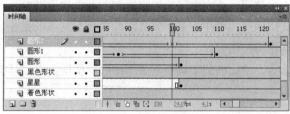
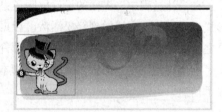

图 18-176　　　　　　　　　　　　　　　图 18-177

（20）选中动物实例，选择"修改 > 变形 > 水平翻转"命令，将实例进行水平翻转，效果如图 18-178 所示。

（21）在"时间轴"面板中创建新图层并将其命名为"方形动画"。选中"方形动画"图层的第 92 帧，在该帧上插入关键帧。将"库"面板中的图形元件"方形动画"拖曳到舞台窗口中的右下方，效果如图 18-179 所示。

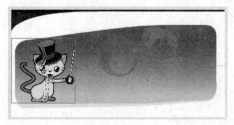

图 18-178　　　　　　　　　　　　　　　图 18-179

（22）在"时间轴"面板中创建新图层并将其命名为"文字"。选中"文字"图层的第 92 帧，在该帧上插入关键帧。将"库"面板中的影片剪辑元件"MTV 动画"拖曳到舞台窗口的上方，效果如图 18-180 所示。卡通歌曲 MTV 效果制作完成，按 Ctrl+Enter 组合键即可查看效果，效果如图 18-181 所示。

图 18-180

图 18-181

18.4　家居组合游戏

18.4.1　案例分析

家居组合游戏的设计构想是把它设计成一个生动有趣，非常有生活气息的益智游戏。在界面设计上要温馨亲切，在游戏玩法上要构思精巧。

在设计过程中，界面的设计以暖色系为主色调，表现出家的温暖祥和。家中物品以卡通画的形式表现，使玩家感觉到轻松活泼。根据玩法构思，要注意多个家具部件的大小关系以及各个家具之间的先后顺序，同时需要将家具部件制作为按钮元件。

本例将使用动作面板为元件添加脚本语言，使用椭圆工具绘制装饰图形，使用文本工具添加提示信息。

18.4.2　案例设计

本案例的设计流程如图 18-182 所示。

图 18-182

18.4.3　案例制作

1．制作按钮

（1）选择"文件 > 新建"命令，在弹出的"新建文档"对话框中选择"Flash 文件"选项，单击"确定"按钮，进入新建文档舞台窗口。按 Ctrl+F3 组合键，弹出文档"属性"面板，单击面板中的"编辑"按钮 编辑...，在弹出的"文档属性"对话框中将"背景颜色"选项设为黄色（#F0F251），其他选项的设置如图 18-183 所示，单击"确定"按钮。单击"配置文件"右侧的"编辑"按钮 编辑...，弹出"发布设置"对话框，选择"播放器"选项下拉列表中的"Flash Player 8"，如图 18-184 所示，单击"确定"按钮。

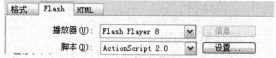

图 18-183　　　　　　　　　　　　　　　　　图 18-184

（2）调出"库"面板，在"库"面板下方单击"新建元件"按钮 ，弹出"创建新元件"对话框，在"名称"选项的文本框中输入"地毯"，在"类型"选项下拉列表中选择"按钮"选项，单击"确定"按钮，新建一个按钮元件"地毯"，如图 18-185 所示，舞台窗口也随之转换为按钮元件的舞台窗口。

（3）选择"文件 > 导入 > 导入到舞台"命令，在弹出的"导入"对话框中选择"Ch18 > 素材 > 家居组合游戏 > 01"文件，单击"打开"按钮，弹出提示对话框，单击"否"按钮，文件被导入到舞台窗口中，效果如图 18-186 所示。

图 18-185　　　　　　　　　　　图 18-186

（4）在"库"面板中新建一个按钮元件"沙发"，舞台窗口也随之转换为"沙发"元件的舞台窗口。将"Ch18 > 素材 > 家居组合游戏 > 02"文件导入到舞台窗口中，效果如图 18-187 所示。

（5）在"库"面板中新建一个按钮元件"书架"，舞台窗口也随之转换为"书架"元件的舞台窗口。将"Ch18 > 素材 > 家居组合游戏 > 03"文件导入到舞台窗口中，效果如图18-188所示。

（6）在"库"面板中新建一个按钮元件"台灯"，舞台窗口也随之转换为"台灯"元件的舞台窗口。将"Ch18 > 素材 > 家居组合游戏 > 04"文件导入到舞台窗口中，效果如图18-189所示。

（7）在"库"面板中新建一个按钮元件"花盆"，舞台窗口也随之转换为"花盆"元件的舞台窗口。将"Ch18 > 素材 > 家居组合游戏 > 05"文件导入到舞台窗口中，效果如图18-190所示。

（8）在"库"面板中新建一个按钮元件"床头柜"，舞台窗口也随之转换为"床头柜"元件的舞台窗口。将"Ch18 > 素材 > 家居组合游戏 > 06"文件导入到舞台窗口中，效果如图18-191所示。

图 18-187

图 18-188

图 18-189

图 18-190

图 18-191

2. 制作影片剪辑

（1）在"库"面板下方单击"新建元件"按钮 ，弹出"创建新元件"对话框，在"名称"选项的文本框中输入"01 地毯"，在"类型"选项下拉列表中选择"影片剪辑"选项，单击"确定"按钮，新建一个影片剪辑元件"01 地毯"，如图18-192所示，舞台窗口也随之转换为影片剪辑元件的舞台窗口。将"库"面板中的按钮元件"地毯"拖曳到舞台窗口中。

（2）选中"地毯"实例，选择"窗口 > 动作"命令，弹出"动作"面板（其快捷键为F9）。在面板的左上方将脚本语言版本设置为"Action Script 1.0 & 2.0"，在面板中单击"将新项目添加到脚本中"按钮 ，在弹出的菜单中选择"全局函数 > 影片剪辑控制 > on"命令，如图18-193所示。

图 18-192

图 18-193

（3）在"脚本窗口"中显示出选择的脚本语言，在下拉列表中选择"press"命令，脚本语言如图18-194所示。将鼠标光标放置在第1行脚本语言的最后，按Enter键，光标显示到第2行。单击"将新项目添加到脚本中"按钮 ，在弹出的菜单中选择"全局函数 > 影片剪辑控制 > startDrag"命令，如图18-195所示。

图 18-194　　　　　　　　　　　　　　　　　　图 18-195

（4）"脚本窗口"中显示出选择的脚本语言，在脚本语言"startDrag"后面的括号中输入"/a"，如图 18-196 所示。将鼠标置入到第 5 行，在面板中单击"将新项目添加到脚本中"按钮 ，在弹出的菜单中选择"全局函数 > 影片剪辑控制 > on"命令，在"脚本窗口"中显示出选择的脚本语言，在下拉列表中选择"release"命令，脚本语言如图 18-197 所示。

（5）单击"将新项目添加到脚本中"按钮 ，在弹出的菜单中选择"全局函数 > 影片剪辑控制 > stopDrag"命令，脚本语言如图 18-198 所示。选中所有的脚本语言，用鼠标右键单击语言，在弹出的菜单中选择"复制"命令，进行复制。

（6）在"库"面板中新建一个影片剪辑元件"02 沙发"，舞台窗口也随之转换为"02 沙发"元件的舞台窗口。将"库"面板中的按钮元件"沙发"拖曳到舞台窗口中。选中沙发实例，用鼠标右键在"动作"面板的"脚本窗口"中单击，在弹出的菜单中选择"粘贴"命令，将刚才复制过的脚本语言进行粘贴，将第 2 行中的字母"a"改为字母"b"，如图 18-199 所示。

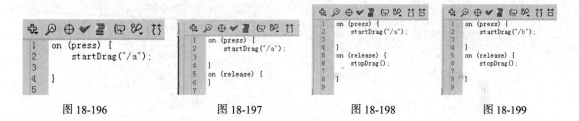

图 18-196　　　　　　　　图 18-197　　　　　　　　图 18-198　　　　　　　　图 18-199

（7）在"库"面板中新建一个影片剪辑元件"03 书架"，舞台窗口也随之转换为"03 书架"元件的舞台窗口。将"库"面板中的按钮元件"书架"拖曳到舞台窗口中。选中"书架"实例，用鼠标右键在"动作"面板的"脚本窗口"中单击，在弹出的菜单中选择"粘贴"命令，粘贴脚本语言，将第 2 行中的字母"a"改为字母"c"，如图 18-200 所示。

（8）用相同的方法，在"库"面板中新建一个影片剪辑元件"04 台灯"，舞台窗口也随之转换为"04 台灯"元件的舞台窗口。将"库"面板中的按钮元件"台灯"拖曳到舞台窗口中。选中台灯实例，用鼠标右键在"动作"面板的"脚本窗口"中单击，在弹出的菜单中选择"粘贴"命令，粘贴脚本语言，将第 2 行中的字母"a"改为字母"d"，如图 18-201 所示。

（9）在"库"面板中新建一个影片剪辑元件"05 花盆"，舞台窗口也随之转换为"05 花盆"元件的舞台窗口。将"库"面板中的按钮元件"花盆"拖曳到舞台窗口中。选中"花盆"实例，用鼠标右键在"动作"面板的"脚本窗口"中单击，在弹出的菜单中选择"粘贴"命令，粘贴脚本语言，将第 2 行中的字母 "a" 改为字母 "e"，如图 18-202 所示。

（10）在 "库" 面板中新建一个影片剪辑元件 "06 坐椅"，舞台窗口也随之转换为 "06 坐椅" 元件的舞台窗口。将 "库" 面板中的按钮元件 "坐椅" 拖曳到舞台窗口中。选中 "坐椅" 实例，用鼠标右键在 "动作" 面板的 "脚本窗口" 中单击，在弹出的菜单中选择 "粘贴" 命令，粘贴脚本语言，将第 2 行中的字母 "a" 改为字母 "f"，如图 18-203 所示。

图 18-200　　　　　　图 18-201　　　　　　图 18-202　　　　　　图 18-203

3. 编辑影片剪辑

（1）单击 "时间轴" 面板上方的 "场景 1" 图标 ，进入 "场景 1" 的舞台窗口。将 "图层 1" 重新命名为 "室内"。将 "Ch18 > 素材 > 家居组合游戏 > 07" 文件导入到舞台窗口中，放置在舞台窗口的右上方，效果如图 18-204 所示。

（2）选择 "文本" 工具 ，在文本 "属性" 面板中进行设置，在舞台窗口中输入青色（#8590AE）文字 "移动家具到喜欢的位置 布置一个漂亮温馨的家"，将文字放置在底图的右下角，效果如图 18-205 所示。

图 18-204　　　　　　　　　　　　图 18-205

（3）在 "时间轴" 面板中创建新图层并将其命名为 "家具"。将 "库" 面板中的影片剪辑元件 "06 坐椅" 拖曳到舞台窗口中，并将其放置在室内图片的左下方。选择影片剪辑 "属性" 面板，在 "实例名称" 选项的文本框中输入 "f"，如图 18-206 所示，"06 床" 实例的效果如图 18-207 所示。

图 18-206　　　　　　　　　　　　图 18-207

（4）将"库"面板中的影片剪辑元件"05 花盆"拖曳到舞台窗口中，并将其放置在舞台窗口的左下方，选择影片剪辑"属性"面板，在"实例名称"选项的文本框中输入"e"，如图 18-208 所示，"05 花盆"实例的效果如图 18-209 所示。

图 18-208

图 18-209

（5）将"库"面板中的影片剪辑元件"04 台灯"拖曳到舞台窗口中，并将其放置坐椅的上方，选择影片剪辑"属性"面板，在"实例名称"选项的文本框中输入"d"，如图 18-210 所示，"04 台灯"实例的效果如图 18-211 所示。

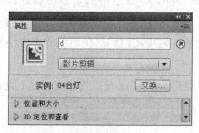
图 18-210

图 18-211

（6）将"库"面板中的影片剪辑元件"03 书架"拖曳到舞台窗口中，并将其放置在台灯的右侧，选择影片剪辑"属性"面板，在"实例名称"选项的文本框中输入"c"。"03 书架"实例的效果如图 18-212 所示。

（7）将"库"面板中的影片剪辑元件"02 沙发"拖曳到舞台窗口中，并将其放置在舞台窗口的左上方，选择影片剪辑"属性"面板，在"实例名称"选项的文本框中输入"b"。"02 沙发"实例的效果如图 18-213 所示。

（8）将"库"面板中的影片剪辑元件"01 地毯"拖曳到舞台窗口中，并将其放置在文字的左侧，选择影片剪辑"属性"面板，在"实例名称"选项的文本框中输入"a"。"01 地毯"实例的效果如图 18-214 所示。

图 18-212

图 18-213

图 18-214

4．绘制装饰图形

（1）在"时间轴"面板中选中"室内"图层。选择"椭圆"工具 ，在工具箱中将笔触颜色设为无，填充颜色设为乳白色（#F8FAE7），在沙发的下方绘制一个椭圆形，效果如图 18-215 所示。在工具箱中将填充颜色更改为褐色（#FFA2D6），在书架的下方绘制椭圆形，效果如图 18-216 所示。在工具箱中将填充颜色更改为浅褐色（#D96E09），在台灯的下方绘制椭圆形，效果如图 18-217 所示。

图 18-215

图 18-216

图 18-217

（2）在工具箱中将填充颜色更改为绿色（#8AC44C），在坐椅的下方绘制椭圆形，效果如图 18-218 所示。在工具箱中将填充颜色更改为粉色（#F38777），在花盆的下方绘制椭圆形，效果如图 18-219 所示。在工具箱中将填充颜色更改为紫色（#D09CFD），在地毯的下方绘制椭圆形，效果如图 18-220 所示。

（3）舞台窗口中的效果如图 18-221 所示。家居组合游戏完成，按 Ctrl+Enter 组合键即可查看效果。

图 18-218

图 18-219

图 18-220

图 18-221

18.5 射击游戏

18.5.1 案例分析

射击游戏的设计构想是把它设计成一个活泼刺激、锻炼手眼协调的游戏。同时，在界面设计上还要符合设计游戏的构思和玩法。

在设计制作过程中，根据构思制作出一个漂亮的卡通背景，活跃游戏的界面气氛。需要制作出的效果包括一只小鸟在天空飞翔，一个瞄准镜随着鼠标移动而移动；按下鼠标左键，会发出射击的声响，自动判断是否击中小鸟，并在画面的左下方显示提示信息，松开鼠标，提示信息消失。整个游戏的过程活泼有趣，游戏的粘性很高。

本例将使用逐帧动画制作小鸟飞翔效果，使用椭圆工具和颜色面板绘制瞄准镜图形，使用脚本语言制作瞄准镜跟随鼠标效果和提示信息效果。

18.5.2　案例设计

本案例的设计流程如图 18-222 所示。

制作小鸟动画

绘制瞄准镜

设置脚本语言　　　　　　　最终效果

图 18-222

18.5.3　案例制作

1. 制作影片剪辑元件

（1）选择"文件 > 新建"命令，在弹出的"新建文档"对话框中选择"Flash 文件"选项，单击"确定"按钮，进入新建文档舞台窗口。按 Ctrl+F3 组合键，弹出文档"属性"面板，单击"配置文件"右侧的"编辑"按钮 编辑... ，弹出"发布设置"对话框，选择"播放器"选项下拉列表中的"Flash Player 8"，如图 18-223 所示，单击"确定"按钮。在"属性"面板中将"FPS"选项设为 12，背景颜色设为灰色（#CCCCCC），如图 18-224 所示。

图 18-223　　　　　　　　　　　图 18-224

（2）选择"文件 > 导入 > 导入到库"命令，在弹出的"导入到库"对话框中选择"Ch18 > 素材 > 射击游戏 > 01、02、03、04"文件，单击"打开"按钮，文件分别被导入到"库"面板中，如图 18-225 所示。在"库"面板下方单击"新建元件"按钮 ，弹出"创建新元件"对话框，在"名称"选项的文本框中输入"飞鸟",在"类型"选项的下位列表中选择"影片剪辑"选项,单击"确定"按钮,新建影片剪辑元件"飞鸟",如图 18-226 所示,舞台窗口也随之转换为影片剪辑元件的舞台窗口。

（3）在"库"面板中将元件"02"拖曳到舞台窗口中,在图形"属性"面板中,将"X"、"Y"选项分别设为 – 275、– 200,如图 18-227 所示,舞台效果如图 18-228 所示。在"时间轴"面板中选中"图层 1"的第 5 帧,单击鼠标右键,在弹出的菜单中选择"插入空白关键帧"命令插入空白帧,如图 18-229 所示。在"库"面板中将元件"03"拖曳到与"02"元件重合的位置。

图 18-225   图 18-226   图 18-227   图 18-228   图 18-229

（4）在"库"面板下方单击"新建元件"按钮, 弹出"创建新元件"对话框,在"名称"选项的文本框中输入"瞄准镜",在"类型"选项的下位列表中选择"影片剪辑"选项,单击"确定"按钮,新建影片剪辑元件"瞄准镜",如图 18-230 所示,舞台窗口也随之转换为影片剪辑元件的舞台窗口。调出"颜色"面板,将笔触颜色设为黑色,"Alpha"选项设为 50%;将填充色设为白色,"Alpha"选项设为 50%,如图 18-231 所示。选择"椭圆"工具, 按住 Alt+Shift 组合键的同时,在舞台窗口的中心绘制一个圆形,效果如图 18-232 所示。

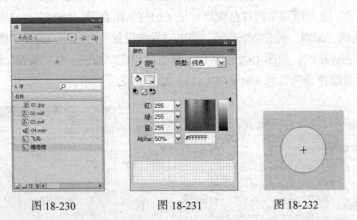

图 18-230   图 18-231   图 18-232

（5）选择"线条"工具, 按住 Shift 键的同时,在舞台窗口中绘制一条直线,如图 18-233 所示。选择"选择"工具, 选中直线,调出"变形"面板,单击面板下方的"重制选区和变形"按钮, 复制图形,将"旋转"选项设为 90,效果如图 18-234 所示。选择"任意变形"工具, 将两条直线同时选取,拖曳直线到圆形的中心位置并调整大小,效果如图 18-235 所示。

（6）选择"橡皮擦"工具, 单击工具箱下方的"橡皮擦模式"按钮,在弹出的列表中选择

"擦除线条"模式 ，在线条的中心单击鼠标擦除线条，效果如图18-236所示。选择"刷子"工具 ，在工具箱下方单击"刷子大小"按钮 ，在弹出的下拉列表中的第2个笔刷头将"刷子形状"选项设为圆形，将填充色设为红色（#FF0000），"Alpha"选项设为100%，在两条线条的中心单击鼠标，效果如图18-237所示。

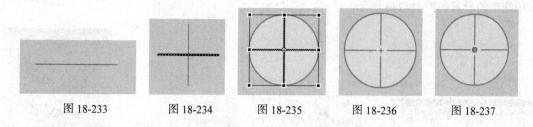

| 图18-233 | 图18-234 | 图18-235 | 图18-236 | 图18-237 |

2．制作动画效果

（1）单击"时间轴"面板下方的"场景1"图标 ，进入"场景1"的舞台窗口，将"库"面板中的位图"01"拖曳到舞台窗口中，效果如图18-238所示。再次将"库"面板中的影片剪辑"飞鸟"拖曳到舞台窗口的左上方。调出"变形"面板，单击"约束"按钮 ，将"缩放宽度"选项设为75.8，"缩放高度"选项也随之转换为75.8，如图18-239所示，舞台窗口中效果如图18-240所示。

| 图18-238 | 图18-239 | 图18-240 |

（2）将"库"面板中的影片剪辑"瞄准镜"拖曳到舞台窗口中。调出"变形"面板，将"缩放宽度"选项设为59，"缩放高度"选项也随之转换为59，如图18-241所示，舞台窗口中效果如图18-242所示。

| 图18-241 | 图18-242 |

（3）选择"文本"工具 ，在舞台窗口的标牌上拖曳一个文本框，选中文本框，在文本"属性"面板中将"文本类型"设为"文本动态"，在文本"属性"面板中单击"约束"按钮 ，将

其更改为解锁状态 ，将"宽"选项设为 125，"高"选项设为 28，如图 18-243 所示，舞台窗口中效果如图 18-244 所示。

（4）在文本"属性"面板中选择"字符"选项组，单击"在文本周围显示边框"按钮 ，文本框变为透明，效果如图 18-245 所示。在文本"属性"面板的"变量"选项文本框中输入"info"，其他选项的设置如图 18-246 所示。

图 18-243　　　　　　　图 18-244　　　　　　　图 18-245　　　　　　　图 18-246

（5）在舞台窗口中选中"飞鸟"实例，在影片剪辑"属性"面板中，在"实例名称"选项的文本框中输入"bird"，如图 18-247 所示。选择"窗口 > 动作"命令，弹出"动作"面板，在面板中输入需要的脚本语言，如图 18-248 所示，设置好动作脚本后，关闭"动作"面板。

图 18-247　　　　　　　　　　　图 18-248

（6）在舞台窗口中选中"瞄准镜"实例，在影片剪辑"属性"面板中，在"实例名称"选项的文本框中输入"gun"，如图 18-249 所示。选择"窗口 > 动作"命令，弹出"动作"面板，在脚本窗口中输入需要的脚本语言，如图 18-250 所示，设置好动作脚本后，关闭"动作"面板。

图 18-249　　　　　　　　　　　图 18-250

（7）在"库"面板中选中声音文件"04"，单击鼠标右键，在弹出的菜单中选择"属性"命令，弹出"声音属性"面板，在面板下方单击"高级"按钮，将"声音属性"对话框展开，在"链接"选项组中，勾选"为 ActionScript 导出"复选框，其他选项的设置如图 18-251 所示，单击"确定"按钮。在舞台窗口中选中"瞄准镜"实例，调出"动作"面板，再次在脚本窗口中添加播放声音的动作脚本语言，如图 18-252 所示。设置好动作脚本后，关闭"动作"面板。

图 18-251 　　　　　　　　　　　 图 18-252

（8）在"时间轴"面板中选中"图层 1"的第 1 帧，按 F9 键，弹出"动作"面板，在脚本窗口中输入需要的动作脚本语言，如图 18-253 所示，设置好动作脚本后，关闭"动作"面板。在"图层 1"图层的第 1 帧上显示出一个标记"a"，如图 18-254 所示。按 Ctrl+Enter 组合键即可查看效果，如图 18-255 所示。

图 18-253 　　　　　　　　 图 18-254 　　　　　　　　 图 18-255

课堂练习——打地鼠游戏

【练习知识要点】使用矩形工具绘制按钮图形，使用文本工具添加文字，使用动作面板设置脚本语言，如图 18-256 所示。

【效果所在位置】光盘/Ch18/效果/打地鼠游戏.fla。

图 18-256

课后习题——接元宝游戏

【习题知识要点】使用创建补间形状命令制作变色动画效果，使用变形面板改变图形的大小，使用创建传统补间命令制作动作补间动画效果，使用动作面板为按钮添加脚本语言制作接元宝游戏效果，如图 18-257 所示。

【效果所在位置】光盘/Ch18/效果/接元宝游戏.fla。

图 18-257